工业和信息化

精品系列教材

Android
移动应用开发教程

微课版

李季 张雨 李航 / 主编

Android Mobile Application Development

人民邮电出版社

北京

图书在版编目（CIP）数据

Android移动应用开发教程 ：微课版 / 李季，张雨，李航主编. -- 北京 ：人民邮电出版社，2023.8
工业和信息化精品系列教材
ISBN 978-7-115-62026-2

Ⅰ. ①A… Ⅱ. ①李… ②张… ③李… Ⅲ. ①移动终端－应用程序－程序设计－教材 Ⅳ. ①TN929.53

中国国家版本馆CIP数据核字(2023)第113786号

内 容 提 要

本书详细介绍Android的开发环境搭建、布局管理、UI组件、数据存储、网络访问机制、JSON、shape以及常用框架等基本知识和应用，并通过7个案例帮助读者更好地学习和理解Android开发技术。

本书从实用的角度出发，以手机App中的常用场景设计为项目案例，内容包括开发第一个Android程序、仿微信框架App、新闻App、用户管理App、下载网络图片App、引导页面制作App、Android常用框架7个单元，帮助读者实现从知识到技能的转化。

本书采用案例驱动方式设计，首先介绍案例所需知识点，为完成案例做铺垫，然后按照程序开发步骤一步一步实现案例。每个单元都配有理论练习和实训练习，通过练习以强化读者对理论知识的掌握程度，并实现其技能的提升。

本书的设计符合高等职业教育行动导向，重在使学生将获得知识的过程与实践技能相对应，建立学习案例与知识、技能的联系，提升学生的学习体验，激发学生的学习兴趣，培养学生的编程思想，帮助学生学以致用。

本书适合作为职业院校计算机应用、软件技术、移动应用开发、大数据等相关专业的教材，也适合作为计算机培训班教材和编程爱好者学习的参考书。

◆ 主　　编　李　季　张　雨　李　航
责任编辑　鹿　征
责任印制　王　郁　焦志炜

◆ 人民邮电出版社出版发行　　北京市丰台区成寿寺路11号
邮编　100164　　电子邮件　315@ptpress.com.cn
网址　https://www.ptpress.com.cn
三河市君旺印务有限公司印刷

◆ 开本：787×1092　1/16
印张：13.5　　2023年8月第1版
字数：302千字　　2023年8月河北第1次印刷

定价：49.80元

读者服务热线：(010)81055256　印装质量热线：(010)81055316
反盗版热线：(010)81055315
广告经营许可证：京东市监广登字20170147号

前言 FOREWORD

Android 是谷歌（Google）公司开发的基于 Linux 平台的开源操作系统，在推出后仅两年，Android 系统的市场占有率就超过已经占据市场逾十年的诺基亚的 Symbian 系统，并且每天还有数百万台新的 Android 设备被激活。StatCounter 全球网络数据统计网站显示，截至 2022 年 8 月，在全球手机操作系统市场中，Android 市场占有率约为 70.98%，远高于其他操作系统，位居第二名的是苹果公司的 iOS，其市场占有率约为 28.41%，其他手机操作系统的市场占有率约为 0.61%。截至 2023 年 5 月，Counterpoint 公布的最新数据显示，华为 HarmonyOS 操作系统在中国的市场份额已经达到 8%。

随着移动互联网市场占有率的提高，很多从事桌面应用开发的工程师逐渐转向移动端的开发领域。Android 具有开放的源代码、众多的开发者、强大的社区、不断增长的市场、国际化的 App 集成、低廉的开发成本、更高的开发成功概率、丰富的开发环境等优势，值得开发工程师“追随”。

本书深入贯彻落实党的二十大精神，在传授专业知识技能的同时，注重科技强国意识、奋斗精神、工匠精神、职业素养及人才价值观的培养，较好地践行了立德树人的根本任务。

本书由 7 个单元组成。

单元 1 主要实现开发第一个 Android 程序，包括 Android 简介、开发环境搭建、Android 工程创建、模拟器创建、Android 项目目录结构以及 Android App 打包等知识点，通过案例的实现使读者能够快速搭建 Android 程序开发环境，进行 Android 应用开发。

单元 2 主要实现仿微信框架 App，包括 UI 设计相关概念、布局管理、常用视图和事件处理等知识点，通过案例实现使读者掌握底部导航的实现方式及基本 UI 组件的使用方法。

单元 3 主要实现新闻 App，包括 Activity、Intent、ListView、WebView、RecyclerView 等组件以及 SimpleAdapter 和 BaseAdapter 等知识点，通过由简单到复杂的新闻案例的实现使读者掌握不同列表的实现方法，理解组件与适配器的关系。

单元 4 主要实现用户管理 App，包括 SharedPreferences、内部存储、外部存储、SQLite 数据库等知识点，通过案例实现使读者掌握操作 SQLite 数据库的方法，体会应用程序设计思想。

单元 5 主要实现下载网络图片 App，包括 Android 多线程机制、主线程与工作线程通信机制、Handler 消息机制、Glide 框架、OkHttp3 框架和 JSON 数据格式等知识点，通过案例实现使读者掌握 Android 网络访问机制，能够实现 App 与服务器的数据交换。

单元 6 主要实现引导页面制作 App，包括 ViewPager、PagerAdapter、shape 标签、Fragment 等知识点，通过案例实现使读者掌握 ViewPager+Fragment 经典结构，丰富 App 设计思想。

单元 7 主要讲解 Android 常用框架，包括 ButterKnife 框架、MPAndroidChart 框架、

SmartRefreshLayout 框架等知识点，通过案例使读者掌握常用框架的使用方法，并使读者了解到应用程序中有很多常用的功能已经开发出框架，不需要花费大量的时间再去开发。只要学会如何将这些功能框架集成到项目中，就会节省程序开发时间，提高程序开发效率。

本书中单元 1 由长春职业技术学院李航老师负责编写，单元 2～单元 5 由长春职业技术学院李季老师负责编写，单元 6、单元 7 由长春职业技术学院张雨和李航老师负责编写。本书配有重点内容的微课视频，读者可在学习过程中直接扫码观看；同时，本书提供了丰富的教学资源，包括电子课件（PPT）、教学设计及源代码等，读者可在人邮教育社区（https://www.ryjiaoyu.com）网站注册、登录后下载。

由于编者水平有限，书中难免有不妥或疏漏之处，敬请广大读者批评指正！

编者

2023 年 4 月

目录 CONTENTS

单元 1

开发第一个 Android 程序 …… 1

【学习导读】…… 1

【学习目标】…… 1

【思维导图】…… 2

【相关知识】…… 2

1.1 Android 概述 …… 2

1.1.1 移动操作系统 …… 2

1.1.2 Android 简介 …… 3

1.1.3 Android 架构体系 …… 3

1.2 Android 开发环境 …… 4

1.2.1 Android 开发环境简介 …… 4

1.2.2 搭建 Android Studio 集成开发环境 …… 5

1.3 创建 HelloWorld 工程 …… 13

1.3.1 新建 Android 工程 …… 13

1.3.2 创建 Android 模拟器 …… 18

1.3.3 在 Android 模拟器上运行 App …… 23

1.3.4 Android 项目目录结构 …… 23

1.3.5 Android App 打包 …… 26

【实训与练习】…… 29

单元 2

仿微信框架 App …… 31

【学习导读】…… 31

【学习目标】…… 31

【思维导图】…… 32

【相关知识】…… 32

2.1 UI 设计的相关概念 …… 32

2.1.1 View …… 32

2.1.2 ViewGroup …… 32

2.1.3 布局中的相关概念 …… 33

2.1.4 布局的常用属性 …… 34

2.2 布局管理 …… 34

2.2.1 线性布局 …… 35

2.2.2 相对布局 …… 37

2.2.3 帧布局 …… 40

2.2.4 网格布局 …… 40

2.3 常用视图和事件处理 …… 44

2.3.1 常用视图 …… 44

2.3.2 事件处理 …… 46

2.4 仿微信框架 App 实现 …… 49

2.4.1 头部区域制作 …… 50

2.4.2 主页面布局文件设计 …… 51

2.4.3 内容区域制作 …… 51

2.4.4 底部导航区域制作 …… 52

2.4.5 图片选择器制作 …… 53

2.4.6 颜色选择器制作 …… 55

2.4.7 底部导航区域优化 …… 55

2.4.8 导航动作实现 …… 57

【实训与练习】…… 58

单元 3

新闻 App …… 60

【学习导读】…… 60

【学习目标】……60
【思维导图】……61
【相关知识】……61
3.1 Activity……61
3.1.1 手动 Activity 创建……61
3.1.2 Android Studio 中创建 Activity……62
3.1.3 手动 Activity 注册……63
3.1.4 AppCompatActivity 和 Activity 的区别……63
3.1.5 去掉标题栏……64
3.1.6 Activity 生命周期……65
3.2 Intent……67
3.2.1 Intent 包含信息与构造……68
3.2.2 Intent 用法……70
3.2.3 利用 Intent 启动 Activity……71
3.3 ListView……74
3.4 适配器……76
3.4.1 ArrayAdapter……76
3.4.2 SimpleAdapter……76
3.4.3 SimpleCursorAdapter……77
3.4.4 BaseAdapter……77
3.5 WebView 组件……77
3.6 SimpleAdapter 版新闻 App……78
3.6.1 页面布局文件设计……78
3.6.2 数据封装……80
3.6.3 定义适配器……81
3.6.4 页面跳转实现……82
3.6.5 新闻显示页面实现……83
3.7 BaseAdapter 版新闻 App……83
3.7.1 新闻列表页面制作……84
3.7.2 数据封装……85
3.7.3 自定义适配器……86
3.7.4 自定义适配器使用……87
3.8 RecyclerView 版新闻 App……87
3.8.1 RecyclerView 组件优势……88
3.8.2 RecyclerView 组件配套类……88
3.8.3 RecyclerView 适配器结构……89
3.8.4 新闻 App 实现……89
【实训与练习】……93

单元 4

用户管理 App……95
【学习导读】……95
【学习目标】……95
【思维导图】……96
【相关知识】……96
4.1 数据存储技术……96
4.1.1 SharedPreferences……96
4.1.2 内部存储……100
4.1.3 外部存储……103
4.1.4 SQLite 数据库……108
4.2 用户管理 App 实现……111
4.2.1 DBHelp 类设计……112
4.2.2 UserManager 类设计……112
4.2.3 记住密码功能实现……114
4.2.4 主页面设计……114
4.2.5 内容页面设计……117
【实训与练习】……118

单元 5

下载网络图片 App……120
【学习导读】……120
【学习目标】……120
【思维导图】……121
【相关知识】……121

5.1 网络编程……121
5.2 Android 访问网络方式……123
5.3 下载百度 Logo App……124
5.3.1 URL 类……124
5.3.2 HttpURLConnection 类……125
5.3.3 利用 URL 和 HttpURLConnection 下载百度 Logo……125
5.4 Android 多线程机制……128
5.4.1 主线程和工作线程……128
5.4.2 主线程和工作线程之间通信……129
5.5 Handler 消息机制……129
5.6 Glide 框架实现图片加载……132
5.7 OkHttp3 框架……134
5.7.1 OkHttp3 框架常用类或接口……134
5.7.2 同步请求获得百度 Logo……137
5.7.3 异步请求获得百度 Logo……137
5.8 JSON 数据格式……138
5.8.1 JSON 数据格式基本信息……138
5.8.2 Android 提供的 JSON 解析类……139
5.8.3 JSONArray 对象创建与解析……141
5.8.4 JSONObject 对象创建与解析……141
5.8.5 JSONObject 和 JSONArray 综合应用与解析……142
【实训与练习】……143
单元 6
引导页面制作 App……145
【学习导读】……145
【学习目标】……145
【思维导图】……146
【相关知识】……146
6.1 ViewPager 简介……146
6.2 PagerAdapter……146
6.3 shape 标签……147
6.3.1 创建 shape 文件……147
6.3.2 shape 子标签……147
6.3.3 shape 使用……149
6.4 引导页面实现……153
6.4.1 住房公积金 App 引导页面设计……153
6.4.2 住房公积金 App 引导页面实现……154
6.5 ViewPager+Fragment 经典结构……159
6.5.1 Fragment……159
6.5.2 FragmentPagerAdapter……166
6.5.3 TabLayout……167
6.5.4 ViewPager+Fragment+TabLayout 结构……170
【实训与练习】……174
单元 7
Android 常用框架……175
【学习导读】……175
【学习目标】……175
【思维导图】……176
【相关知识】……176
7.1 ButterKnife 框架……176
7.1.1 导入依赖和初始化 ButterKnife……176
7.1.2 注解类型……177
7.1.3 案例……178

7.2 MPAndroidChart 框架 ··················180
7.2.1 折线图绘制 ··················181
7.2.2 柱状图绘制 ··················188
7.2.3 饼图绘制 ··················190
7.2.4 动态折线图绘制 ··················192
7.3 SmartRefreshLayout 框架 ··················195
7.3.1 导入依赖 ··················195
7.3.2 提供的类 ··················195
7.3.3 在布局文件中使用 ··················196
7.3.4 经典风格案例实现 ··················197
【实训与练习】 ··················207

单元1 开发第一个Android程序

01

【学习导读】

随着移动互联网的快速发展，占据移动互联网“半壁江山”的 Android 也迎来了更大的发展机遇，与其他系统相比，“移动互联网时代”中 Android 的发展潜力无疑是巨大的（Android 设备的市场占有率居世界第一）。本单元将带你走进 Android 的开发世界。

【学习目标】

知识目标：

1. 了解移动操作系统；
2. 熟悉 Android 架构体系；
3. 熟知 Android 开发环境；
4. 了解 Android 项目的目录结构。

技能目标：

1. 能够搭建 Android Studio 集成开发环境；
2. 能够创建工程；
3. 能够创建 Android 模拟器；
4. 能够运行和调试工程；
5. 能够实现 Android App 打包操作。

素养目标：

1. 了解华为鸿蒙自主操作系统，树立科技强国意识；
2. 通过了解软件行业发展前景，规划职业愿景，激发对社会主义核心价值观的认同感。

【思维导图】

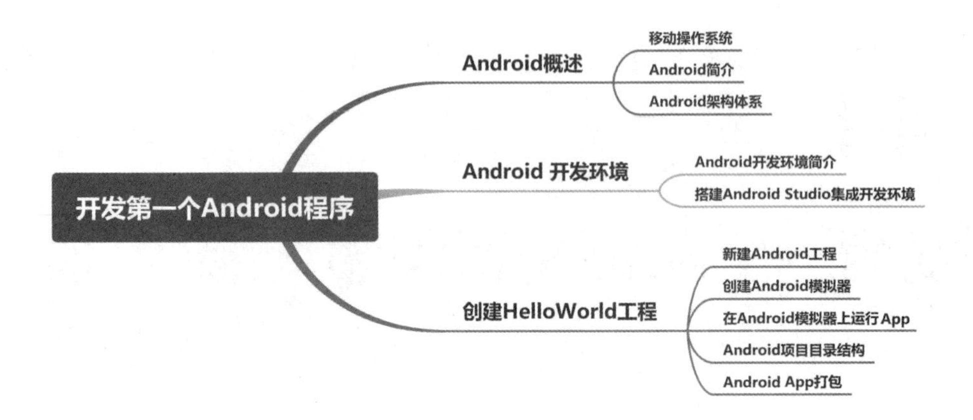

【相关知识】

1.1 Android 概述

1.1.1 移动操作系统

移动操作系统是指在移动设备上使用的操作系统。目前市场上常用的移动操作系统主要有Android、iOS、HarmonyOS 等。

1. Android

Android 是一种基于 Linux 的自由及开放源代码的操作系统，由谷歌（Google）公司和开放手机联盟主导及开发，主要用于移动设备，如智能手机和平板电脑，目前市场占有率第一。

2. iOS

iOS 是苹果公司开发的移动操作系统。苹果公司于 2007 年 1 月 9 日在 Macworld 上公布这个系统，最初是设计给 iPhone 使用的，后来应用到 iPod touch、iPad 以及 Apple TV 等产品上。由于苹果产品生态圈是闭合的，所以 iOS 只能应用在苹果设备上。

3. HarmonyOS

HarmonyOS（鸿蒙系统）是华为公司于 2019 年 8 月 9 日在东莞举行的华为开发者大会上正式发布的操作系统。

HarmonyOS 是一款全新的、面向全场景的分布式操作系统。它创造了一个超级虚拟终端互联的世界，将人、设备、场景有机地联系在一起，使消费者在全场景生活中接触的多种智能终端实现极速发现、极速连接、硬件互助、资源共享，用合适的设备提供场景体验。

2021 年 10 月其版本更新到 3.0。2021 年 12 月 23 日华为公司在冬季旗舰新品发布会上，宣布搭载 HarmonyOS 的华为设备数已超 2.2 亿台。

1.1.2　Android 简介

Android 是谷歌公司开发的基于 Linux 的开源操作系统，它主要运行于智能手机、平板电脑、可穿戴设备、网络电视、车载导航等智能终端设备。

2003 年 10 月，Andy Rubin 等人创建 Android 公司，组建 Android 开发团队。2005 年 8 月，Android 公司及其团队被谷歌公司收购。2007 年 11 月，谷歌公司与硬件制造商、软件开发商及电信运营商组建开放手机联盟共同研发改良 Android 操作系统。2008 年 9 月，谷歌公司正式发布了 Android 1.0 系统。2009 年 9 月，谷歌公司发布了 Android 1.6 系统正式版，并推出了搭载 Android 1.6 系统正式版的 HTC Hero（G3）手机……2022 年 8 月，谷歌公司发布 Android 13.0 系统正式版。

如今，尽管 Android 操作系统已被应用在数以亿计的终端设备上，但每天仍有超过数百万台新的 Android 设备被激活。

1.1.3　Android 架构体系

Android 之所以被称为操作系统，是因为它的一端用于驱动硬件设备，另一端用于呈现功能交互，也可以将其理解为人机交互系统。从驱动硬件设备到运行应用程序（即 App）的过程中还包含很多层次，整体称为 Android 架构体系。

在 Android 操作系统中，其架构体系分为应用（Application）层、应用框架（Application Framework）层、系统运行库（Libraries）层以及 Linux 内核（Linux Kernel）层，共 4 层，如图 1-1 所示。

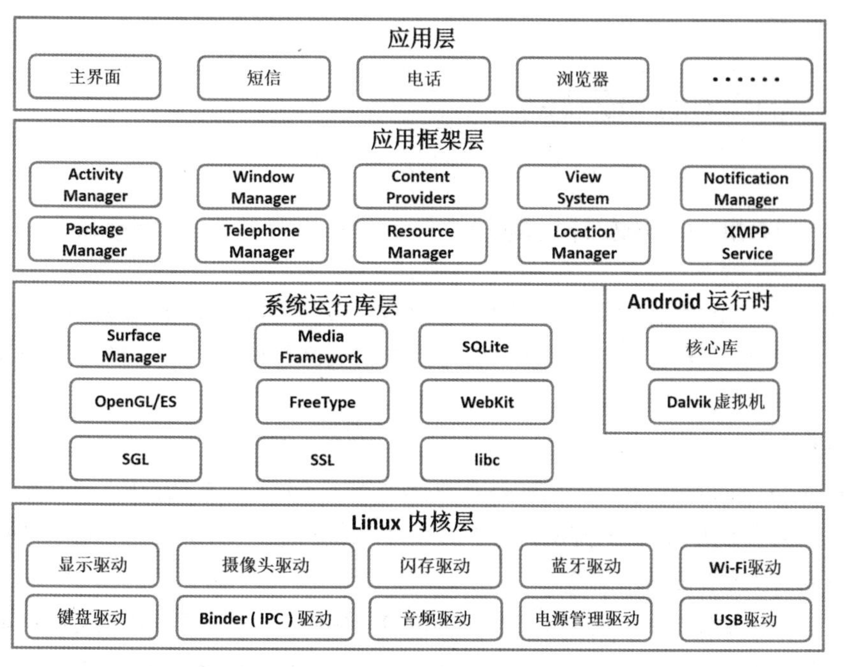

图 1-1　Android 架构体系

1. Linux 内核层

Android 操作系统是基于 Linux 内核开发的操作系统，其安全性、内存管理、进程管理、网络协议栈、设备驱动（如显示驱动、摄像头驱动、闪存驱动、蓝牙驱动、Wi-Fi 驱动、键盘驱动、电源管理驱动、USB 驱动）等都由 Linux 内核提供。Linux 内核层是 Android 架构体系的底层，负责提供系统的基本功能。

2. 系统运行库层

系统运行库层在 Linux 内核层的上面，是一系列程序库的集合，包括开源的 Web 浏览器引擎 WebKit，Linux 下的 ANSIC 函数 libc，嵌入式数据库 SQLite，用于播放、录制音视频的库 Media Framework，用于网络安全的安全套接字层（Secure Socket Layer，SSL），2D 图像引擎斯基亚图形库（Skia Graphics Library，SGL），3D 支持库 OpenGL/ES，以及 Android 运行时等。

Android 运行时（Android RunTime）由 Dalvik 虚拟机（Dalvik Virtual Machine）和核心库（Core Libraries）两部分组成。Dalvik 虚拟机是针对 Android 移动设备平台而设计的虚拟机，不仅效率高，而且占用内存少。该虚拟机是基于寄存器的，Android 程序中所有的类都先由 Java 汇编器编译成.class 文件，然后通过 SDK 中的 DX 工具转化成.dex 文件，最后由 Dalvik 虚拟机执行.dex 文件。核心库提供 Java 编程语言核心库的大部分功能，它允许开发者使用 Java 语言来编写 Android App。

3. 应用框架层

应用框架层包含用于开发各种 Android App 的程序框架，为 Android App 提供许多高级的服务。它一方面与应用层对接，另一方面与系统运行库层对接。

4. 应用层

应用层是顶层，开发人员编写的 App 也将被安装在这层，包括主界面、浏览器、短信、电话、微信、游戏等 App。

1.2 Android 开发环境

1.2.1 Android 开发环境简介

开发 Android App（如无特指，以下所述的“App”均为“Android App”）所需的工具软件都是免费的，可以直接从互联网上下载。Android 开发环境主要包括 JDK、Android SDK 和 Android Studio 集成开发环境。

1. JDK

JDK（Java Development Kit）是 Java 语言的软件开发工具包，主要用于移动设备、嵌入式设备上的 Java 应用程序和 Android 开发。JDK 是整个 Android 开发的核心，它包含 Java 运行环境（JVM+Java 系统类库）和 Java 工具。

没有 JDK 则无法编译 Java 程序（指包含 Java 源代码的.java 文件），更无法开发 App。如果只想运行 Java 程序（指.class 文件、.jar 文件或其他归档文件），要确保已安装相应的 Java 运行环境。

JDK 安装后通常需要设置一些参数，比如环境变量等。如果使用 Android Studio 集成开发环境则不需要手动设置环境变量。JDK 需要到 Oracle 公司的官网下载。

2. Android SDK

Android SDK 提供了在 Windows/Linux/macOS 平台上开发 Android 应用程序的各种组件，其包含在 Android 平台上开发 App 的各种工具集。

Android SDK 中的工具集包含 Android 模拟器（Simulator）和用于 Eclipse 开发平台的 Android 开发工具（Android Development Tool，ADT）插件，以及用于调试、打包和在 Android 模拟器上安装 App 的工具。

Android SDK 主要以 Java 语言为基础，用户可以使用 Java 语言来开发 App，通过 SDK 提供的工具将其打包成 Android 平台使用的 APK 文件，然后用 SDK 中的 Android 模拟器来模拟和测试软件在 Android 平台上的运行情况和效果。在使用 Android Studio 集成开发环境开发 Android 应用时，可以通过 Android Studio 集成开发环境中的可视化向导快速配置 Android SDK 参数信息，如设置 Android SDK 版本、安装路径等。

3. Android Studio 集成开发环境

Android Studio 是用于开发 App 的官方集成开发环境（Integrated Development Environment，IDE），它是由开发 Android 操作系统的谷歌公司研制、开发而成的。Android Studio 以 IntelliJ IDEA 为基础构建，具有 IntelliJ IDEA 强大的代码编辑器和开发者工具，与此同时 Android Studio 还提供更多可提高 App 构建效率的功能。Android Studio 集成开发环境可以在 Android 开发者官网下载。

1.2.2 搭建 Android Studio 集成开发环境

1. 选择 Android Studio 开发工具版本

1.2.2 搭建 Android Studio 集成开发环境

在选择 Android Studio 开发工具版本时，建议遵循不追求最新版本但追求最稳定版本的原则，新版本的开发工具通常意味着更多的系统资源占用。比如在 App 开发过程中过多占用系统内存和处理器资源等。

推荐初学者使用正式版本中的非最新版本（Android Studio 开发工具可以在 Android 开发者官网上搜索并下载），下载链接中若含有 Beta、Canary、RC 等均为非正式版本。这里选择 Android Studio 4.2.2，如图 1-2 所示。

developers 平台 Android Studio 文档 更多 搜索 中文－简体

版本	日期
Android Studio Arctic Fox (2020.3.1) RC 1	2021 年 7 月 20 日
Android Studio Bumblebee (2021.1.1) Canary 3	2021 年 7 月 8 日
Android Studio Arctic Fox (2020.3.1) Beta 5	2021 年 7 月 2 日
Android Studio 4.2.2	2021 年 6 月 30 日
Android Studio Arctic Fox (2020.3.1) Beta 版 4	2021 年 6 月 16 日
Android Studio Bumblebee (2021.1.1) Canary 2	2021 年 6 月 7 日
Android Studio Arctic Fox (2020.3.1) Beta 3	2021 年 5 月 27 日
Android Studio Arctic Fox (2020.3.1) Beta 2	2021 年 5 月 20 日

图 1-2　Android Studio 开发工具版本

2. 选择 Android Studio 开发工具安装文件格式

文件格式一般分为两种，即可执行文件（.exe）格式和压缩文件（.zip）格式。这里选择可执行文件（.exe）格式，如图 1-3 所示。

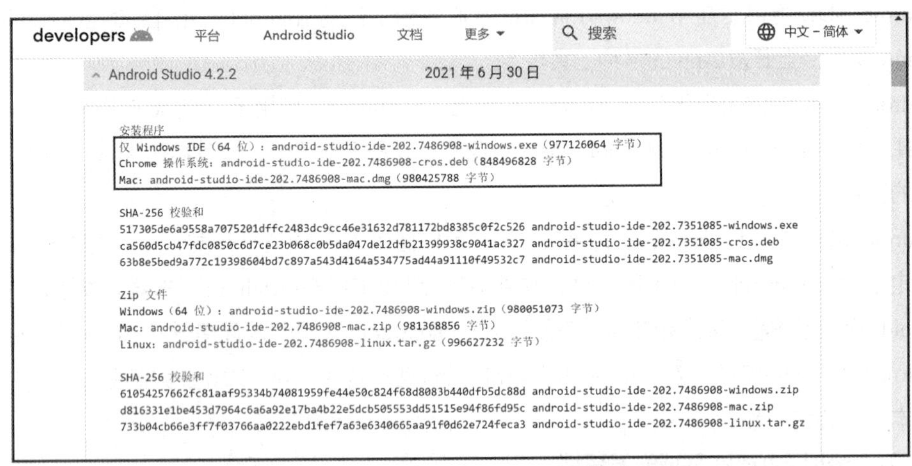

图 1-3　Android Studio 开发工具安装文件格式

3. 选择适合计算机操作系统类别的 Android Studio 下载链接

常用计算机操作系统主要有 Windows、macOS、Linux 等，在下载时应选择适合操作系统类别的链接。这里选择可执行文件（.exe）格式中适合当前计算机所搭载的 Windows10（64 位）操作系统的下载链接【仅 Windows IDE（64 位）：android-studio-ide-202.7486908-windows.exe】，如图 1-4 所示。

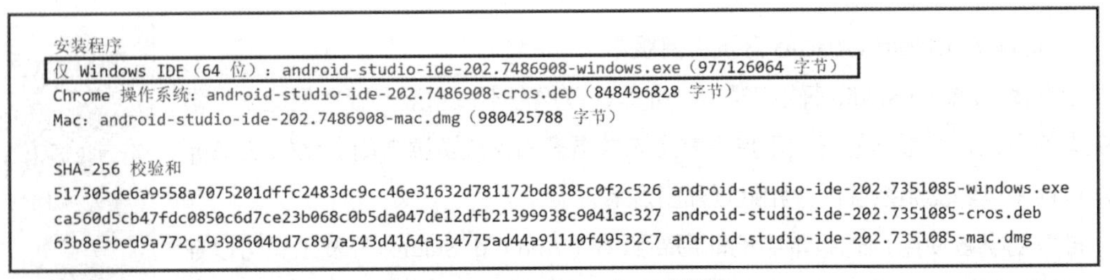

图 1-4　Android Studio 下载链接

4. 安装 Android Studio 开发工具

（1）启动安装程序

待安装程序下载完成后打开下载目录，找到安装程序图标，如图 1-5 所示。

图 1-5　安装程序图标

启动 android-studio-ide-202.7486908-windows.exe 程序，显示安装向导欢迎界面，如图 1-6 所示。

图 1-6　安装向导欢迎界面

（2）安装 Android Studio 主程序和 Android 虚拟机驱动

在图 1-6 所示的安装向导欢迎界面中，单击【Next>】按钮，开始安装 Android Studio，出现图 1-7 所示的组件选择界面。

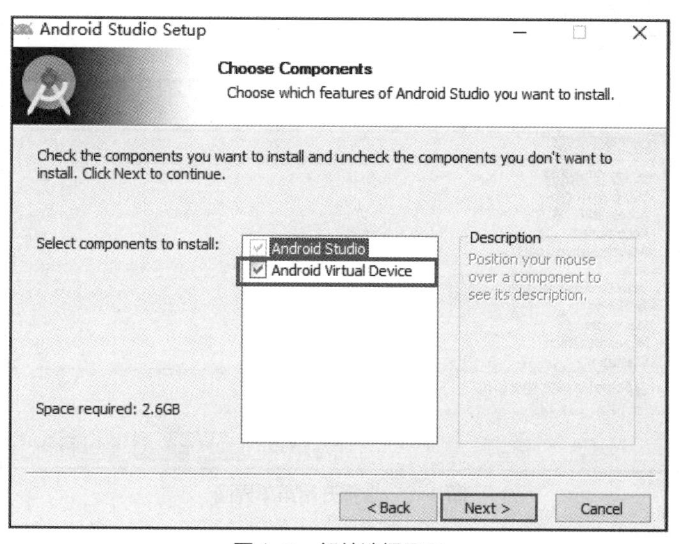

图 1-7　组件选择界面

在组件选择界面中，【Android Studio】复选框为必选项且不可更改，选中【Android Virtual Device】（Android 虚拟机驱动）复选框，单击【Next>】按钮，出现图 1-8 所示的设置安装路径界面。

（3）设置安装路径

如图 1-8 所示，Android Studio 开发工具默认安装路径为 C:\Program Files\Android\Android Studio，安装路径可根据实际情况更改。默认情况下要保证目标磁盘的空间不少于 500MB，但在实际开发中经常需要同步很多资源文件，建议至少预留 40GB 磁盘空间。设置完成后单击【Next>】按钮，出现图 1-9 所示的选择开始菜单界面。

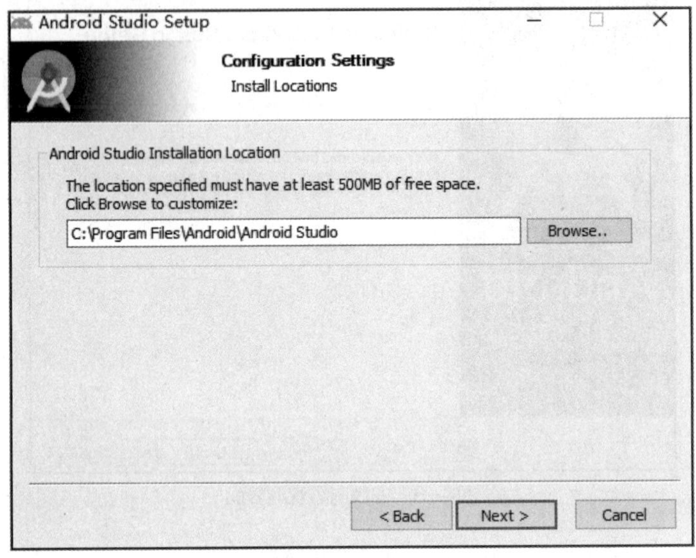

图 1-8　设置安装路径界面

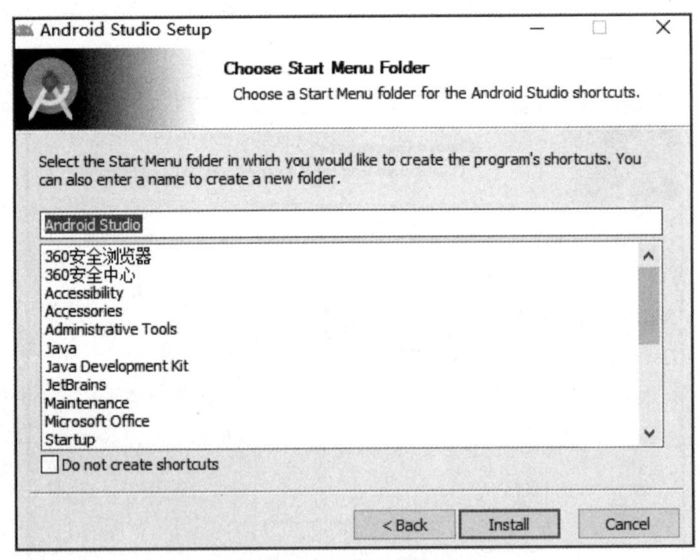

图 1-9　选择开始菜单界面

（4）选择开始菜单

Android Studio 开发工具默认的【开始】菜单选项名称为 Android Studio，可根据实际情况更改。设置完成后，单击【Install】按钮，出现图 1-10 所示的安装进度界面。

（5）安装完成

由于计算机硬件配置的不同，安装所需时间有所差异。等待安装进度达到 100%后，单击【Next>】按钮进入安装完成界面，如图 1-11 所示。复选框【Start Android Studio】默认为选中状态，表示在单击【Finish】按钮后，关闭当前界面并启动 Android Studio 开发工具。

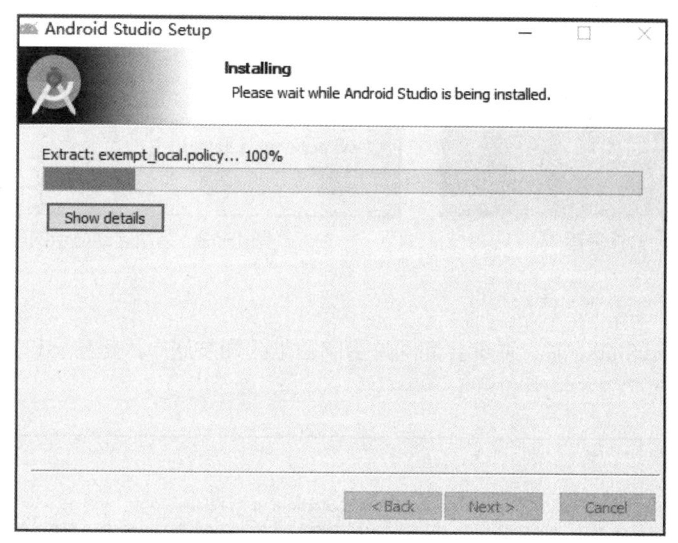

图 1-10　安装进度界面

图 1-11　安装完成界面

5. 第一次运行 Android Studio 开发工具

（1）启动 Android Studio

以 Windows 10 操作系统为例，打开【开始】菜单，在程序列表中找到并启动 Android Studio，启动后显示其欢迎界面，如图 1-12 所示。

（2）导入配置

首次启动 Android Studio 时，系统会要求导入配置文件。这里选中【Do not import settings】单选按钮，再单击【OK】按钮，如图 1-13 所示。

图 1-12　欢迎界面

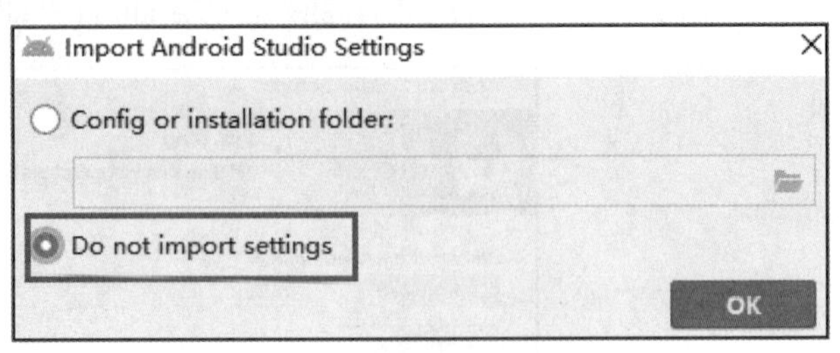

图 1-13　首次启动显示的配置界面

（3）向谷歌公司发送个人信息

首次运行 Android Studio 时，系统会询问是否向谷歌公司发送个人信息，这里单击【Don't send】按钮，如图 1-14 所示。

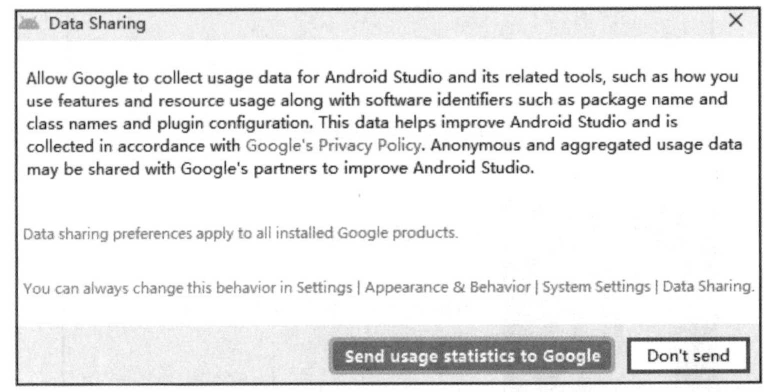

图 1-14　询问是否向谷歌公司发送个人信息

（4）Android SDK 加入更新任务列表

首次运行 Android Studio 时，系统会询问是否将 Android SDK 加入更新任务列表，这里单击【Cancel】按钮，如图 1-15 所示。然后在 Android Studio 安装向导界面中单击【Next】按钮，如图 1-16 所示。

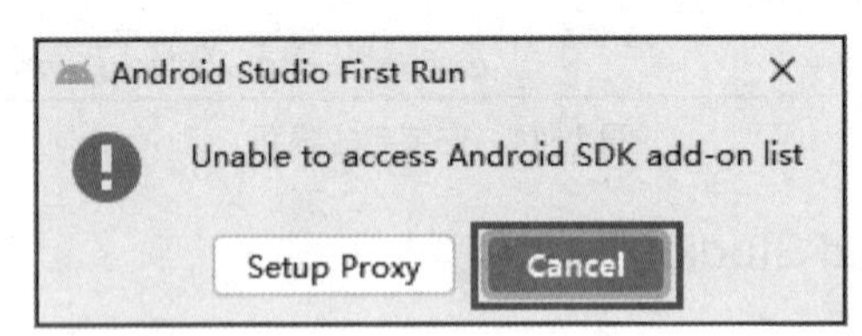

图 1-15　询问是否将 Android SDK 加入更新任务列表

（5）Android Studio 安装向导

在安装类型界面中，选中【Standard】单选按钮，表示以标准模式安装 Android Studio 开发工具，再单击【Next】按钮，如图 1-17 所示。

在主题选择界面中，【Darcula】表示黑色经典主题样式，【Light】表示明亮主题样式。这里选中【Light】单选按钮，再单击【Next】按钮，如图 1-18 所示。

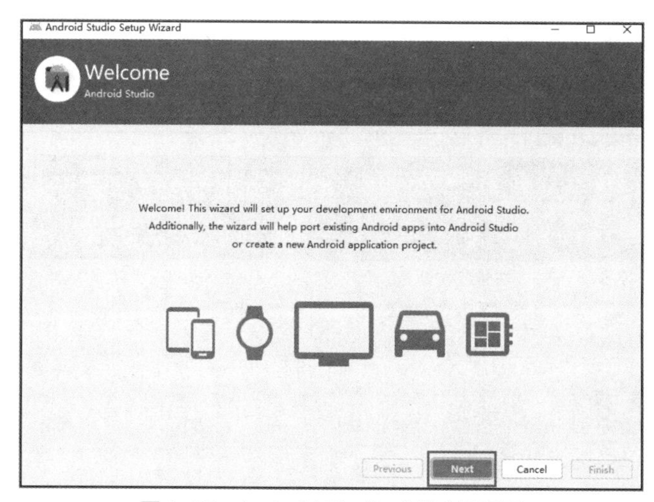

图 1-16　Android Studio 安装向导界面

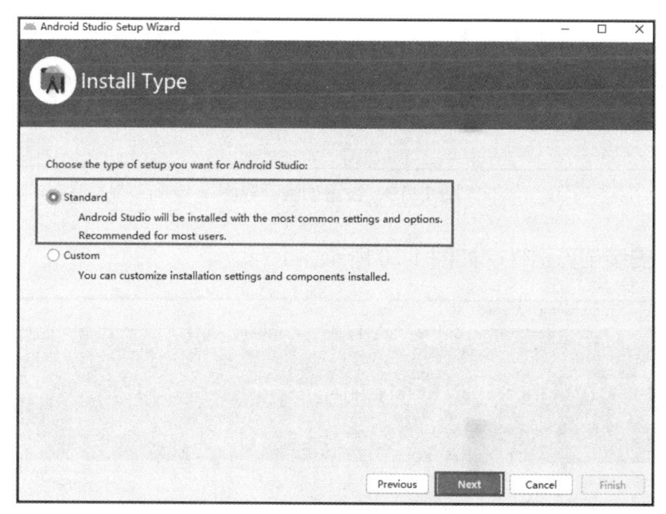

图 1-17　安装类型界面

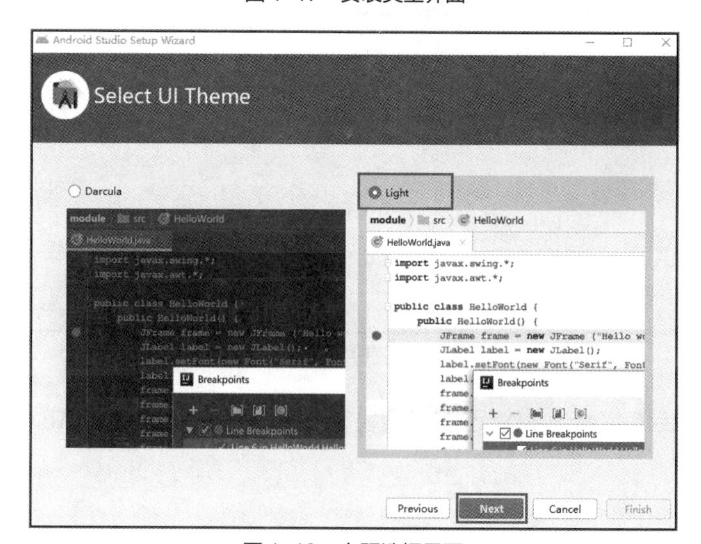

图 1-18　主题选择界面

在设置项验证界面中，列出需要下载的工具组件，确认无误后单击【Finish】按钮，如图 1-19 所示。

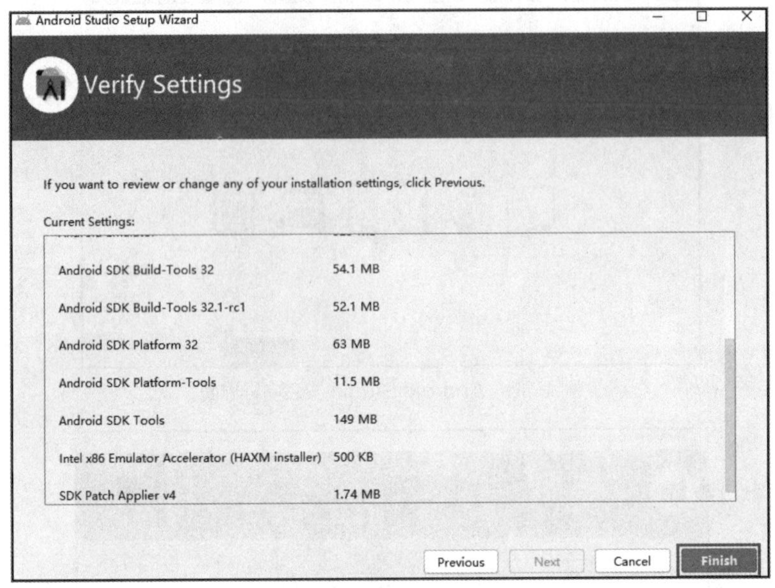

图1-19　设置项验证界面

系统开始下载并安装工具组件，如图 1-20 所示。

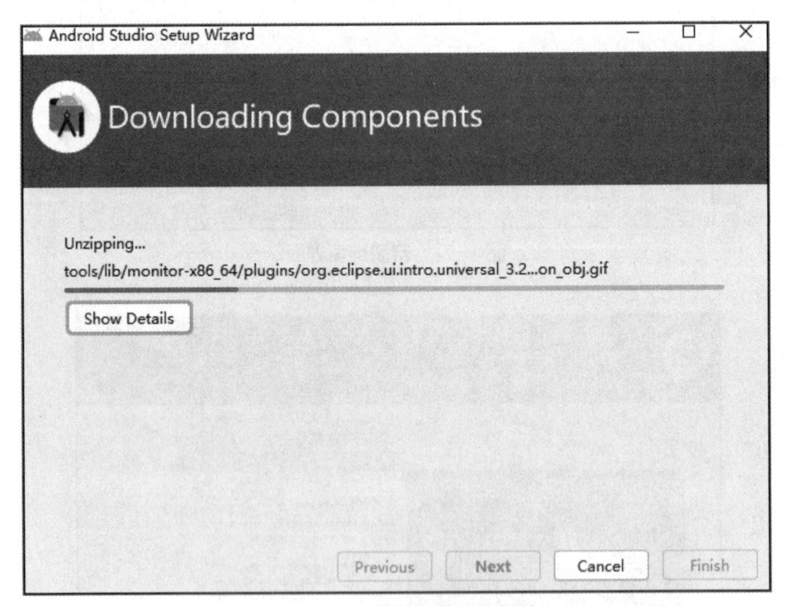

图1-20　下载并安装工具组件

下载并安装完成后可以看到 SDK 安装的路径等信息，单击【Finish】按钮完成安装向导设置，如图 1-21 所示。

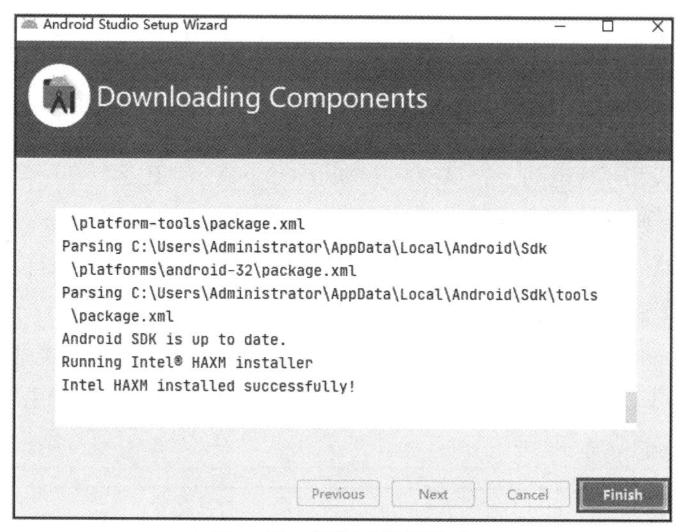

图 1-21　安装向导设置完成

1.3 创建 HelloWorld 工程

在使用 Android Studio 进行 App 开发时，需要先创建新工程，再创建应用程序。一个工程可以包含多个应用程序。

首先启动 Android Studio 开发工具，在【Welcome to Android Studio】界面中选择【Create New Project】选项，如图 1-22 所示。

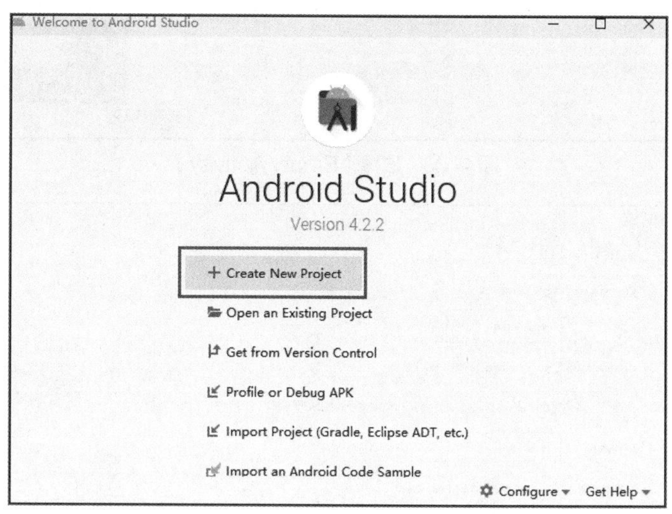

图 1-22　新建工程

1.3.1　新建 Android 工程

默认情况下，创建工程时会自动生成一个名为 app 的应用程序（即 App）。

每个 App 至少要有一个 Activity，Activity 在 Android 开发中用于在屏幕上显示程序画面，并且实现交互功能，即可视化的界面和用户操作的功能实现。

在【New Project】界面中，左侧竖向排列的【Templates】表示向导模板，其中，【Phone and Tablet】表示创建运行在手机和平板电脑上的 App；【Wear OS】表示创建运行在可穿戴设备上的 App；【Android TV】表示创建运行在安装 Android 操作系统的智能电视机上的 App；【Automotive】表示创建运行在车载智能交互系统上的 App；【Android Things】表示创建运行在符合物联网技术标准的智能冰箱、智能电饭锅、智能空调等设备上的 App。

这里选择【Phone and Tablet】，右侧区域立刻显示该模板所支持的各种类型的 Activity，然后选择【Empty Activity】，表示创建一个空的 Activity，如图 1-23 所示。最后单击【Next】按钮，出现如图 1-24 所示的界面。

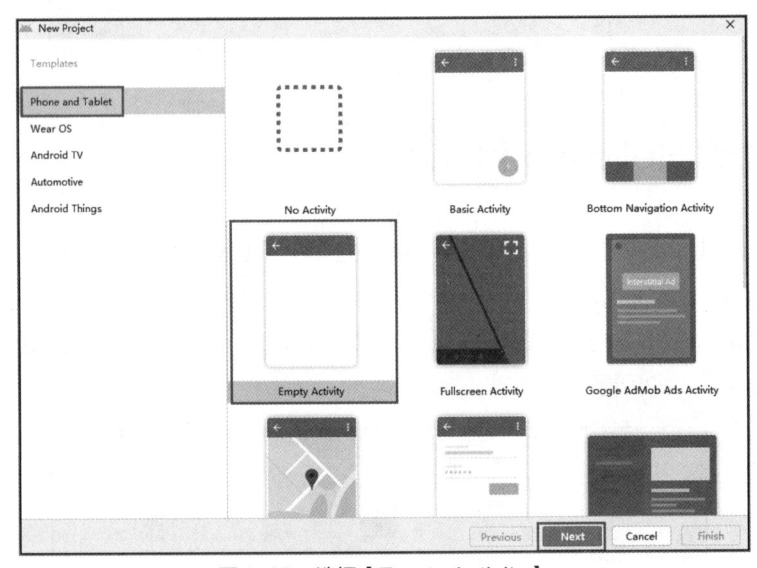

图 1-23　选择【Empty Activity】

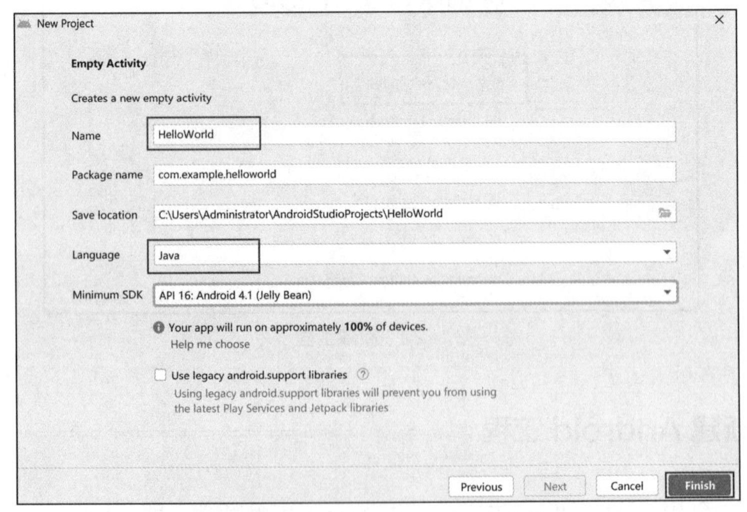

图 1-24　设置 Empty Activity 参数

在图 1-24 所示的界面中需要填写 5 个参数，【Name】表示工程的名称；【Package name】表示包名；【Save location】表示当前工程保存的路径；【Language】表示编程语言；【Minimum SDK】表示该 App 要求目标设备所安装的 Android 操作系统的最低版本。

这里把【Name】设置为 HelloWorld，把【Language】设置为 Java，其他参数保持默认设置即可，再单击【Finish】按钮。

当 Android Studio 开发工具进入主界面时，系统会自动登录谷歌服务器进行数据同步，同步操作一旦开始就必须等到同步完成才能进行程序开发，这一过程有时会长达数小时。如图 1-25 所示，Android Studio 主界面主要包括工程导航、代码编辑、帮助等窗口及状态栏，其中工程导航窗口负责显示工程目录结构；代码编辑窗口用于编辑文件，此时显示 activity_main.xml 和 MainActivity.java 文件；帮助窗口可以了解 Android Studio 4.2 版本新特征，不用时可以把它关闭；状态栏用于显示当前状态，此时表示正在进行数据同步。

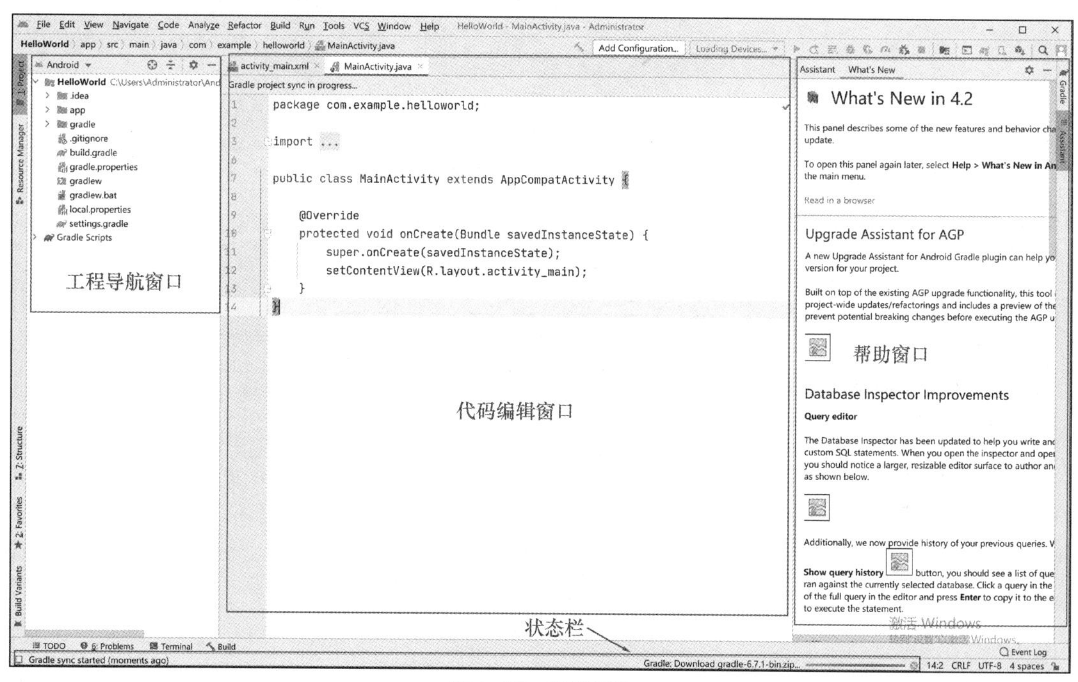

图 1-25 数据同步

添加阿里云服务器地址可显著提升数据同步效率。首先单击左侧工程导航窗口顶部的【Android】下拉列表框，选择【Project】，设置工程导航窗口为工程（Project）视角模式，如图 1-26 所示。

双击工程导航窗口中的【build.gradle】选项，即可在右侧显示源代码，将以下代码编辑到对应位置，保存所有修改后关闭 Android Studio 开发工具，重新启动 Android Studio 开发工具即可使设置生效，如图 1-27 所示。

```
buildscript {
    repositories {
        //添加阿里云服务器同步地址
        maven { url 'https://maven.aliyun.com/repository/central'}
```

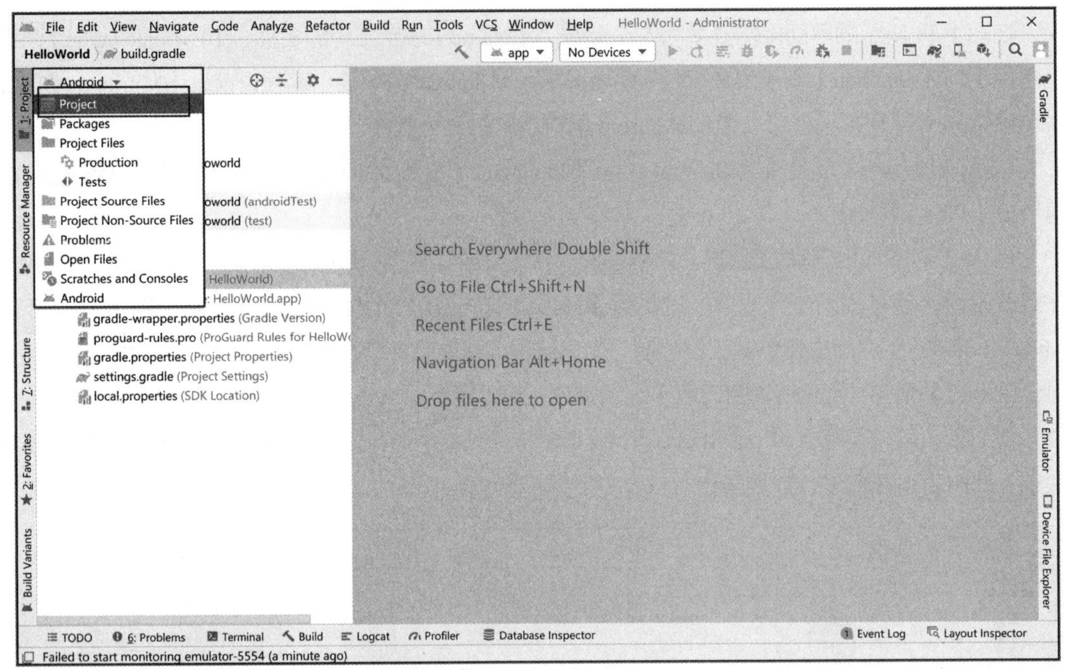

图1-26　设置工程视角模式

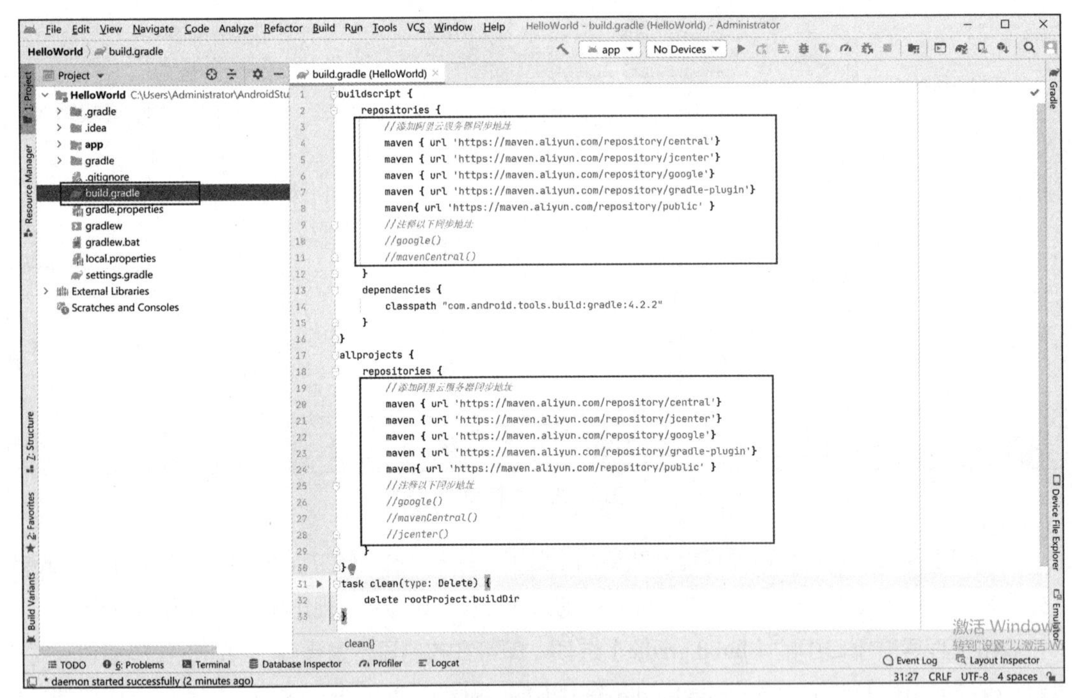

图1-27　增加阿里云服务器同步地址

```
maven { url 'https://maven.aliyun.com/repository/jcenter'}
maven { url 'https://maven.aliyun.com/repository/google'}
maven { url 'https://maven.aliyun.com/repository/gradle-plugin'}
maven { url 'https://maven.aliyun.com/repository/public' }
//注释以下同步地址
```

```
        //google()
        //mavenCentral()
    }
    dependencies {
        classpath "com.android.tools.build:gradle:4.2.2"
    }
}
allprojects {
    repositories {
        //添加阿里云服务器同步地址
        maven { url 'https://maven.aliyun.com/repository/central'}
        maven { url 'https://maven.aliyun.com/repository/jcenter'}
        maven { url 'https://maven.aliyun.com/repository/google'}
        maven { url 'https://maven.aliyun.com/repository/gradle-plugin'}
        maven { url 'https://maven.aliyun.com/repository/public' }
        //注释以下同步地址
        //google()
        //mavenCentral()
        //jcenter()
    }
}
task clean(type: Delete) {
    delete rootProject.buildDir
}
```

再次进入 Android Studio 则会通过阿里云镜像服务下载需要同步的数据。图 1-28 所示为数据同步完成的界面，界面左下角为数据同步完成时间。

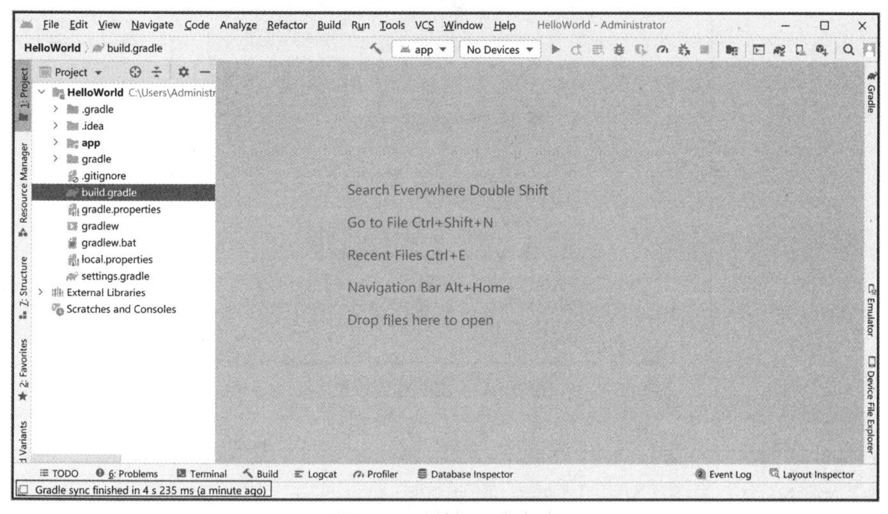

图 1-28　数据同步完成

同步数据耗时过长的主要原因是 Android Studio 开发工具有较多的核心数据需要从谷歌服务器下载到本地，而谷歌公司并没有针对境内用户的数据传输通道进行专门的优化。而阿里云镜像服务器则专门优化了用户访问镜像服务器的数据传输通道，这极大地改善了同步数据耗时过久的问题。

1.3.2 创建 Android 模拟器

在使用 Android Studio 开发 App 时，经常需要在目标设备上运行和调试 App。目标设备是指安装 Android 操作系统的硬件终端设备，如智能手机、平板电脑、可穿戴设备、车载智能交互系统等。

为提高使用 Android Studio 开发 App 的效率，Android Studio 支持多种 Android 模拟器（虚拟设备）。Android 模拟器用软件算法模拟出硬件终端设备的界面和功能。它可以运行在开发 App 的计算机上，便于 App 运行和调试。

1. 启动 Android 模拟器管理工具

首先在 Android Studio 开发平台界面右上区域中找到工具条，如图 1-29 所示。

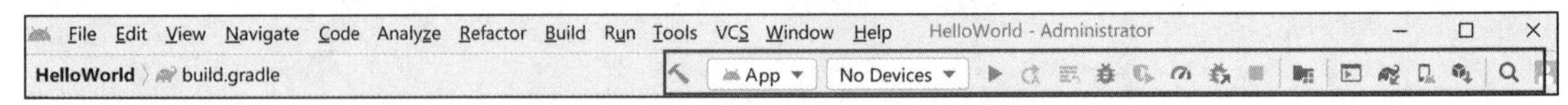

图 1-29 启动 Android 模拟器管理工具

单击工具条中的按钮，弹出图 1-30 所示的界面，在该界面中单击【+ Create Virtual Device...】按钮创建虚拟设备。

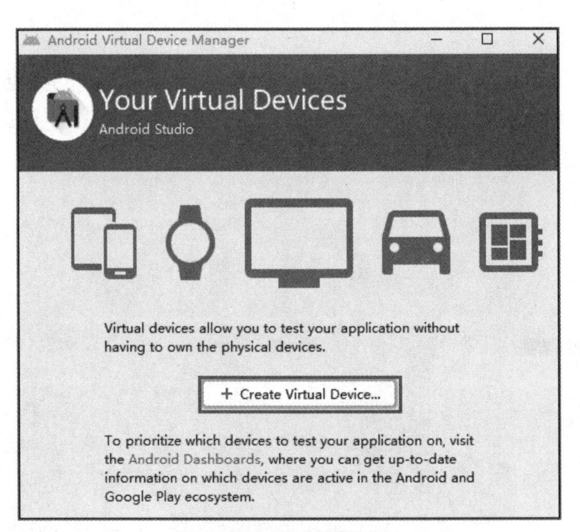

图 1-30 创建虚拟设备

在【Virtual Device Configuration】界面中，设置【Category】（虚拟设备类别）为 Phone，【Name】（硬件规格）为 Pixel 2，单击【Next】按钮，效果如图 1-31 所示。

在该界面中，左侧表示虚拟设备类别，中间列出所选虚拟设备的参数，右侧用图形表示选中的虚拟设备屏幕尺寸、分辨率等信息。结合实际开发需要选择适合的虚拟设备才能保证开发效率，否则配置过高的虚拟设备在运行时会占用较多的系统资源导致开发效率下降。

2. 确定 Android 操作系统版本

选择即将发布到 Android 模拟器上的 Android 操作系统版本，这里选择的【Target】为 Android 8.0，单击对应的【Download】超链接，如图 1-32 所示。

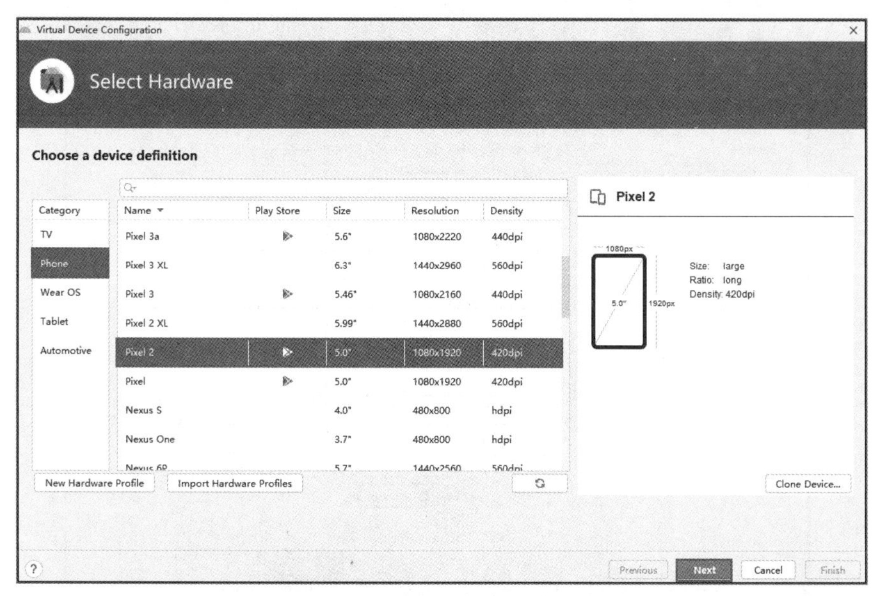

图 1-31　设置虚拟设备类别及硬件规格

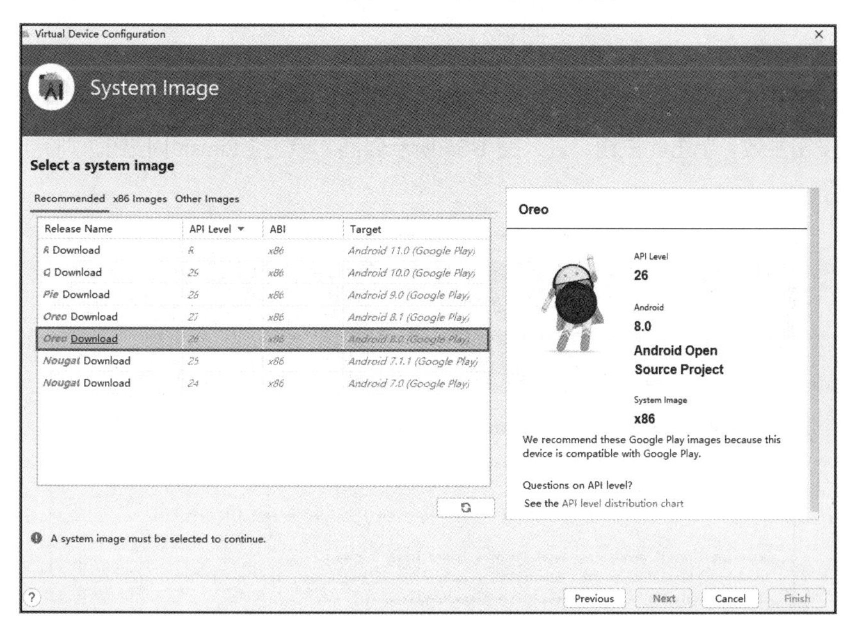

图 1-32　选择 Android 操作系统版本

需要注意，如果前面选择的 Android 模拟器硬件规格过低，那么在配置 SDK 版本时，就不建议选择高版本的 SDK，否则容易遇到高版本的 SDK 适配到低硬件规格的 Android 模拟器而导致失败的问题。

【SDK Quickfix Installation】界面展示运行在 Android 模拟器上的 Android 操作系统所需要的 Android SDK，此时需要阅读 SDK 安装协议，接受或者拒绝协议。这里选中【Accept】单选按钮，再单击【Next】按钮，如图 1-33 所示。

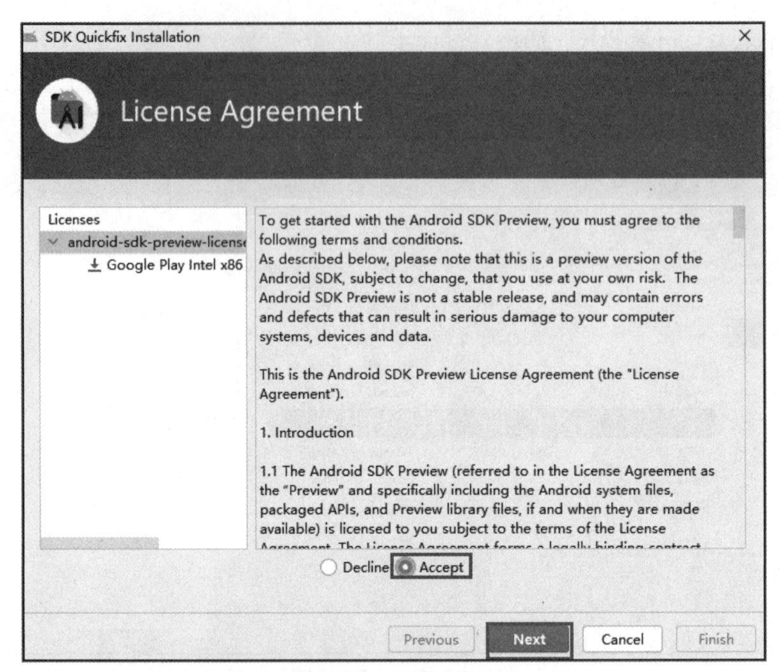

图1-33　下载 SDK

待 SDK 下载并安装完成后，单击【Finish】按钮。

完成上述操作后，单击图 1-34 所示界面中的【Finish】按钮关闭此窗口。此时图 1-32 所示界面中【Next】按钮生效，单击此按钮，进入图 1-35 所示界面，单击【Finish】按钮，则完成 Android 模拟器的创建。

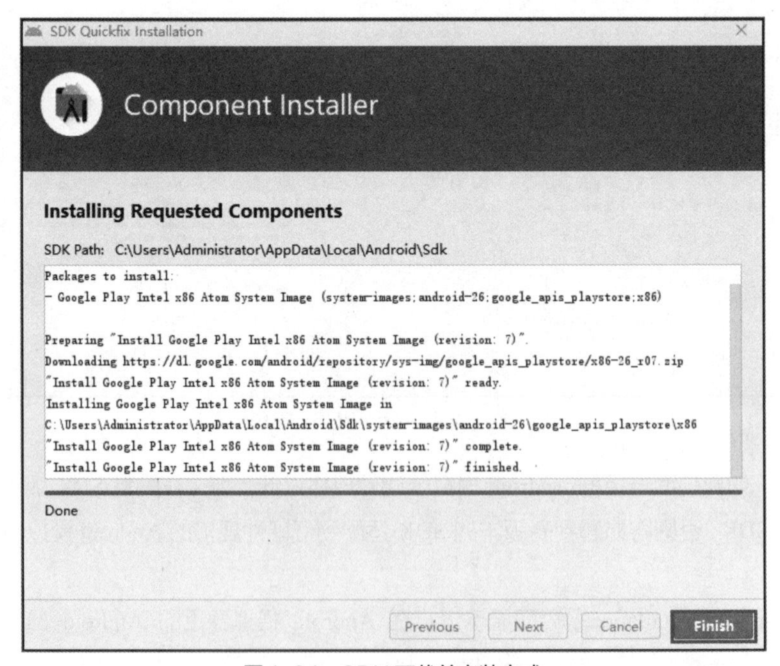

图1-34　SDK 下载并安装完成

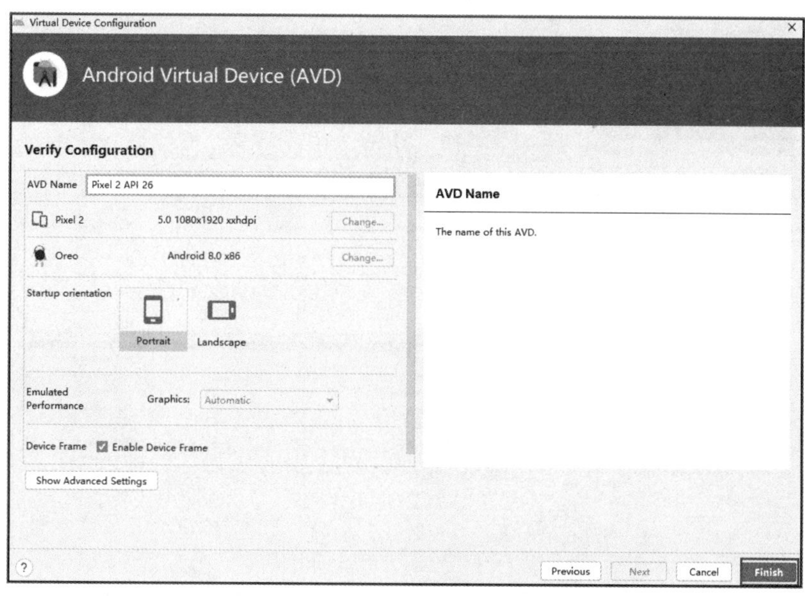

图 1-35 完成 Android 模拟器的创建

在 Android Studio 右侧快捷按钮区域有如图 1-36 所示的内容，表示 Android Studio 已经正确配置并加载了 Android 模拟器。

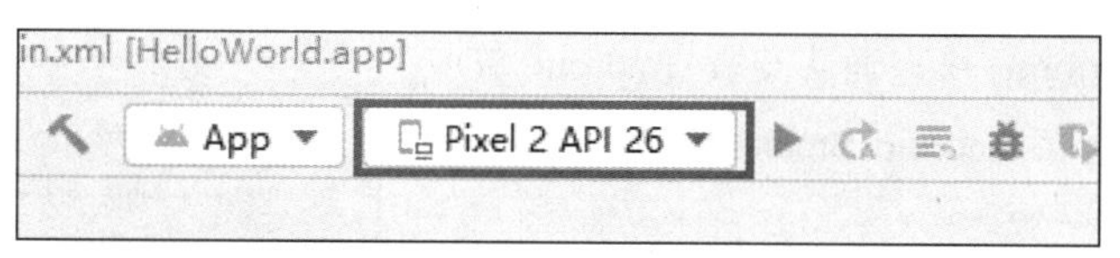

图 1-36 Android 模拟器配置完成

3. 修改 SDK

关于 SDK，在使用 Android Studio 开发 App 时，会遇到两个 SDK，一个是为 Android 模拟器服务的，另一个是为 Android Studio 开发和调试 App 服务的。通常情况下，为 Android Studio 开发工具服务的 SDK 版本不宜过高，否则容易出现各种错误。

（1）开启 Android Studio 开发工具设置界面

打开菜单栏中的【File】菜单，单击【Settings...】菜单项，如图 1-37 所示。

（2）设置 Android Studio SDK 版本

在左侧文本框中输入 SDK，在右侧列表中找到【Name】列表项处于选中状态的条目，单击该条目前面的复选框使其处于未选中状态，再选中【Android 8.0】条目前面的复选框，最后单击【OK】按钮，如图 1-38 所示。这样便可将 Android Studio SDK 的版本与 Android 模拟器所运行的 Android 操作系统 SDK 版本保持一致。

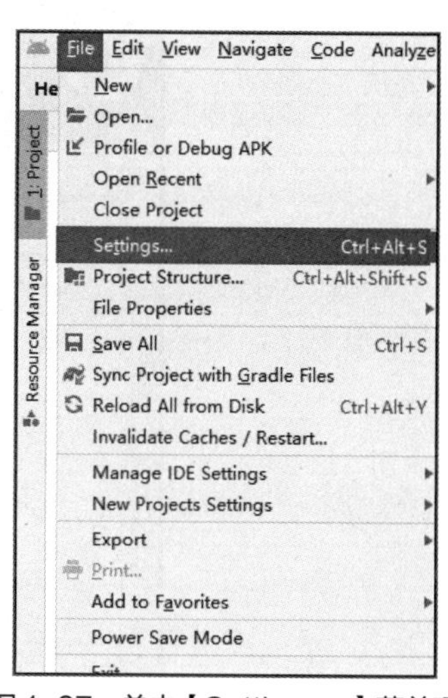

图 1-37 单击【Settings...】菜单项

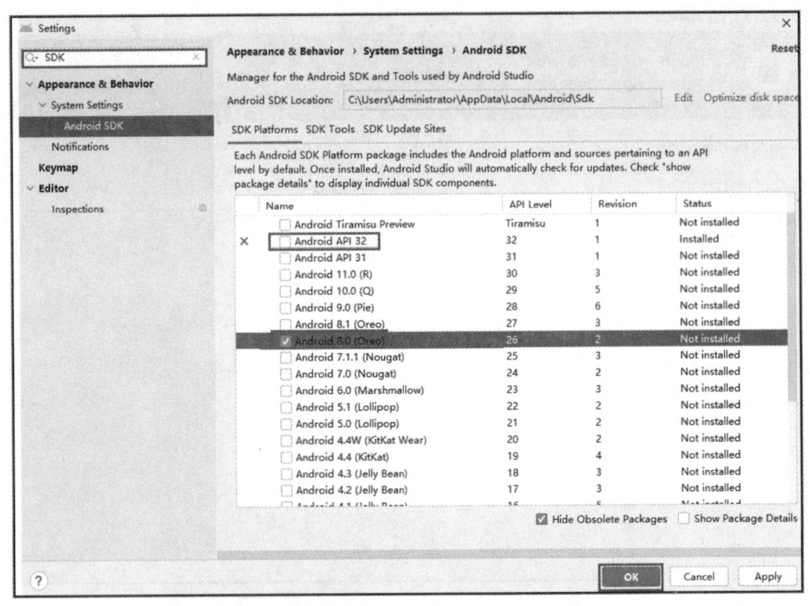

图1-38　设置 Android Studio SDK 版本

4．更新 Android Studio SDK 版本

在图 1-39 所示的界面中，单击【OK】按钮，确认移除 Android SDK Platform 32，确认安装 Android SDK Platform 26，这样便可将 Android Studio SDK 与 Android 模拟器 SDK 版本保持一致。

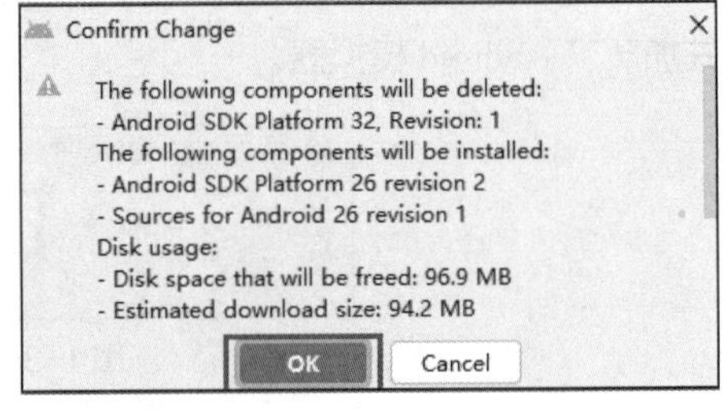

图1-39　更新 Android Studio SDK 版本

在图 1-40 所示的界面中，选中【Accept】单选按钮，单击【Next】按钮。

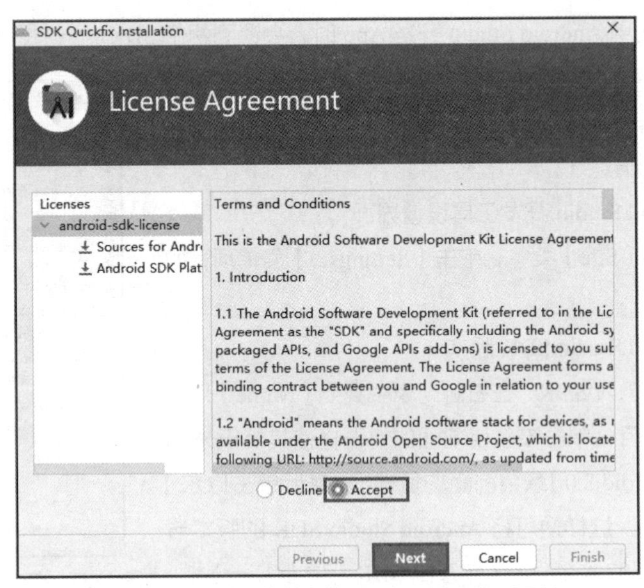

图1-40　确认下载并安装 Android Studio SDK

1.3.3 在 Android 模拟器上运行 App

在 Android 模拟器上运行 App 时，单击图 1-41 所示红框中的绿色按钮。

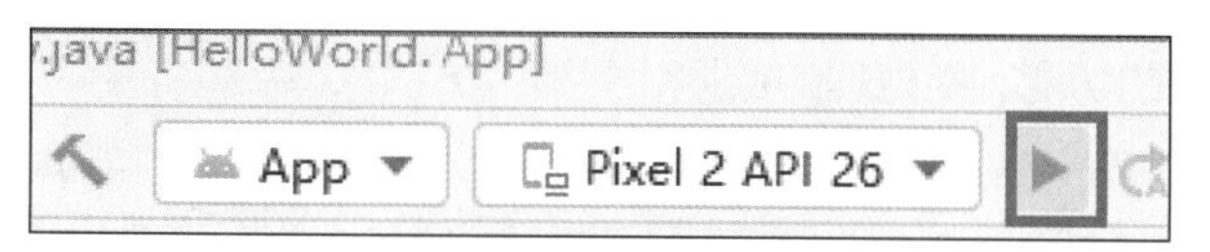

图 1-41 在 Android 模拟器上运行 App

随后 Android 模拟器将显示出 App 的运行结果，如图 1-42 所示。

图 1-42 App 在 Android 模拟器上的运行结果

1.3.4 Android 项目目录结构

Android 项目目录结构分成 3 部分：编译系统（Gradle）、配置文件和应用模块。如图 1-43 所示，将 Android Studio 工程导航窗口的视角模式设置为 Android。

工程导航窗口内所示内容含义如下。

Android 表示工程导航窗口的视角模式，当视角模式设置为 Android 时，表示以 Android 应用程序的视角显示相关资源。App 表示当前 Android 应用程序的名称。

1. AndroidManifest.xml 文件

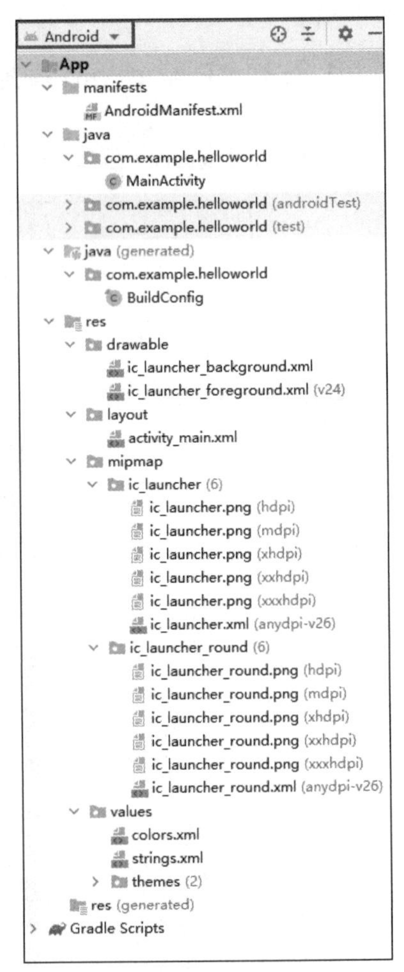

图1-43　工程导航窗口

Android 应用程序配置文件，也叫作 Android 清单文件。每个应用程序都对应一个 AndroidManifest.xml 文件，为 Android 操作系统提供 App 的基本信息，该文件向 Android 操作系统描述了本程序所包括的组件和实现的功能、能处理的数据、要请求的资源等。系统在运行之前必须确认这些信息，否则 App 将无法运行。打开该文件，其内容如图 1-44 所示。

（1）<manifest>元素

<manifest>元素是 AndroidManifest.xml 的根元素，xmlns:android 是指该文件的命名空间，package 属性是 App 所在的包。

（2）<application>元素

<application>元素是一个很重要的元素，开发组件都会在此定义。

android:allowBackup="true"属性表示允许备份 App 的数据。如果将该属性值设置为 true，当备份数据的时候，App 的数据将会被备份；如果将该属性值设置为 false，即使备份整个系统，也不能把 App 的数据备份。

android:icon="@mipmap/ic_launcher"表示设置 App 的图标，此时引用为 res/mipmap/目录中的 ic_launcher.png 文件。这个属性必须设置成一个引用，指向一个可绘制的资源，这个资源必须包含图片。

```
AndroidManifest.xml
1  <?xml version="1.0" encoding="utf-8"?>
2  <manifest xmlns:android="http://schemas.android.com/apk/res/android"
3      package="com.example.helloworld">
4
5      <application
6          android:allowBackup="true"
7          android:icon="@mipmap/ic_launcher"
8          android:label="@string/app_name"
9          android:roundIcon="@mipmap/ic_launcher_round"
10         android:supportsRtl="true"
11         android:theme="@style/Theme.HelloWorld">
12         <activity android:name=".MainActivity">
13             <intent-filter>
14                 <action android:name="android.intent.action.MAIN" />
15
16                 <category android:name="android.intent.category.LAUNCHER" />
17             </intent-filter>
18         </activity>
19     </application>
20
21 </manifest>
```

图1-44　清单文件

android:label="@string/app_name"表示一个用户可读的标签，以及所有组件的默认标签。子组件可以用它们的 label 属性定义自己的标签，如果没有定义，就用这个标签。标签必须设置成一个字符串资源的引用。这样它们就能和其他组件一样被定位，比如@string/app_name。当然，为了开发方便，也可以将其定义成一个原始字符串。

android:roundIcon="@mipmap/ic_launcher_round"表示 App 的圆形图标，属性值为指定的图形资源的引用。

android:supportsRtl="true"表示用户的 App 是否支持从右到左的布局，默认值为 true 表示支持，若为 false 则表示不支持。

android:theme="@style/Theme.HelloWorld"表示 App 使用的主题，它是一个指向 style 资源的引用。各个 Activity 也可以用 theme 属性设置自己的主题。

（3）<activity>元素

<activity>元素的作用是声明一个 Activity 信息，说明哪个 Activity 是程序的入口。Activity 必须在清单文件中声明，否则运行、调试时会报错。

android:name=".MainActivity"表示声明一个 Activity。“.”指的是<manifest>元素中的 package 属性指定的包。

（4）<intent-filter>元素

如果直接翻译 intent-filter 的话是“意图过滤器”的意思，组件通过<intent-filter>元素说明它们所具备的功能，也就是响应意图类型。

<action android:name="android.intent.action.MAIN">表示意图过滤器的动作被命名为 android.intent.action.MAIN，说明 MainActivity 被用作该 App 的入口。

<category android:name="android.intent.category.LAUNCHER">表示意图过滤器的类别被命名为 android.intent.category.LAUNCHER，说明该 App 被加载到设备启动器中，可以通过 category 的图标来启动。

2. java 文件夹

java 文件夹用于存放类文件和测试文件。

com.example.helloworld 目录存放 Java 类文件和测试文件的包目录，也是在创建工程时所起的包名。

MainActivity.java 文件是当前 App 默认的 Activity 中关于承载 Java 代码的类文件。

3. res 文件夹

res 文件夹用于资源文件的统一管理，这也是 Android 操作系统的一大特色。该文件夹主要存放图片文件、布局文件、字符串资源文件等。

（1）drawable 文件夹

drawable 文件夹是存放图片资源文件和配置文件的文件夹。ic_launcher_background.xml 文件是设置图标文件背景图像参数的配置文件。ic_launcher_foreground.xml 文件是设置图标文件前景图像参数的配置文件。

（2）layout 文件夹

layout 文件夹用来存放视图布局文件、用户设计的界面信息，在 MainActivity 类的 onCreate 方法中通过方法 setContentView(R.id.activity_main)设置，实现 MainActivity 类与 activity_main.xml 文件的关联。

（3）mipmap 文件夹

mipmap 文件夹用于存放图标资源，其中 ic_launcher 文件夹用于存放方形图标文件，ic_launcher_round 文件夹用于存放圆形图标文件。

mdpi 表示图标大小为 48px × 48px，hdpi 表示图标大小为 72px × 72px，xhdpi 表示图标大小为 96px × 96px，xxhdpi 表示图标大小为 144px × 144px，xxxhdpi 表示图标大小为 192px × 192px。

（4）values 文件夹

values 文件夹用来存放字符串、主题、颜色资源配置文件。colors.xml 是颜色资源配置文件，strings.xml 是字符串资源配置文件，themes 是存放主题资源配置文件的文件夹。

4. Gradle Scripts 文件夹

Gradle Scripts 文件夹用来存放配置编译相关的脚本。其中 build.gradle(Project)是整个项目对应的配置，build.gradle(Module)是某个应用程序对应的配置，gradle-wrapper.properties 是为了告诉系统，如果计算机上没有 gradle 工具，要到哪个网址去下载，proguard-rules.pro 用来让用户自行添加规则文件，gradle.properties 用来配置构建属性，settings.gradle 用来配置项目包含的模块，local.properties 用来存储 SDK 的路径。

1.3.5 Android App 打包

App 开发完成之后还不能供用户使用，必须通过打包操作，使 App 源程序转换成能够被搭载 Android 操作系统的终端设备安装的安装包，即 APK 文件。只有生成 APK 文件，才能够进一步将其推广至互联网上的应用商店，供用户下载并使用。

1.3.5 Android App 打包

1. 启动打包工具

打开 Android Studio 集成开发工具主界面中的【Build】菜单，选择【Generate Signed Bundle/APK...】命令，如图 1-45 所示。

在图 1-46 所示的对话框中，选中【APK】单选按钮，表示生成一个具有签名信息的 APK 文件到指定磁盘路径，单击【Next】按钮。

2. 新建数字证书

一个 App 开发完成之后，通常会有后续的升级版本，当一个高版本的 App 被安装到一台含有低版本的智能设备上的时候，Android 操作系统会根据 App 上面携带的数字证书信息判断二者是否为高低版本的关系，即到底是同一个 App 还是不同的 App，因为 Android 操作系统允许具有相同数字证书的 App 运行在同一个进程中。另外数字证书表明了 App 的设计者与 App 之间的对应关系。显然，App 的一切问题应由设计者来解决。

在图 1-47 中，【Key store path】用于设置新数字证书文件的磁盘路径。可以通过单击【Create new...】按钮新建一个数字证书，也可以通过单击【Choose existing...】按钮选择一个已有的数字证书。这里创建一个新的数字证书，单击【Create new...】按钮。

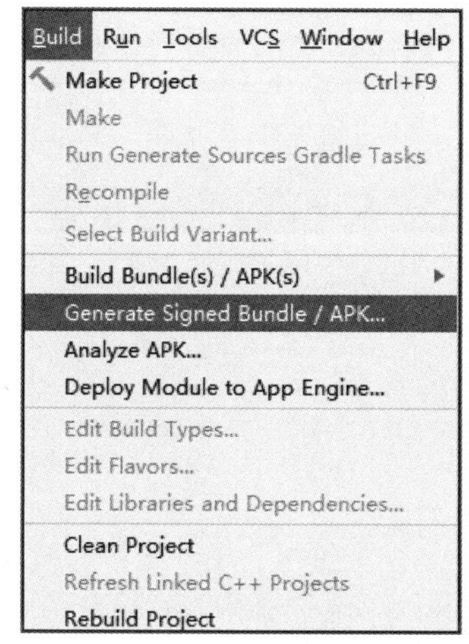

图 1-45　启动打包工具

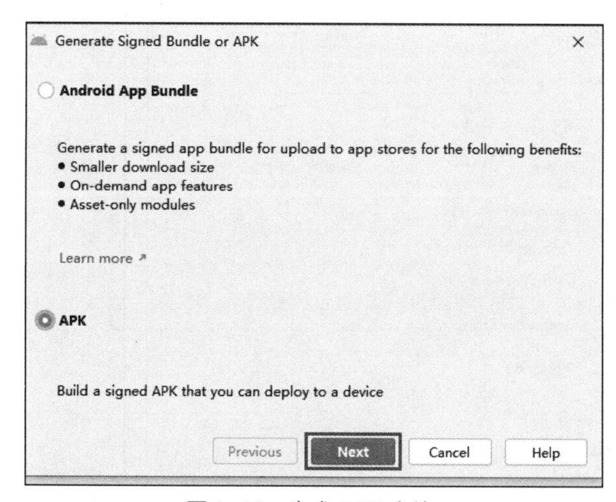

图 1-46　生成 APK 文件

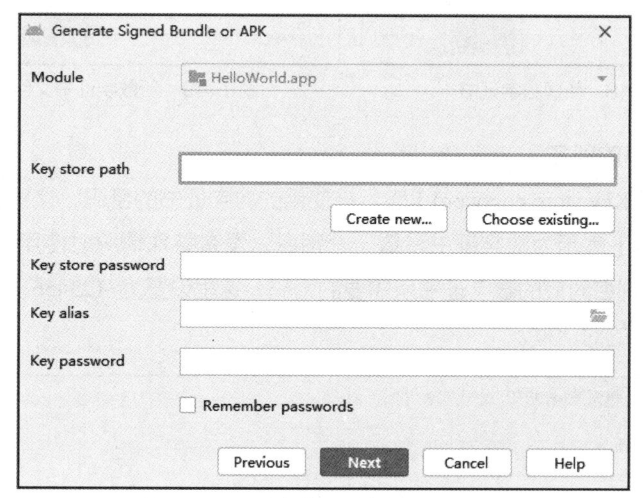

图 1-47　设置新数字证书文件磁盘路径

在图 1-48 中，【Key store path】右侧的文本框用于设置新数字证书文件的磁盘路径。单击后面的文件夹图标会弹出图 1-49 所示界面，这里设置一个当前计算机 Windows 10 操作系统所在分区之外的分区，也就是需要避开 C 盘，因为有些时候 Android Studio 拒绝在 C 盘创建数字证书，同时还会显示读写错误的提示信息。【File name】表示新数字证书文件名称，这里输入 hello，后面的下拉列表框用于设置数字证书文件格式，这里选择【jks】格式。单击【OK】按钮回到【New Key Store】对话框，如图 1-48 所示。

在图 1-48 中，【Password】表示新的数字证书文件的使用密码，密码长度有严格的限制，即密码长度必须大于或等于 6 位，这里输入 123456。【Confirm】表示重新填写密码，用于确认密码填写无误，同样输入 123456，单击【OK】按钮进入【Generate Signed Bundle or APK】对话框，如

图 1-50 所示。

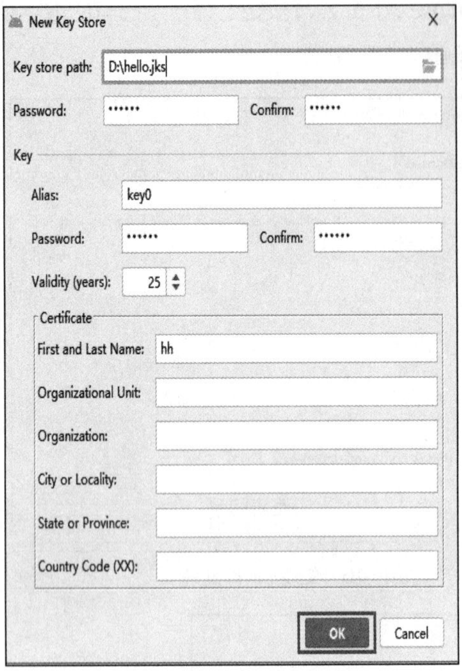

图 1-48　新建数字证书

图 1-49　新数字证书文件的磁盘路径

3．设置数字证书的别名

在图 1-50 中，【Key store password】表示被使用的数字证书的密码，这里输入刚刚填写的密码 123456。【Key alias】表示为数字证书设置一个别名，没有特殊情况时使用默认值 key0。【Key password】表示这个别名对应的数字证书所需要的密码，这里设置为 123456。最后单击【Next】按钮，出现图 1-51 所示的对话框。

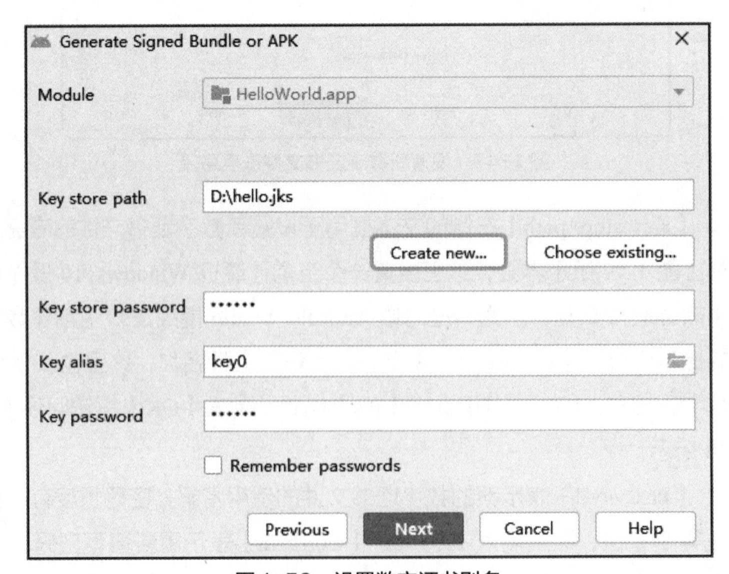

图 1-50　设置数字证书别名

4. 设置发布 APK 文件的路径、类型和格式

在图 1-51 中，【Destination Folder】表示即将发布的 APK 文件的保存路径，如无特殊情况可以使用默认值，但需要记住此路径以便稍后能够找到 APK 文件。【Build Variants】表示发布类型，其中【debug】表示测试版本，【release】表示正式版，这里选择【release】。【Signature Versions】表示发布文件的格式，这里选择【V2(Full APK Signature)】，单击【Finish】按钮。

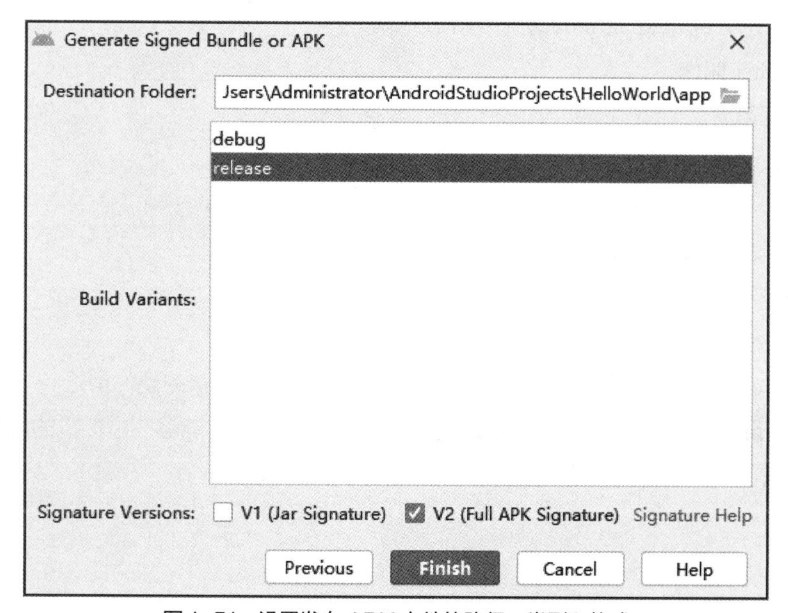

图 1-51　设置发布 APK 文件的路径、类型和格式

现在进入保存 APK 文件的磁盘路径，就可以看到扩展名为“.apk”的 App 安装包了，如图 1-52 所示。

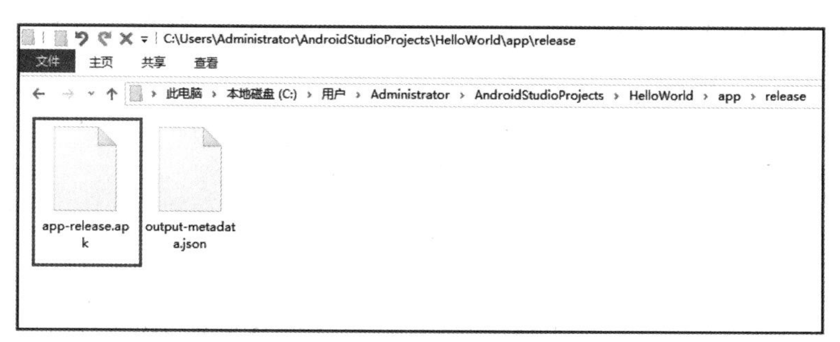

图 1-52　发布后的 APK 文件

【实训与练习】

一、理论练习

1. Android 是谷歌公司开发的基于______________的开源操作系统，它主要运行于智能手机、平板电脑、可穿戴设备、网络电视等智能终端设备。

2. Android SDK（Software Development Kit）提供了在 Windows/Linux/macOS 平台上开发__________的各种组件，其包含在 Android 平台上开发移动应用程序的各种工具集。

3. Android Studio 是用于开发 Android App 的官方集成开发环境（IDE），它是由开发 Android 操作系统的__________公司研制开发而成的。

4. <action android:name="android.intent.action.MAIN">表示意图过滤器的动作被设置为 android.intent.action.MAIN，说明 MainActivity 被用作该 App 的________。

5. intent-filter 叫作____。

二、实训练习

在你的个人计算机上自行搭建 Android App 开发环境。

要求：

1. 下载并安装适合你的计算机操作系统版本的 JDK。

2. 下载并安装适合你的计算机操作系统版本的 Android Studio。

3. 在 Android Studio 中配置 Android SDK 22。

4. 在 Android Studio 中搭建 Android 模拟器，自行设置虚拟设备的硬件型号。

5. 在 Android Studio 中创建一个 Android 工程，启动该 App 时能够在虚拟机的屏幕上显示“你好，Android”。

单元2 仿微信框架App

02

【学习导读】

在手机应用中，今日头条、QQ、微信等 App 的主体结构十分相似，都含有头部区域、内容区域、底部导航区域，这种三段式结构是 App 设计的一种通用结构。本单元通过介绍仿微信框架 App 的设计过程，帮助读者了解如何设计底部导航，学会使用选择器，掌握组件的实例化和事件处理方法，实现交互动作。

【学习目标】

知识目标：

1. 了解 View、ViewGroup、样式、选择器等概念；
2. 掌握 LinearLayout、RelativeLayout 等布局；
3. 掌握组件实例化方法；
4. 理解事件、事件模型。

技能目标：

1. 能够利用 LinearLayout、RelativeLayout 等进行页面布局；
2. 能够利用单选按钮制作底部导航；
3. 能够实例化视图组件；
4. 能够实现事件绑定及其动作处理。

素养目标：

1. 传递尊重劳动、尊重知识、尊重人才、尊重创造精神，树立正确的人才价值观；
2. 弘扬劳动精神、奋斗精神、奉献精神、创造精神，努力提高职业技能，为社会和人民造福。

【思维导图】

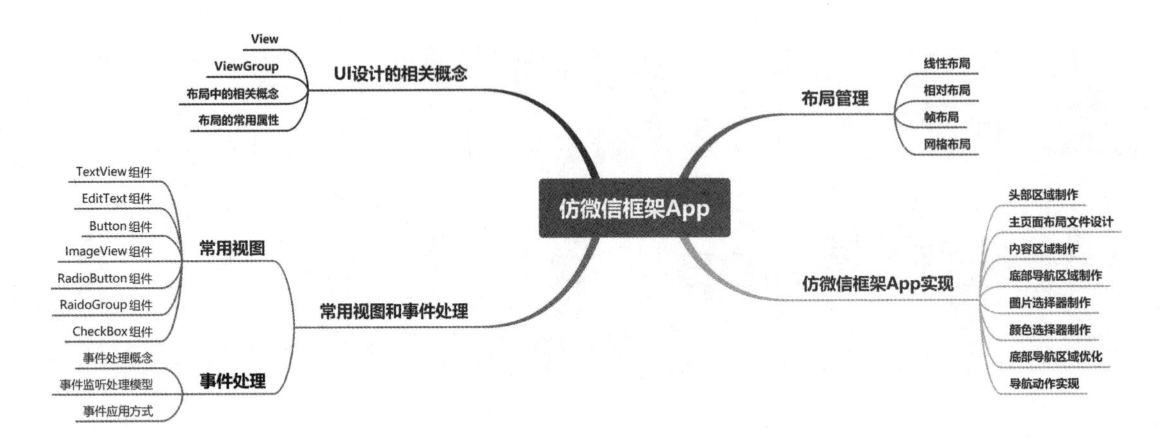

【相关知识】

2.1 UI 设计的相关概念

用户界面的英文为 User Interface，简称 UI，进行用户界面的设计称为 UI 设计。Android 操作系统所有的 UI 都是通过 View（视图）和 ViewGroup（视图组）这两个类实现的，在进行 UI 设计时经常会用到 View 类和 ViewGroup 类。

2.1.1 View

在 Android 中 View 类是最基本的一个 UI 类，几乎所有的高级 UI 组件类都继承自 View 类。常用的 UI 组件类有 TextView、Button、EditText、RadioButton、Checkbox、ListView 等，这些类都位于 android.widget 包中。

一个视图在屏幕上占据一块矩形区域，它负责渲染这块矩形区域（如改变背景色），也可以处理这块矩形区域发生的事件（如用户单击这块矩形区域），还可以设置这块矩形区域是否可见、是否允许获取焦点等。

2.1.2 ViewGroup

ViewGroup 是放置 View 或 ViewGroup 的容器，它负责对添加的 View 或 ViewGroup 进行管理，告知 View 或 ViewGroup 在容器中如何排列。一个 ViewGroup 也可以加入另外一个 ViewGroup。

Android 用户界面框架中的界面元素以树形结构进行组织，称为视图树，如图 2-1 所示。Android 操作系统会依据视图树的结构从上至下绘制每一个界面元素。每一个界面元素负责对自身的绘制，如果界面元素包含子元素，该界面元素会通知其所有子元素进行绘制。

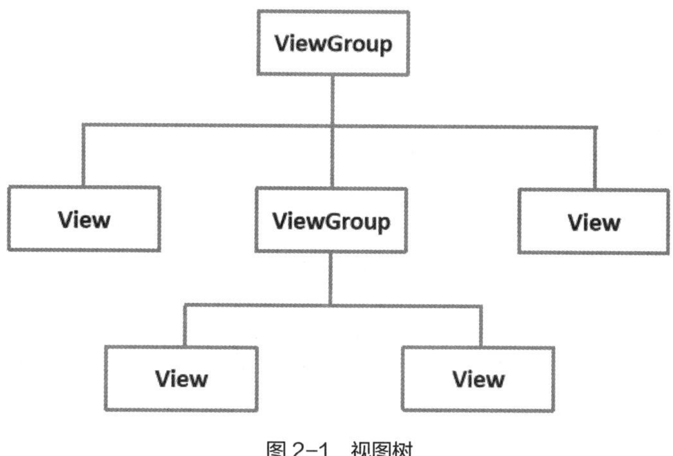

图 2-1　视图树

2.1.3　布局中的相关概念

在布局文件中设计手机界面时，需要了解手机屏幕分辨率以及常用的单位，使设计的界面美观、大方、实用。布局中的相关概念如表 2-1 所示。

表 2-1　布局中的相关概念

概　　念	解　　释
Screen Size（屏幕尺寸）	屏幕对角线的长度，如 5.5 英寸（1 英寸≈2.54 厘米）、5.8 英寸、7.0 英寸
Resolution（分辨率）	屏幕垂直和水平方向上显示的像素数。比如分辨率是 1080×1920，则指设备水平方向有 1080 个像素，垂直方向有 1920 个像素
Density（密度）	每平方英寸中的像素数。密度=分辨率/屏幕尺寸 QVGA 和 WQVGA 屏宽度值=120；HVGA 屏宽度值=160；WVGA 屏宽度值=240
px（Pixel，像素）	在提及不同设备显示效果相同时，这里的“相同”是指像素数不会变，比如指定 UI 长度是 100px，那么不管分辨率是多少，UI 长度都是 100px。因此造成 UI 在小分辨率设备上被放大而失真，在大分辨率设备上被缩小
dpi（像素密度）	每英寸中的像素数。如 160dpi 指设备水平或垂直方向上每英寸有 160 个像素。假定设备分辨率为 320×240，屏幕长 2 英寸、宽 1.5 英寸，那么 dpi 值=320/2=240/1.5=160
dip（设备独立像素）	同 dpi，可作长度单位，不同设备有不同的显示效果，这个和设备硬件有关，一般为了支持 WVGA、HVGA 和 QVGA 推荐使用这个单位，不依赖像素。dip 和具体像素值的对应公式是 dip 值=设备密度/160×像素值，可以看出在 dpi（像素密度）为 160dpi 的设备上 1px=1dip
dp（设备像素）	使开发者设置的长度能够根据不同屏幕（分辨率/尺寸）获得不同的 px 数量。比如将一个组件设置长度为 1dp，那么在 160dpi 上该组件长度为 1px，在 240dpi 的屏幕上该组件的长度为 1×240/160=1.5px
sp（放大像素）	通常用于指定字体大小的单位

Android 的屏幕密度（densityDpi）是以 160 为基准的，如果屏幕密度为 160，是将 1 英寸分为 160 份，每一份是 1 像素。如果屏幕密度为 240，则是将 1 英寸分为 240 份，每一份是 1 像素。1 英寸/160（机器 x）=1 英寸/240（机器 y）=1 像素。

2.1.4 布局的常用属性

在布局文件中常用一些属性控制 View 和 View 之间、View 和 ViewGroup 之间的位置关系，确定显示位置、大小、边距等。表 2-2 所示为布局常用属性。

表 2-2 布局常用属性

属 性	描 述
layout_width	组件的宽度，可以设置的值为 match_parent、wrap_content，也可以是具体数字加上单位。match_parent 是指匹配剩余空间，wrap_content 是指自适应
layout_height	组件的高度，可以设置的值为 match_parent、wrap_content，也可以是具体数字加上单位
layout_weight	组件所占的权重，值为整数
layout_marginTop	设置组件上边界空白距离，值为具体的数值加单位，如 30dp、5px
layout_marginBottom	设置组件下边界空白距离，值为具体的数值加单位，如 30dp、5px
layout_marginLeft	设置组件左边界空白距离，值为具体的数值加单位，如 30dp、5px
layout_marginRight	设置组件右边界空白距离，值为具体的数值加单位，如 30dp、5px

在图 2-2 中，形象地说明了表 2-2 中除 layout_weight 外其他属性的含义。

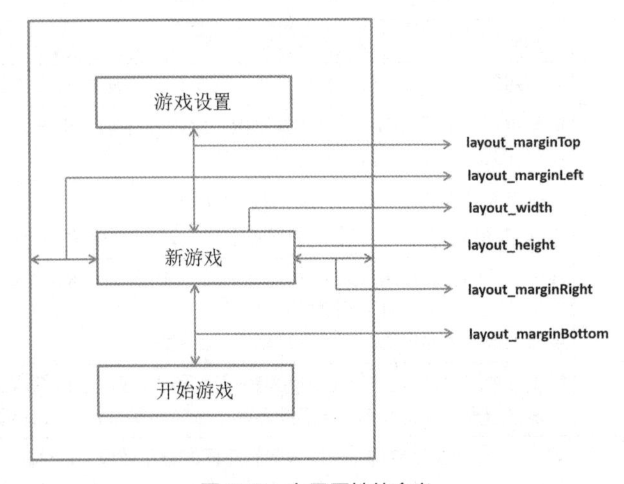

图 2-2 布局属性的含义

2.2 布局管理

Android 操作系统中的每一个 View 或 ViewGroup 都具有自己的位置和尺寸，在界面中摆放各种 View 或 ViewGroup 时，位置、尺寸及排列方式很难进行判断和控制。Android 操作系统提供了多种布局来控制各种 View 或 ViewGroup 的位置、尺寸和排列方式，包括 LinearLayout（线性布局）、RelativeLayout（相对布局）、FrameLayout（帧布局）、GridLayout（网格布局）、AbsoluteLayout（绝对布局）等。其中 AbsoluteLayout 通过设置 View 或 ViewGroup 的 android:layout_x、android:layout_y

属性值的方式来控制其摆放位置，一般应用于特殊设备上，AbsoluteLayout 在 Android 2.0 中被标记为已过期，因此本书不再进行介绍。而绘制界面的布局文件存于 res/layout 目录下，是一个 XML 配置文件。

2.2.1 线性布局

LinearLayout 表示线性布局。LinearLayout 是一个 ViewGroup 容器，用于设置其内部 View 或者 ViewGroup 等组件按照垂直方式排列或水平方式排列。LinearLayout 主要通过 android:orientation 属性控制排列方式，其值为 horizontal 时表示 LinearLayout 中的子元素在水平方向上从左到右排列，值为 vertical 时则表示 LinearLayout 中的子元素在垂直方向上从上到下排列。

1. 按照水平方式排列

控制 3 个按钮按照水平方式排列，如图 2-3 所示。布局文件的根元素用 LinearLayout 布局，设置 android:orientation 属性值为 horizontal，表示其子元素按照水平方式排列。

具体实现代码如下：

```
<?xml version="1.0" encoding="utf-8"?>
<LinearLayout xmlns:android="http://schemas.android. com/apk/res/android"
    android:layout_width="match_parent"
    android:layout_height="match_parent"
    android:orientation="horizontal">
    <!--
        android:layout_marginRight="10dp"
    -->
    <Button
        android:layout_width="wrap_content"
        android:layout_height="wrap_content"
        android:layout_marginRight="10dp"
        android:text="按钮 1" />
    <Button
        android:layout_width="wrap_content"
        android:layout_height="wrap_content"
        android:layout_marginRight="10dp"
        android:text="按钮 2" />
    <Button
        android:layout_width="wrap_content"
        android:layout_height="wrap_content"
        android:text="按钮 3"/>
</LinearLayout>
```

2. 按照垂直方式排列

控制 3 个按钮按照垂直方式排列，且水平方向居中，如图 2-4 所示。布局文件的根元素用 LinearLayout 布局，android:orientation 属性值设置为 vertical，表示其子元素按照垂直方式排列。android:gravity 属性控制子元素在当前容器中的对齐方式，默认为左对齐。android:gravity 属性值设置为 center_horizontal，表示 LinearLayout 容器中的子元素水平居中排列。

具体实现代码如下：

```
<?xml version="1.0" encoding="utf-8"?>
<LinearLayout xmlns:android="http://schemas.android.com/apk/res/android"
```

图 2-3　按照水平方式排列按钮

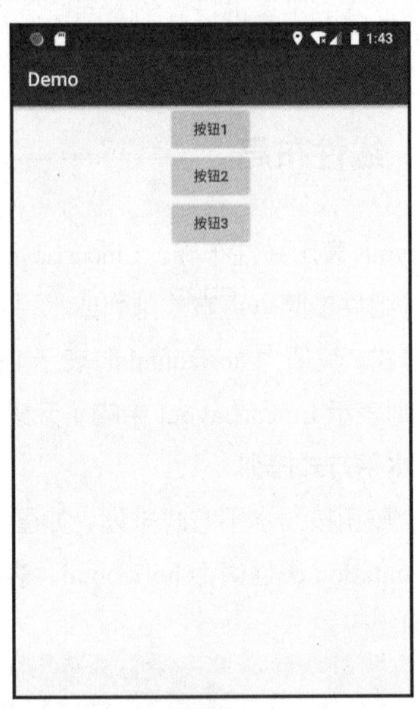

图 2-4　按照垂直方式排列按钮

```
    android:layout_width="match_parent"
    android:layout_height="match_parent"
    android:gravity="center_horizontal"
    android:orientation="vertical">
    <Button
        android:layout_width="wrap_content"
        android:layout_height="wrap_content"
        android:text="按钮 1" />
    <Button
        android:layout_width="wrap_content"
        android:layout_height="wrap_content"
        android:text="按钮 2" />
    <Button
        android:layout_width="wrap_content"
        android:layout_height="wrap_content"
        android:text="按钮 3" />
</LinearLayout>
```

3. 设置权重

控制 3 个按钮按照垂直方式排列，且 3 个按钮的高度要平分手机屏幕高度，如图 2-5 所示。android:layout_weight 属性用于设置组件空间占比大小，其值可以是整数，也可以是小数。如果要在水平方向上设置视图宽度如何占比，则 android:layout_width 的值可以设置为 match_parent 或 0dp，同时设置 android:layout_weight 属性值；垂直方向同理。

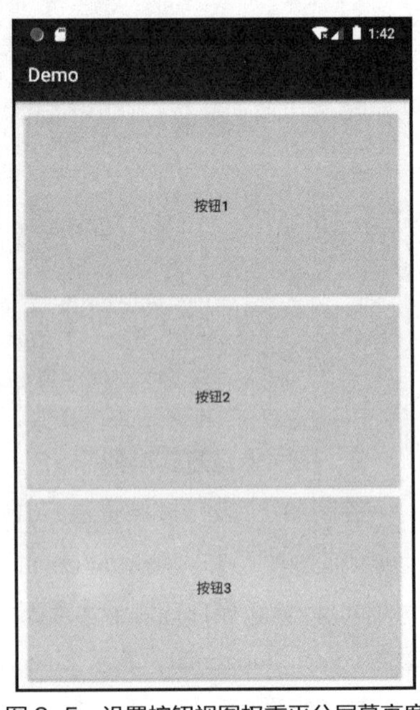

图 2-5　设置按钮视图权重平分屏幕高度

具体实现代码如下：

```
<?xml version="1.0" encoding="utf-8"?>
<LinearLayout xmlns:android="http://schemas.android.com/apk/res/android"
    android:layout_width="match_parent"
    android:layout_height="match_parent"
    android:orientation="vertical"
    android:padding="10dp">
    <Button
        android:layout_width="match_parent"
        android:layout_height="0dp"
        android:layout_weight="1"
        android:text="按钮 1" />
    <Button
        android:layout_width="match_parent"
        android:layout_height="0dp"
        android:layout_weight="1"
        android:text="按钮 2" />
    <Button
        android:layout_width="match_parent"
        android:layout_height="0dp"
        android:layout_weight="1"
        android:text="按钮 3" />
</LinearLayout>
```

2.2.2 相对布局

RelativeLayout 表示相对布局，它允许子元素指定它们相对于父元素或兄弟元素的位置。在使用过程中主要通过设置 4 类属性，控制子元素相对于父元素或兄弟元素的位置。

1. 控制子元素的位置关系属性

控制子元素的位置关系属性是指一个子元素相对于另一个子元素位置的上、下、左、右排列方式，其值是子元素的 id。相关属性如表 2-3 所示。

表 2-3 控制子元素的位置关系属性

属 性	说 明
android:layout_above	子元素的底部置于给定 id 的子元素之上
android:layout_below	子元素的底部置于给定 id 的子元素之下
android:layout_toLeftOf	子元素的右边缘与给定 id 的子元素左边缘对齐
android:layout_toRightOf	子元素的左边缘与给定 id 的子元素右边缘对齐

2. 控制子元素的对齐属性

控制子元素的对齐属性是指一个子元素相对于另一个子元素位置的上、下、左、右对齐方式，其值是子元素的 id。相关属性如表 2-4 所示。

3. 子元素与父容器 RelativeLayout 对齐属性

子元素与父容器 RelativeLayout 对齐属性是指一个子元素相对于父容器 RelativeLayout 如何对齐，其值为 true 或 false。相关属性如表 2-5 所示。

表 2-4　控制子元素的对齐属性

属　性	说　明
android:layout_alignTop	子元素的顶部边缘与给定 id 的子元素顶部边缘对齐
android:layout_alignBottom	子元素的底部边缘与给定 id 的子元素底部边缘对齐
android:layout_alignLeft	子元素的左边缘与给定 id 的子元素左边缘对齐
android:layout_alignRight	子元素的右边缘与给定 id 的子元素右边缘对齐

表 2-5　子元素与父容器 RelativeLayout 对齐属性

属　性	说　明
android:layout_alignParentTop	子元素的顶部与父容器 RelativeLayout 的顶部对齐
android:layout_alignParentBottom	子元素的底部与父容器 RelativeLayout 的底部对齐
android:layout_alignParentLeft	子元素的左部与父容器 RelativeLayout 的左部对齐
android:layout_alignParentRight	子元素的右部与父容器 RelativeLayout 的右部对齐

4. 子元素相对父容器 RelativeLayout 居中属性

子元素相对父容器 RelativeLayout 居中属性是指一个子元素相对于父容器 RelativeLayout 居中的方式，其值为 true 或 false。相关属性如表 2-6 所示。

表 2-6　子元素相对父容器 RelativeLayout 居中属性

属　性	说　明
android:layout_centerHorizontal	子元素相对于父容器 RelativeLayout 水平居中
android:layout_centerVertical	子元素相对于父容器 RelativeLayout 垂直居中
android:layout_centerInParent	子元素相对于父容器 RelativeLayout 中央居中

5. 子元素与父容器定位

子元素与父容器 RelativeLayout 定位示意如图 2-6 所示。从图 2-6 中可以清晰地看见子元素相对于父容器的定位关系，这也是对表 2-5 和表 2-6 所示属性的诠释。

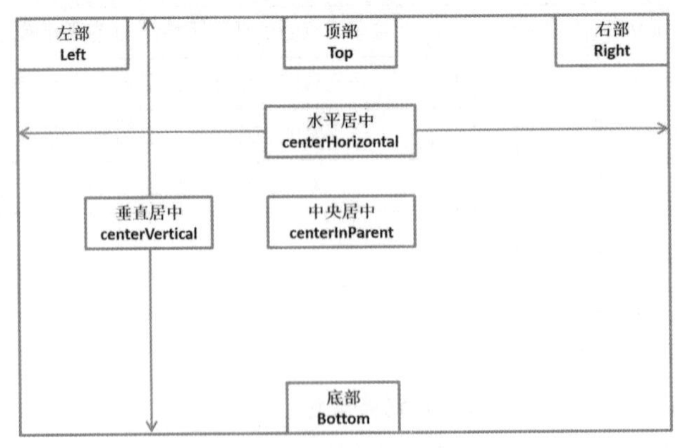

图 2-6　子元素与父容器定位示意

6. 梅花布局

通过梅花布局案例，把相对布局中涉及的 4 类属性进行应用，如图 2-7 所示。通过定位中间图片确定梅花花心，再通过位置和对齐方式等属性确定 4 张花瓣图片的位置。

图 2-7　梅花布局

具体实现代码如下：

```
<?xml version="1.0" encoding="utf-8"?>
<RelativeLayout xmlns:android="http://schemas.
android.com/apk/res/android"
    android:layout_width="match_parent"
    android:layout_height="match_parent">
    <!--中间图片 -->
    <ImageView
        android:id="@+id/img0"
        android:layout_width="wrap_content"
        android:layout_height="wrap_content"
        android:layout_centerInParent="true"
        android:src="@mipmap/ic_launcher_round" />
    <!--上边图片 -->
    <ImageView
        android:layout_width="wrap_content"
        android:layout_height="wrap_content"
        android:layout_above="@id/img0"
        android:layout_alignLeft="@id/img0"
        android:src="@mipmap/ic_launcher_round" />
    <!--下边图片 -->
    <ImageView
        android:layout_width="wrap_content"
        android:layout_height="wrap_content"
        android:layout_below="@id/img0"
        android:layout_alignRight="@id/img0"
        android:src="@mipmap/ic_launcher_round" />
    <!--左边图片 -->
    <ImageView
        android:layout_width="wrap_content"
        android:layout_height="wrap_content"
        android:layout_alignTop="@id/img0"
        android:layout_toLeftOf="@id/img0"
        android:src="@mipmap/ic_launcher_round" />
    <!--右边图片 -->
    <ImageView
        android:layout_width="wrap_content"
        android:layout_height="wrap_content"
        android:layout_alignBottom="@id/img0"
        android:layout_toRightOf="@id/img0"
        android:src="@mipmap/ic_launcher_round" />
</RelativeLayout>
```

2.2.3 帧布局

FrameLayout 表示帧布局，是最简单的一个布局容器。在帧布局中，整个布局被当成一个空白备用区域，所有的子元素都无法指定其位置，默认情况下将它们绘制在该布局的左上角，并且后面的子元素直接覆盖在前面的子元素上，将前面的子元素部分或全部遮挡。图 2-8 所示为帧布局。

图 2-8 帧布局

具体实现代码如下：

```
<?xml version="1.0" encoding="utf-8"?>
<FrameLayout xmlns:android="http://schemas.
android. com/apk/res/android"
    xmlns:tools="http://schemas.android.com/tools"
    android:layout_width="match_parent"
    android:layout_height="match_parent">
    <TextView
        android:layout_width="200dp"
        android:layout_height="200dp"
        android:background="#FF0000" />
    <TextView
        android:layout_width="150dp"
        android:layout_height="150dp"
        android:background="#00ff00" />
    <TextView
        android:layout_width="100dp"
        android:layout_height="100dp"
        android:background="#0000ff" />
</FrameLayout>
```

2.2.4 网格布局

GridLayout 表示网格布局，是 Android 4.0 新增的布局管理。此布局只有在 Android 4.0 及之后的版本才能使用。其主要功能是可以自行设置子元素的排列方式，可以自定义网格布局的行数和列数，可以直接设置子元素位于某行、某列，可以设置子元素横跨几行或者几列等。

1. GridLayout 属性

GridLayout 属性可以设置最大列数、行数和方向，如表 2-7 所示。

表 2-7 GridLayout 属性

属　性	说　明
android:columnCount	GridLayout 的最大列数
android:rowCount	GridLayout 的最大行数
android:orientation	GridLayout 中子元素的排列方向 其值为 horizontal 时表示子元素从左到右一行一行排列，值为 vertical 时表示子元素从上到下一列一列排列

2. 子元素属性

子元素属性是指包含在 GridLayout 中子组件的属性，通过设置子组件的属性控制其在 GridLayout 中第几行、第几列显示，或者跨几行、跨几列等。常见子元素属性如表 2-8 所示。

表 2-8 常见子元素属性

属　性	说　明
android:layout_column	显示当前子元素所在的列。例如 android:layout_column="0"，表示当前子元素显示在第 1 列，android:layout_column="1"，表示当前子元素显示在第 2 列
android:layout_row	显示当前子元素所在的行。例如 android:layout_row="0"，表示当前子元素显示在第 1 行，android:layout_row="1"，表示当前子元素显示在第 2 行
android:layout_columnSpan	当前子元素所占的列数。例如 android:layout_columnSpan="2"，表示当前子元素占两列
android:layout_rowSpan	当前子元素所占的行数。例如 android:layout_rowSpan="2"，表示当前子元素占两行
android:layout_columnWeight	当前子元素的列权重，与 android:layout_weight 类似。例如 GridLayout 上有两列，每列上放置一个组件，且都设置为 android:layout_ columnWeight = "1"，则这两个组件的宽度各占 GridLayout 宽度的一半，即两列平分 GridLayout 的宽度
android:layout_rowWeight	当前子元素的行权重，原理同 android:layout_columnWeight

3. 计算器布局

图 2-9 所示为计算器布局。在核心布局中采用 GridLayout 确定 5 行、4 列，通过设置子元素的 android:layout_columnSpan、android:layout_rowSpan、android:layout_columnWeight、android:layout_ rowWeight 等属性确定其所占的列数、行数、列权重和行权重，从而实现计算器布局。

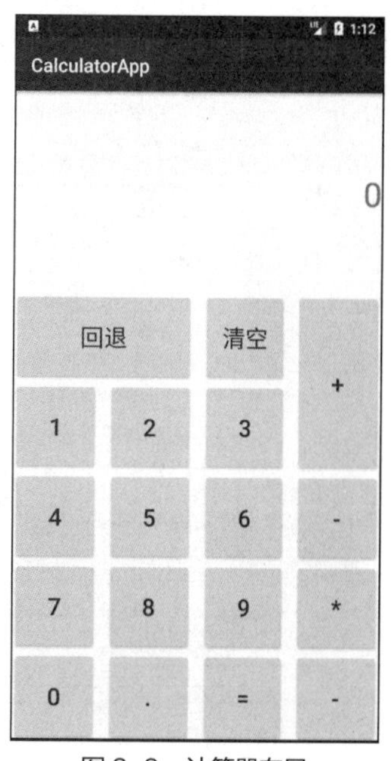

图 2-9　计算器布局

具体实现代码如下：

```
<?xml version="1.0" encoding="utf-8"?>
<LinearLayout xmlns:android="http://schemas.android.
com/apk/res/android"
    android:layout_width="match_parent"
    android:layout_height="match_parent"
    android:orientation="vertical">
    <TextView
        android:layout_width="match_parent"
        android:layout_height="0dp"
        android:layout_weight="2"
        android:gravity="right|center_vertical"
        android:text="0"
        android:textSize="35sp" />
    <GridLayout
        android:layout_width="match_parent"
        android:layout_height="0dp"
        android:layout_weight="5"
        android:columnCount="4"
```

```
        android:orientation="horizontal"
        android:rowCount="5">
        <Button
            android:layout_rowWeight="1"
            android:layout_columnSpan="2"
            android:layout_columnWeight="1"
            android:text="回退"
            android:textSize="25sp" />
        <Button
            android:layout_rowWeight="1"
            android:layout_columnWeight="1"
            android:layout_marginLeft="10dp"
            android:text="清空"
            android:textSize="25sp" />
        <Button
            android:layout_rowSpan="2"
            android:layout_rowWeight="1"
            android:layout_columnWeight="1"
            android:layout_marginLeft="10dp"
            android:text="+"
            android:textSize="25sp" />
        <Button
            android:layout_rowWeight="1"
            android:layout_columnWeight="1"
            android:text="1"
            android:textSize="25sp" />
        <Button
            android:layout_rowWeight="1"
            android:layout_columnWeight="1"
            android:layout_marginLeft="10dp"
            android:text="2"
            android:textSize="25sp" />
        <Button
            android:layout_rowWeight="1"
            android:layout_columnWeight="1"
            android:layout_marginLeft="10dp"
            android:text="3"
            android:textSize="25sp" />
        <Button
            android:layout_rowWeight="1"
            android:layout_columnWeight="1"
            android:text="4"
            android:textSize="25sp" />
        <Button
            android:layout_rowWeight="1"
            android:layout_columnWeight="1"
            android:layout_marginLeft="10dp"
            android:text="5"
            android:textSize="25sp" />
        <Button
            android:layout_rowWeight="1"
            android:layout_columnWeight="1"
            android:layout_marginLeft="10dp"
```

```
        android:text="6"
        android:textSize="25sp" />
    <Button
        android:layout_rowWeight="1"
        android:layout_columnWeight="1"
        android:layout_marginLeft="10dp"
        android:text="-"
        android:textSize="25sp" />
    <Button
        android:layout_rowWeight="1"
        android:layout_columnWeight="1"
        android:text="7"
        android:textSize="25sp" />
    <Button
        android:layout_rowWeight="1"
        android:layout_columnWeight="1"
        android:layout_marginLeft="10dp"
        android:text="8"
        android:textSize="25sp" />
    <Button
        android:layout_rowWeight="1"
        android:layout_columnWeight="1"
        android:layout_marginLeft="10dp"
        android:text="9"
        android:textSize="25sp" />
    <Button
        android:layout_rowWeight="1"
        android:layout_columnWeight="1"
        android:layout_marginLeft="10dp"
        android:text="*"
        android:textSize="25sp" />
    <Button
        android:layout_rowWeight="1"
        android:layout_columnWeight="1"
        android:text="0"
        android:textSize="25sp" />
    <Button
        android:layout_rowWeight="1"
        android:layout_columnWeight="1"
        android:layout_marginLeft="10dp"
        android:text="."
        android:textSize="25sp" />
    <Button
        android:layout_rowWeight="1"
        android:layout_columnWeight="1"
        android:layout_marginLeft="10dp"
        android:text="="
        android:textSize="25sp" />
    <Button
        android:layout_rowWeight="1"
        android:layout_columnWeight="1"
        android:layout_marginLeft="10dp"
        android:text="/"
        android:textSize="25sp" />
```

```
        </GridLayout>
    </LinearLayout>
```

在【回退】按钮中 android:layout_columnSpan="2"表示【回退】按钮占两列，而 android:layout_columnWeight="1"、android:layout_rowWeight="1"表示【回退】按钮的宽度和高度充满合并后单元格的宽度和高度。【+】按钮中 android:layout_rowSpan="2"表示占两行，而 android:layout_columnWeight="1"、android:layout_rowWeight="1"表示【+】按钮的宽度和高度充满合并后单元格的宽度和高度。

2.3 常用视图和事件处理

2.3.1 常用视图

在 Android 图形界面中有很多常用的、基本的视图组件可供用户构建应用界面，如 TextView、EditText、Button、ImageView 等，如图 2-10 所示。

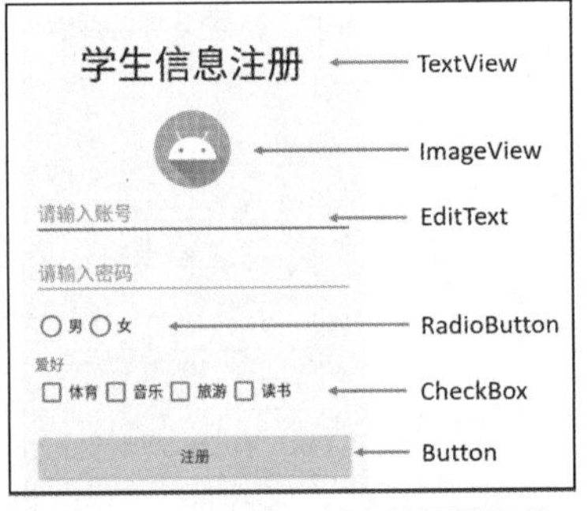

图 2-10 常用的、基本的视图组件

1. TextView 组件

TextView 是一种用于显示字符串的文本框视图组件，它不能编辑文本内容，主要用于显示信息，与 Visual Basic 中的 Label 组件作用类似。组件形式参考图 2-10。

该组件常用属性如下。

android:text 设置显示的文本。

android:textColor 设置文本颜色。

android:textSize 设置文字大小，推荐度量单位为“sp”，如“15sp”。

android:textStyle 设置字体样式，其值有 bold（表示粗体）、italic（表示斜体）、normal（表示正常字体样式）。设置为粗体且斜体可以用“|”将值隔开，如 bold|italic。

android:password 表示以实心原点“.”显示文本。

android:phoneNumber 设置电话号码的输入方式。

android:inputType 设置文本的类型，用于根据输入法显示合适的键盘类型。

android:drawableBottom 用于在文本的下方输出一个 drawable，如图片。如果指定一个颜色，会把文本的背景设置为该颜色，并且同时和 android:background 使用时覆盖后者。

2. EditText 组件

EditText 是一种用来输入和编辑字符串的输入框组件，也可以说是一种具有可编辑功能的 TextView，该组件常用属性与 TextView 类似。组件形式参考图 2-10。

3. Button 组件

Button 是一种命令按钮组件，用户通过单击此组件，产生单击事件动作，并调用相应的事件处理代码。该组件常用属性为 android:text。组件形式参考图 2-10。

4. ImageView 组件

ImageView 是一种用于显示图像的图像框视图组件。组件形式参考图 2-10。

该组件常用属性有 android:src 和 android:scaleType。android:src 属性用于设置图片，而 android:scaleType 用于设置图片在图像框视图中如何显示，其常用值为 center、centerCrop、centerInside、fitCenter、fitEnd、fitStart、fitXY、matrix 等。

center 表示按图片原来的尺寸居中显示，当图片的长（宽）超过图像框视图的长（宽）时，则截取图片居中部分显示。

centerCrop 表示按比例扩大图片的尺寸居中显示，使图片长（宽）等于或大于图像框视图的长（宽）。

centerInside 表示将图片的内容完整地居中显示，通过按比例缩小或保持原来的尺寸，使图片的长（宽）小于或等于图像框视图的长（宽）。

fitCenter 表示把图片按比例扩大或缩小到图像框视图的宽度，居中显示。

fitEnd 表示把图片按比例扩大或缩小到图像框视图的宽度，显示在图像框视图的下半部分位置。

fitStart 表示把图片按比例扩大或缩小到图像框视图的宽度，显示在图像框视图的上半部分位置。

fitXY 表示把图片不按比例扩大或缩小到图像框视图的大小显示。

matrix 表示绘制时使用图像矩阵进行缩放，可以动态缩小或放大图片，显示在图片框视图中。

5. RadioButton 组件

RadioButton 是仅可以选择一项的单选按钮组件。该组件常用属性为 android:checked，表示单选按钮是否选中。组件形式参考图 2-10。

6. RadioGroup 组件

RadioGroup 是控制 RadioButton 组件的单选按钮组组件，程序运行时不可见。一个 RadioGroup 中可包含多个 RadioButton，在每一个 RadioGroup 中，用户仅能选中其中一个 RadioButton。

该组件常用 android:orientation 属性设置单选按钮组中的单选按钮是水平排列还是垂直排列，其值为 horizontal 表示子元素在水平方向上排列，其值为 vertical 表示子元素在垂直方向上排列。

RadioGroup 组件和 RadioButton 组件一般一起使用，在一组单选按钮中只能选中一个单选按钮。具体代码如下：

```
<RadioGroup
        android:layout_width="wrap_content"
        android:layout_height="wrap_content"
        android:orientation="horizontal">
        <RadioButton
              android:id="@+id/rb1"
              android:layout_width="wrap_content"
              android:layout_height="wrap_content"
              android:text="男"/>
        <RadioButton
              android:id="@+id/rb2"
              android:layout_width="wrap_content"
              android:layout_height="wrap_content"
              android:text="女"/>
```

```
</RadioGroup>
```

7. CheckBox 组件

CheckBox 是一个提供选中或取消选中的组件，一般称为复选框。通常是多个 CheckBox 一起使用供用户选择。该组件常用属性为 android:checked，表示复选框是否选中。组件形式参考图 2-10。

2.3.2 事件处理

对于一个 App 来说，事件处理是必不可少的，用户与 App 之间的交互行为需要事件处理逻辑来实现。

1. 事件处理概念

事件：一个事件类型的对象，用来描述发生了什么事，当用户在组件上进行操作时会触发相应的事件。例如，单击按钮、打开菜单等，会产生单击事件。各个组件在不同情况下触发的事件不尽相同，产生的事件对象也可能不同。

事件源：事件发生的场所，通常是指各个组件，如 TextView、Button、菜单等。

事件监听器：监听事件源所发生的事件，并对各种事件做出相应的响应。

2. 事件监听处理模型

在事件监听处理模型中，主要涉及以下 3 类对象：事件、事件源、事件监听器。事件监听器首先与事件源（组件）建立关联，当事件源（组件）接收用户操作时，产生相应的事件对象，并传给与之关联的事件监听器。事件监听器根据事件选择事件处理器，事件处理器就会被启动并执行相关的代码来处理该事件。事件处理流程示意如图 2-11 所示。

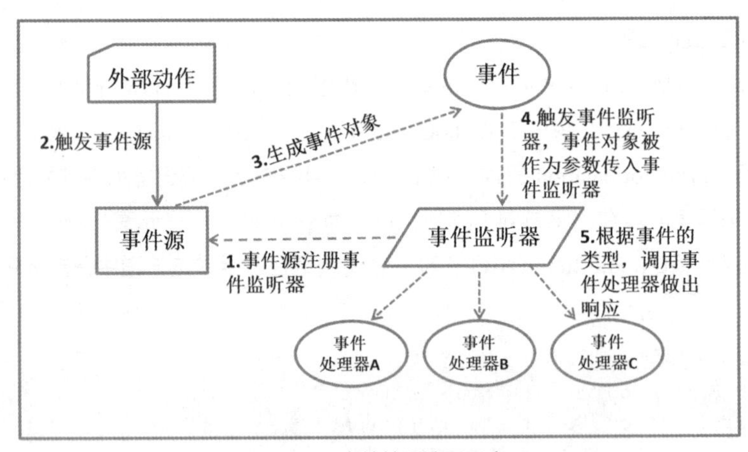

图 2-11　事件处理流程示意

图 2-11 中，实线表示外部力量触发事件源；虚线表示事件源、事件、事件监听器、事件处理器之间的关系或处理流程。

Android 操作系统中提供常用事件监听器。表 2-9 所示为常用事件对应的事件监听器及其对应的处理方法。一个事件监听器只有一个接口，接口中包含对事件处理的方法，事件源注册事件监听器后需要重写事件处理方法。

表 2-9 中定义的事件接口都是 View 类的内部接口，除这些内部接口之外，在事件处理中，View

类也提供了事件处理的方法。View 类的事件注册方法如表 2-10 所示。

表 2-9　常用事件对应的事件监听器及其对应的处理方法

事　件	接口（事件监听器）	处理方法（事件处理器）	描　述
单击事件	View.OnClickListener	public void onClick (View v)	单击组件时触发
长按事件	View.OnLongClickListener	public boolean onLongClick (View v)	长按组件时触发
键盘事件	View.OnKeyListener	public boolean onKey (View v, int keyCode, KeyEvent event)	处理键盘事件
焦点事件	View.OnFocusChangeListener	public void onFocusChange (View v, Boolean hasFocus)	当焦点发生变化时触发
触摸事件	View.OnTouchListener	public boolean onTouch (View v, MotionEvent event)	产生触摸事件
上下文菜单事件	View.OnCreateContextMenuListener	public void onCreateContextMenu (ContextMenu menu,View v, ContextMenuInfo info)	当创建上下文菜单时触发

表 2-10　View 类的事件注册方法

方　法	描　述
void setOnClickListener(View.OnClickListener a)	注册单击事件
void setOnLongClickListener(View.OnLongClickListener a)	注册长按事件
void setOnKeyListener(View.OnKeyListener)	注册键盘事件
void setOnFocusChangeListener(View.OnFocusChangeListener a)	注册焦点事件
void setOnTouchListener(View.OnTouchListener a)	注册触摸事件
void setOnCreateContextMenuListener(View.OnCreateContext MenuListener a)	注册上下文菜单事件

3. 事件应用方式

下面通过 MainActivity 对象、匿名类对象、内部类对象作为事件监听器 3 种方式来说明 Android 中事件的应用方式。具体实例是通过单击 3 个按钮来改变背景颜色，第一个按钮通过注册 MainActivity 对象作为事件监听器的方式实现单击事件处理；第二个按钮通过注册匿名类对象作为事件监听器的方式实现单击事件处理；第三个按钮通过注册内部类对象作为事件监听器的方式实现事件处理，界面如图 2-12 所示。

（1）主页面布局文件设计

在主页面布局文件（activity_main.xml）中根元素布局采用 LinearLayout，方向为垂直排列，再加入 3 个按钮，通过单击按钮改变 LinearLayout 的背景色。具体实现代码如下：

```
    <?xml version="1.0" encoding="utf-8"?>
    <LinearLayout xmlns:android="http://schemas.
android. com/apk/res/android"
```

图 2-12　设置背景

```
    xmlns:app="http://schemas.android.com/apk/res-auto"
    xmlns:tools="http://schemas.android.com/tools"
    android:layout_width="match_parent"
    android:layout_height="match_parent"
    android:orientation="vertical"
    tools:context=".MainActivity"
    android:id="@+id/layout">
    <Button
        android:id="@+id/btn1"
        android:layout_width="match_parent"
        android:layout_height="wrap_content"
        android:text="设置蓝色背景" />
    <Button
        android:id="@+id/btn2"
        android:layout_width="match_parent"
        android:layout_height="wrap_content"
        android:text="设置红色背景" />
    <Button
        android:id="@+id/btn3"
        android:layout_width="match_parent"
        android:layout_height="wrap_content"
        android:text="设置绿色背景"/>
</LinearLayout>
```

其中 android:id="@+id/layout"表示设置 LinearLayout 的 id 是 layout，id 在一个布局文件中的值必须是唯一的。

（2）MainActivity 类设计

在 MainActivity 中实现监听器的创建，重写 onClick()方法，设置 LinearLayout 的背景色，再给 3 个按钮设置相应的事件监听器。具体实现代码如下：

```
public class MainActivity extends AppCompatActivity implements View.
OnClickListener {
    //声明组件
    private LinearLayout layout;
    private Button btn1, btn2, btn3;
    @Override
    protected void onCreate(Bundle savedInstanceState) {
        super.onCreate(savedInstanceState);
        supportRequestWindowFeature(Window.FEATURE_NO_TITLE);
        setContentView(R.layout.activity_main);
        //实例化组件，绑定 activity_main，xml 文件中的具体组件
        layout= (LinearLayout) findViewById(R.id.layout);
        btn1 = (Button) findViewById(R.id.btn1);
        btn2 = (Button) findViewById(R.id.btn2);
        btn3 = (Button) findViewById(R.id.btn3);
        //btn1 按钮注册 MainActivity 对象作为事件监听器
        btn1.setOnClickListener(this);
        //btn2 按钮注册匿名类对象作为事件监听器
        btn2.setOnClickListener(new View.OnClickListener() {
            @Override
            public void onClick(View view) {
```

```
                layout.setBackgroundColor(Color.RED);
            }
        });
        //定义内部类对象
        Btn3_ClickListener listener = new Btn3_ClickListener();
        //btn3 按钮注册内部类对象作为事件监听器
        btn3.setOnClickListener(listener);
    }
    //通过 Activity 实现 OnClickListener 接口，重写 onClick()方法
    @Override
    public void onClick(View view) {
        layout.setBackgroundColor(Color.BLUE);
    }
    //通过定义的内部类，实现 OnClickListener 接口，重写 onClick()方法
    class Btn3_ClickListener implements View.OnClickListener {
        @Override
        public void onClick(View view) {
            layout.setBackgroundColor(Color.GREEN);
        }
    }
}
```

在 MainActivity 中实现 OnClickListener 接口，重写 onClick() 方法。btn1 按钮通过 setOnClickListener (this)方法设置事件监听器方式实现动作绑定，此种方式常用于多个组件实现同一动作。btn2 按钮设置 setOnClickListener()方法时，传递一个 OnClickListener 匿名类对象绑定动作，此种方式在 Android 处理事件时经常用到，明确组件要处理哪个事件动作。在 MainActivity 内部创建一个 Btn3_ ClickListener 类实现 OnClickListener 接口，重写 onClick()方法，之后创建 Btn3_ClickListener 类的对象，作为 btn3 按钮的事件监听器，实现动作处理。

layout = (LinearLayout) findViewById(R.id.layout)语句是把 R.layout.activity_main.xml 中 id 为 layout 的 LinearLayout 组件进行实例化。layout.setBackgroundColor(Color.GREEN) 语句是设置 LinearLayout 组件背景颜色。

2.4 仿微信框架 App 实现

腾讯课堂、京东、云实习等 App，从设计结构上看十分相似，如图 2-13 所示。这种结构都是由头部区域、内容区域、底部导航区域 3 部分组成，这种结构是 App 的一种经典框架结构，应用广泛。

本节主要制作一个仿微信框架 App，由头部区域、内容区域、底部导航区域组成，如图 2-14 所示。运行此 App 时显示图 2-14 所示的页面，单击【通讯录】显示图 2-15 所示的页面，其中头部区域和内容区域文字发生变化，底部导航区域中【通讯录】高亮显示，其他显示为灰色。

仿微信框架 App 主要开发思路是头部区域主要由一个文本框视图组成，用于显示标题；内容区域由线性布局和文本框视图组成，其中线性布局控制内容适配，文本框视图呈现内容；底部导航区域由一个单选按钮组和 4 个单选按钮组成，控制选中与否，并进行交互活动，实现底部导航功能。

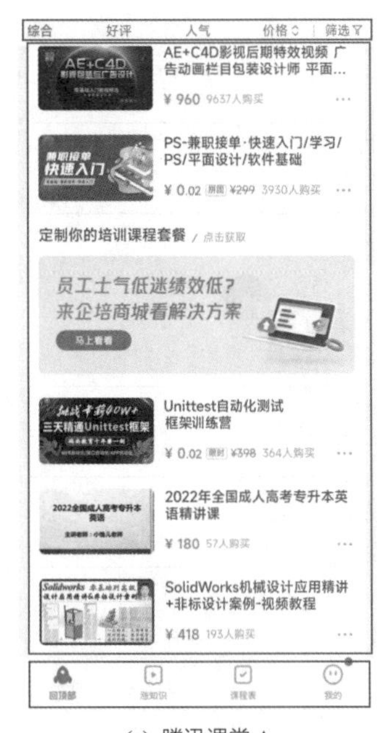

(a) 腾讯课堂 App

(b) 京东 App

(c) 云实习 App

图 2-13　App 结构相似

图 2-14　仿微信页面

图 2-15　通讯录页面

2.4.1　头部区域制作

在 res/layout 目录下创建一个布局文件，名为 title.xml，用于显示标题。具体实现代码如下：

```
<?xml version="1.0" encoding="utf-8"?>
<TextView xmlns:android="http://schemas.android.com/apk/res/android"
```

```
        android:id="@+id/title_txt"
        android:layout_width="match_parent"
        android:layout_height="60dp"
        android:text="微信"
        android:background="#ff33b5e5"
        android:textSize="25sp"
        android:textColor="#FFFFFF"
        android:textStyle="bold"
        android:gravity="center"/>
```

其中文本框视图 id 设置为 title_txt，用于后续访问，id 设置的格式为 android:id="@+id/id 名"，其中 id 名是自定义的名称，必须符合标识符命名规范。

2.4.2 主页面布局文件设计

主页面布局文件（activity_main.xml）根元素由线性布局控制，垂直排列，内部由头部区域、内容区域、一条灰色水平直线、底部导航区域组成。头部内容通过 include 标签引入 title.xml 文件，直线用 View 标签进行绘制。基本代码结构如下：

2.4.2 主页面布局文件设计

```
    <?xml version="1.0" encoding="utf-8"?>
    <LinearLayout xmlns:android="http://schemas.android.com/apk/res/android"
        xmlns:app="http://schemas.android.com/apk/res-auto"
        xmlns:tools="http://schemas.android.com/tools"
        android:layout_width="match_parent"
        android:layout_height="match_parent"
        android:orientation="vertical">
        <!-- 头部区域 -->
        <include layout="@layout/title"/>
        <!-- 内容区域 -->

        <!-- 画一条灰色水平直线 -->
        <View
            android:layout_width="match_parent"
            android:layout_height="2dp"
            android:background="#c9c9c9"/>

        <!-- 底部导航区域 -->

    </LinearLayout>
```

其中<include layout="@layout/title"/>表示引入 layout 文件夹下的 title.xml 文件，显示标题栏。绘制直线用 View，View 是所有视图的父类，其他视图都是由 View 类派生出来的。对于一个 View 组件，必须有 android:layout_width、android:layout_height 两个属性，用于确定组件的宽和高，绘制图形。

2.4.3 内容区域制作

2.4.3 内容区域制作

内容区域的制作主要涉及屏幕的适配，要求该区域能够随着屏幕大小的变化而变化，以此达到适配不同屏幕尺寸设备的目的。头部区域一直在上部，底部导航区域一直在底部，中间留给内容区域，则内容区域高度会不固定。解决方法是使用布局管理，将布局管理的高度属性设置为 0dp，同时将权重属性设置为 1，这样即使容器高度不固定，内容区域也会随着手机屏幕大小的变化而变化。具体实现代码如下：

```
<LinearLayout
        android:layout_width="@+id/linearLayout"
        android:layout_height="0dp"
        android:layout_weight="1"
        android:orientation="vertical">
        <TextView
            android:id="@+id/content_txt"
            android:layout_width="match_parent"
            android:layout_height="wrap_content"
            android:textSize="45sp"
            android:textStyle="bold"
            android:gravity="center" />
</LinearLayout>
```

在 LinearLayout 中通过设置 android:layout_height="0dp"和 android:layout_weight="1"来控制内容区域随着手机屏幕大小的变化而变化，而 TextView 用于显示内容，设置 id 为 content_txt。

2.4.4　底部导航区域制作

底部导航区域是设计的重点，采用单选按钮组和单选按钮实现，单选按钮组的方向设置为水平方向，4 个单选按钮宽度设置为充满，权重设置为 1，实现 4 个单选按钮平分底部导航区域。具体实现代码如下：

2.4.4　底部导航区域制作

```
<RadioGroup
    android:id="@+id/radio_group"
        android:layout_width="match_parent"
        android:layout_height="70dp"
        android:orientation="horizontal"
        android:padding="2dp">
        <!-- 单选按钮-->
        <RadioButton
            android:id="@+id/r1_btn"
            android:layout_width="match_parent"
            android:layout_height="60dp"
            android:layout_weight="1"
            android:text="微信"
            android:gravity="center"
            android:drawableTop="@drawable/wxdrawable_selector"
            android:button="@null"
            android:textColor="@color/color_selector"/>
        <RadioButton
            android:id="@+id/r2_btn"
            android:layout_width="match_parent"
            android:layout_height="60dp"
            android:layout_weight="1"
            android:gravity="center"
```

```
            android:text="通讯录"
            android:drawableTop="@drawable/txdrawable_selector"
            android:button="@null"
            android:textColor="@color/color_selector"/>
        <RadioButton
            android:id="@+id/r3_btn"
            android:layout_width="match_parent"
            android:layout_height="60dp"
            android:layout_weight="1"
            android:gravity="center"
            android:text="发现"
            android:drawableTop="@drawable/fxdrawable_selector"
            android:button="@null"
            android:textColor="@color/color_selector"/>
        <RadioButton
            android:id="@+id/r4_btn"
            android:layout_width="match_parent"
            android:layout_height="60dp"
            android:layout_weight="1"
            android:gravity="center"
            android:text="我"
            android:drawableTop="@drawable/medrawable_selector"
            android:button="@null"
            android:textColor="@color/color_selector"/>
    </RadioGroup>
```

其中 RadioGroup 和 4 个单选按钮都设置 id。android:button="@null"表示去掉单选按钮圆圈；android:drawableTop="@drawable/wxdrawable_selector"是在单选按钮显示的文字上方放置一张图片，用图片选择器实现，其根据单选按钮的选中与否设置对应图片；android:textColor="@color/color_selector"是设置文字颜色选择器，根据单选按钮的状态实现文字颜色的变化。

2.4.5 图片选择器制作

选择器是指视图的某个属性发生变化而影响另一个属性的变化。如当单选按钮被选中时，背景设置为一张图片；当单选按钮没有被选中时，背景设置为另一张图片。也可以当单选按钮被选中时背景设置为一种颜色；当单选按钮没有被选中时背景设置为另一种颜色。

2.4.5 图片选择器制作

1. 创建图片选择器文件

给【微信】单选按钮设置图片选择器，选择 drawable 文件夹，单击鼠标右键，在弹出的菜单中选择【New】，再选择【Drawable Resource File】，打开【New Resource File】对话框。【File name】表示选择器的名字；在【Root element】中将根元素设置为 selector，表示该文件是一个选择器文件；【Source set】设置表示资源路径，【Directory name】表示路径名称，这两项保持默认设置即可。设置完毕后单击【OK】按钮，如图 2-16 所示。

2. 编写图片选择器文件

打开 wxdrawable_selector.xml 文件，编写如下代码：

```
<?xml version="1.0" encoding="utf-8"?>
<selector xmlns:android="http://schemas.android.com/apk/res/android">
    <item  android:state_checked="true" android:drawable="@drawable/t1_1"/>
    <item  android:state_checked="false" android:drawable="@drawable/t1"/>
</selector>
```

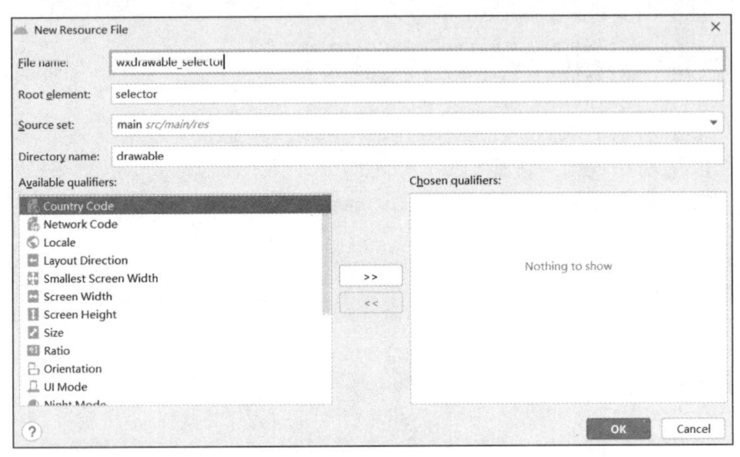

图 2-16 【New Resource File】对话框

其中<selector>根元素表示该文件是一个选择器文件，子元素只有<item>，用于配置不同的项目。第一个<item>中 android:state_checked="true"表示被选中，android:drawable="@drawable/t1_1"表示设置一张图片为 t1_1；第二个<item>中 android:state_checked="false"表示未被选中，android:drawable="@drawable/t1"表示设置一张图片为 t1。结合底部导航区域【微信】单选按钮中的 android:drawableTop="@drawable/wxdrawable_selector"语句，说明当【微信】单选按钮被选中时，【微信】单选按钮显示 t1_1 图片；当【微信】单选按钮未被选中时，【微信】单选按钮显示 t1 图片。

其他 3 个图片选择器格式同上。

<selector>主要用于对 Button、RadioButton、TextView 等视图组件设置背景。<item>常用属性如表 2-11 所示。

表 2-11 <item>常用属性

属　性	说　明
android:state_selected	该属性等于 true 表示选中状态，等于 false 表示未被选中状态
android:state_focused	该属性等于 true 表示获得焦点，等于 false 表示失去焦点
android:state_pressed	该属性等于 true 表示按下状态，等于 false 表示未被按下状态
android:state_enabled	该属性等于 true 表示处于正常可用状态，等于 false 表示处于不可用状态
android:state_checked	该属性等于 true 表示选中状态，等于 false 表示未被选中状态，一般用于 RadioButton 和 CheckBox 组件
android:state_activated	该属性等于 true 表示激活状态，等于 false 表示未被激活状态
drawable	设置图片

2.4.6 颜色选择器制作

颜色选择器与图片选择器原理一样，制作方式大致相同。颜色选择器创建在 res/color 目录下，color 目录一般不存在，需要自己创建。创建 color 目录后选中并单击鼠标右键，在弹出的菜单中选择【New】，再选择【Color Resource File】，打开【New Resource File】对话框，创建颜色选择器的过程与图片选择器的一样。

2.4.6 颜色选择器制作

color_selector.xml 的具体实现代码如下：

```
<?xml version="1.0" encoding="utf-8"?>
<selector xmlns:android="http://schemas.android.com/apk/res/android">
    <item  android:state_checked="true"   android:color="#00ff00"/>
    <item  android:state_checked="false"   android:color="#c9c9c9"/>
</selector>
```

颜色选择器结合单选按钮的 android:textColor="@color/color_selector"，是指单选按钮被选中时文字颜色值设置为#00ff00，没有被选中时文字颜色值设置为#c9c9c9。

2.4.7 底部导航区域优化

在底部导航区域中 RadioButton 组件含有较多重复的属性，可以通过 Android 主题样式进行优化，把重复的属性用样式编写，之后通过 style 属性引用。样式、主题是多种属性的集合，类似于网页中的串联样式表（Cascading Style Sheets，CSS），可以让设计与内容分离，并且可以继承、复用，减少了代码量，方便维护、统一管理。

2.4.7 底部导航区域优化

在 res/values 目录下打开 themes.xml 文件，在其中定义一个样式，样式名为 navigate_style。把 RadioButton 中的重复代码用<item>来表示即可。具体实现代码如下：

```
<style name="navigate_style">
    <item name="android:layout_width">match_parent</item>
    <item name="android:layout_height">match_parent</item>
    <item name="android:layout_weight">1</item>
    <item name="android:gravity">center</item>
    <item name="android:button">@null</item>
    <item name="android:textColor">@color/color_selector</item>
</style>
```

navigate_style 样式中定义了一个<item>的集合，每一个<item>对应一个属性和值，在 RadioButton 中通过 style 属性引入。代码实现如下：

```
<RadioButton
       android:id="@+id/r1_btn"
       android:text="微信"
       android:drawableTop="@drawable/wxdrawable_selector"
       style="@style/navigate_style"/>
```

其中 style="@style/navigate_style"表示引入样式，切记 style 属性名前不能加 android:字符串。

主布局文件整体代码如下：

```
<?xml version="1.0" encoding="utf-8"?>
<LinearLayout xmlns:android="http://schemas.android.com/apk/res/android"
    xmlns:app="http://schemas.android.com/apk/res-auto"
    xmlns:tools="http://schemas.android.com/tools"
    android:layout_width="match_parent"
    android:layout_height="match_parent"
    android:orientation="vertical">
    <!-- 头部区域 -->
    <include layout="@layout/title"/>
    <!-- 内容区域 -->
    <LinearLayout
        android:layout_width="match_parent"
        android:layout_height="0dp"
        android:layout_weight="1"
        android:orientation="vertical">
        <TextView
            android:id="@+id/content_txt"
            android:layout_width="match_parent"
            android:layout_height="wrap_content"
            android:textSize="45sp"
            android:textStyle="bold"
            android:gravity="center" />
    </LinearLayout>
    <!-- 画一条灰色水平直线 -->
    <View
        android:layout_width="match_parent"
        android:layout_height="2dp"
        android:background="#c9c9c9" />
    <!-- 底部导航区域 -->
    <RadioGroup
        android:id="@+id/radio_group"
        android:layout_width="match_parent"
        android:layout_height="70dp"
        android:orientation="horizontal"
        android:padding="2dp">
        <!-- 单选按钮-->
        <RadioButton
            android:id="@+id/r1_btn"
            android:text="微信"
            android:drawableTop="@drawable/wxdrawable_selector"
            style="@style/navigate_style" />
        <RadioButton
            android:id="@+id/r2_btn"
            android:text="通讯录"
            android:drawableTop="@drawable/txdrawable_selector"
            style="@style/navigate_style" />
        <RadioButton
            android:id="@+id/r3_btn"
            android:text="发现"
            android:drawableTop="@drawable/fxdrawable_selector"
            style="@style/navigate_style" />
```

```
        <RadioButton
            android:id="@+id/r4_btn"
            android:text="我"
            android:drawableTop="@drawable/medrawable_selector"
            style="@style/navigate_style"/>
    </RadioGroup>
</LinearLayout>
```

2.4.8 导航动作实现

2.4.8 导航动作实现

layout 文件夹下的布局文件需要加载到 MainActivity 中，在 MainActivity 中编写交互代码，实现具体交互功能。在 MainActivity 中指定被加载的布局文件，则建立了 MainActivity 与布局文件中视图组件的映射关系，可对视图组件编写事件响应逻辑等。MainActivity 具体实现代码如下：

```
public class MainActivity extends AppCompatActivity {
    //定义视图组件
    private TextView title_txt,content_txt;
    private RadioGroup radioGroup;
    private RadioButton r1_btn;
    @Override
    protected void onCreate(Bundle savedInstanceState) {
        super.onCreate(savedInstanceState);
        //加载布局文件
        setContentView(R.layout.activity_main);
        //绑定布局文件中的视图组件
        title_txt=(TextView) this.findViewById(R.id.title_txt);
        content_txt=(TextView) this.findViewById(R.id.content_txt);
        r1_btn=(RadioButton)this.findViewById(R.id.r1_btn);
        radioGroup=(RadioGroup)this.findViewById(R.id.radio_group);
        //初始化微信信息
        title_txt.setText("微信");
        content_txt.setText("微信内容区域");
        r1_btn.setChecked(true);
        //给单选按钮组编写 CheckChange 事件

        radioGroup.setOnCheckedChangeListener(new
                                RadioGroup.OnCheckedChangeListener(){
            @Override
            public void onCheckedChanged(RadioGroup radioGroup, int id) {
                switch (id){    //id 指代的是选中的单选按钮的 id
                    case R.id.r1_btn:
                        title_txt.setText("微信");
                        content_txt.setText("微信内容区域");
                        break;
                    case R.id.r2_btn:
                        title_txt.setText("通讯录");
                        content_txt.setText("通讯录内容区域");
```

```
                        break;
                    case R.id.r3_btn:
                        title_txt.setText("发现");
                        content_txt.setText("发现内容区域");
                        break;
                    case R.id.r4_btn:
                        title_txt.setText("我");
                        content_txt.setText("我内容区域");
                        break;
                }
            }
        });
    }
}
```

setContentView(R.layout.activity_main)语句是指 Activity 加载的是 activity_main.xml 布局文件。title_txt=(TextView)this.findViewById(R.id.title_txt)语句是指通过 findViewById()方法从 activity_main.xml 布局文件中获得属性 id 值为 title_txt 的文本框视图组件，将该组件设置为 title_txt 对象的引用并建立映射关系，即通过 findViewById() 方法来绑定布局文件中视图组件实例。通过 radioGroup.setOnCheckedChangeListener()方法设置一个匿名事件监听器，给单选按钮组的 radioGroup 对象绑定一个 CheckedChange 事件，只要单选按钮状态发生变化就会调用 onCheckedChanged()方法，该方法的第二个参数表示选中的单选按钮的 id 值。

【实训与练习】

一、理论练习

1．在 Android 操作系统中布局主要分为________、________、________、________、________。

2．LinearLayout 可以控制子元素______排列，也可以控制子元素______排列。

3．布局文件中部分代码如下：

```
<EditText
    android:id="@+id/username"
    android:layout_width="150px"
    android:layout_height="wrap_content"
    android:layout_toRightOf="@id/um"
/>
```

android:id="@+id/username"表示________________。

android:layout_toRightOf="@id/um"表示________________。

4．android:layout_marginTop 属性表示________________。

5．android:layout_alignParentLeft 属性表示________________。

二、实训练习

完善本单元仿微信框架 App。

要求： 仿照微信的【我】页面制作一个布局文件，单击【我】单选按钮时显示的内容如图 2-17 所示。

提示：

1. 利用 View 提供的 inflate()方法把布局文件实例化成一个 View 对象。
2. 利用 LinearLayout 提供的 addView()方法把 View 对象添加到 LinearLayout 中。

图 2-17　【我】页面

单元3 新闻App

03

【学习导读】

今日头条、百度新闻、微信等页面都是通过列表视图设计实现的，列表视图在 App 开发中十分重要，也承载着不同场景的数据显示功能。本单元通过介绍新闻 App 的设计过程，帮助读者了解 Activity、Intent 等组件的基本知识，掌握 ListView、RecyclerView、WebView 组件和适配器的联合应用方法，学会利用 SimpleAdapter、BaseAdapter 和当前推荐的 RecyclerView 实现新闻 App。

【学习目标】

知识目标：

1. 了解 Activity、Intent、ListView、WebView、RecyclerView 等基本组件；
2. 理解 SimpleAdapter 的构造方法；
3. 掌握 BaseAdapter 中的抽象方法；
4. 掌握 ItemClick 事件的用法。

技能目标：

1. 能够利用 ListView 组件搭载 SimpleAdapter 或 BaseAdapter 实现显示列表视图；
2. 能够利用 RecyclerView、适配器以及 ViewHolder 实现显示列表视图；
3. 能够利用 Intent 组件实现页面跳转；
4. 能够利用 WebView 组件加载网页。

素养目标：

1. 青年强，则国家强。培养青年做有理想、敢担当、能吃苦、肯奋斗的新时代好青年；
2. 青年通过勤奋劳动实现自身发展的机会，激励其成为青年科技人才、卓越工程师、大国工匠、高技能人才。

【思维导图】

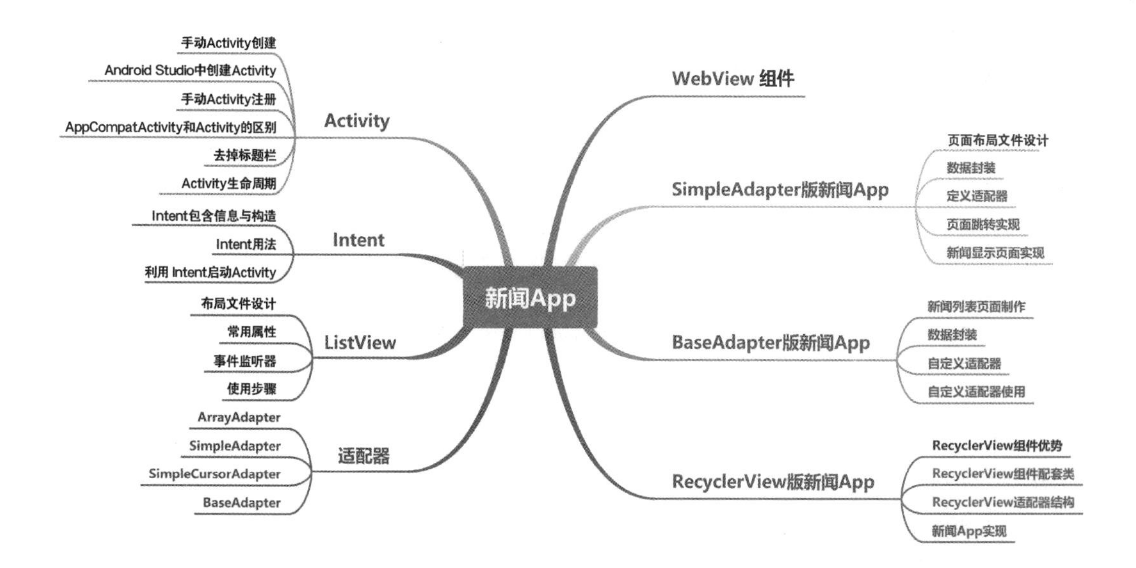

【相关知识】

3.1 Activity

Activity 是 Android 程序的四大组件之一。Activity 是 Android 程序的表示层，其代表了一个具有 UI 的单一屏幕，一般可以认为程序的每一个显示屏幕就是由一个 Activity 表示的。Activity 中所有操作都与用户密切相关，是一个负责与用户交互的组件，可以通过 setContentView()方法来指定要显示的页面。在 Android Studio 中创建一个 Activity，默认继承的是 AppCompatActivity 类，当然也可以继承 Activity 类，只不过 AppCompatActivity 类比 Activity 类能够提供更多新的功能。

3.1.1 手动 Activity 创建

定义一个子类 MyActivity 继承 Activity 类或 AppCompatActivity 类，重写 onCreate()方法，在 onCreate()方法中调用 setContentView()方法设置要加载的页面视图。

```
class MyActivity extends Activity{
    public  void   onCreate(Bundle savedInstanceState){
        super.onCreate(savedInstanceState);
        setContentView(R.layout.main);//设置 Activity 要加载的页面视图
    }
}
```

3.1.2 Android Studio 中创建 Activity

选择工程导航窗口中的【com.cn.baidudemo】，如图 3-1 所示。单击鼠标右键，在弹出的菜单中选择【New】→【Activity】→【Empty Activity】，如图 3-2 所示。

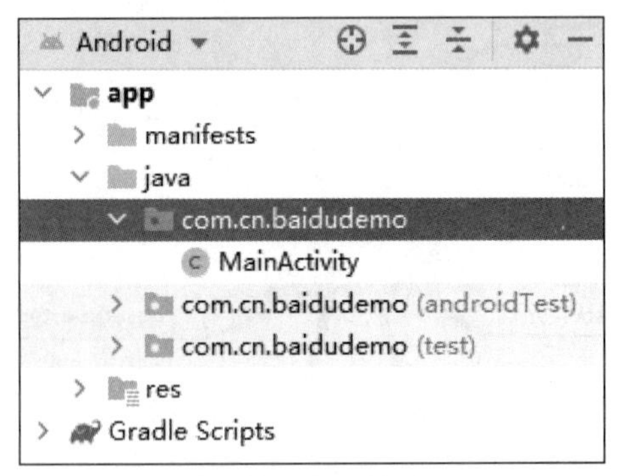

图 3-1 工程导航窗口

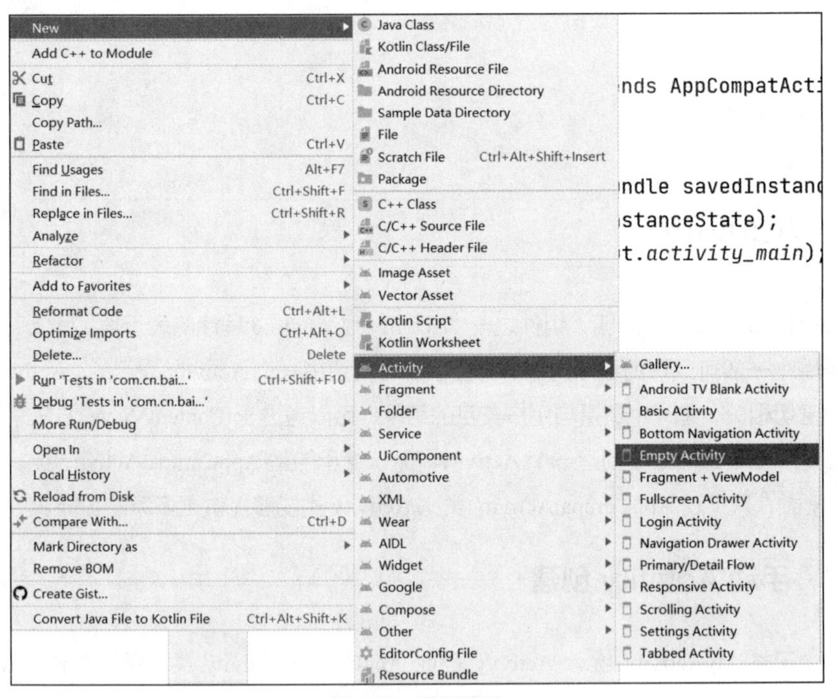

图 3-2 菜单选择

在弹出的【New Android Activity】对话框中，在【Activity Name】文本框中填写 MyActivity，在【Layout Name】文本框中填写 main，选择【Package Name】为 com.cn.baidudemo，选择【Source Language】为 Java，如图 3-3 所示。单击【Finish】按钮，系统自动创建出 MyActivity.java 和 main.xml 文件，同时在 AndroidManifest.xml 文件中注册 MyActivity，不用手动进行注册。

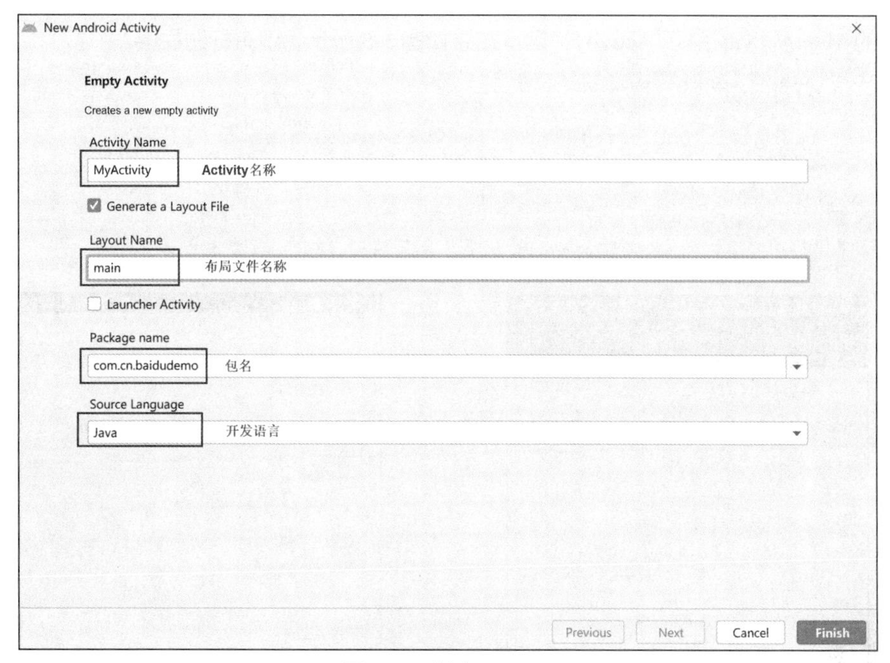

图 3-3　创建 Activity

3.1.3　手动 Activity 注册

在 manifests 工程文件夹中打开 AndroidManifest.xml 文件，找到 application 标签，在其中添加 activity 标签对 Activity 进行注册，没有注册的 Activity 不能使用。

```
<application>
    ...
    <activity
      android:name=".MyActivity"/>
</application>
```

3.1.4　AppCompatActivity 和 Activity 的区别

AppCompatActivity 类在 androidx.appcompat.app 包下，Activity 类在 android.app 包下。AppCompatActivity 类间接继承 Activity 类，是 Activity 的升级版。它们之间的直观区别是继承 AppCompatActivity 的类带标题栏，而继承 Activity 的类不带标题栏。

下面代码中的 MainActivity 继承 AppCompatActivity，运行结果如图 3-4 所示，带有标题栏，默认标题是工程名。

```
public class MainActivity extends AppCompatActivity {
    @Override
    protected void onCreate(Bundle savedInstanceState) {
        super.onCreate(savedInstanceState);
        setContentView(R.layout.activity_main);
    }
}
```

下面的 MainActivity 继承 Activity，运行结果如图 3-5 所示，没有标题栏。

```
public class MainActivity extends Activity {
    @Override
    protected void onCreate(Bundle savedInstanceState) {
        super.onCreate(savedInstanceState);
        setContentView(R.layout.activity_main);
    }
}
```

图 3-4　继承 AppCompatActivity 的页面

图 3-5　继承 Activity 的页面

3.1.5　去掉标题栏

有时虽然继承 AppCompatActivity 但不需要标题栏，系统提供两种方式去掉标题栏。一种是用代码方式去掉，另一种是用样式方式去掉。

1. 代码方式

（1）隐藏标题栏

隐藏标题栏具体实现代码如下：

```
getSupportActionBar().hide();
setContentView(R.layout.activity_main);
```

getSupportActionBar().hide()语句用于隐藏标题栏，此语句放在加载布局文件语句前后都可以。

（2）去掉标题栏

去掉标题栏具体实现代码如下：

```
supportRequestWindowFeature(Window.FEATURE_NO_TITLE);
setContentView(R.layout.activity_main);
```

supportRequestWindowFeature(Window.FEATURE_NO_TITLE)语句用于去掉标题栏，此语句必须

放在加载布局文件语句之前，若放在加载布局文件语句之后，运行时系统会崩溃。

2. 样式方式

在 style.xml 文件中修改样式，修改继承父类，把 parent 属性设置为 Theme.MaterialComponents.DayNight.NoActionBar，表示此风格没有标题栏，如图 3-6 所示。

```
<resources xmlns:tools="http://schemas.android.com/tools">
    <!-- Base application theme. -->
    <style name="Theme.BaiduDemo" parent="Theme.MaterialComponents.DayNight.NoActionBar">
        <!-- Primary brand color. -->
        <item name="colorPrimary">@color/purple_500</item>
        <item name="colorPrimaryVariant">@color/purple_700</item>
        <item name="colorOnPrimary">@color/white</item>
        <!-- Secondary brand color. -->
        <item name="colorSecondary">@color/teal_200</item>
        <item name="colorSecondaryVariant">@color/teal_700</item>
        <item name="colorOnSecondary">@color/black</item>
        <!-- Status bar color. -->
        <item name="android:statusBarColor" tools:targetApi="l">?attr/colorPrimaryVariant</item>
        <!-- Customize your theme here. -->
    </style>
</resources>
```

图 3-6　修改为不带标题栏的样式

3.1.6 Activity 生命周期

在 Android 操作系统中 Activity 作为 Activity 栈被管理，当前活动的 Activity 处于栈顶，之前的非活动 Activity 被压入下面成为非活动 Activity，等待是否可能被恢复为活动状态。在 Activity 的生命周期中有运行状态、暂停状态、停止状态、销毁状态 4 种基本状态。

1. Activity 的 4 种基本状态

Running（运行状态）：一个新 Activity 启动入栈后，显示在屏幕最前端，处于栈的顶端（Activity 栈顶），此时它处于可见并可与用户交互的激活状态，表示当前的 Activity 处于运行状态。

Paused（暂停状态）：当 Activity 失去焦点，一个新的 Dialog（对话框）或者一个透明的 Activity 被放置在栈顶，此时该 Activity 处于暂停状态（Paused）。该 Activity 依然与窗口管理器保持连接，依然保持“活力”，但是在系统内存资源严重不足时将被强行终止。虽然此时该 Activity 仍可见，但已经失去了焦点，因此不能与用户进行交互。

Stopped（停止状态）：如果一个 Activity 被另外的 Activity 完全覆盖，它依然保留着所有状态和成员信息，但是它不再可见，此时 Activity 就处于停止状态。当 Activity 处于此状态时，一定要保存当前数据和当前的 UI 状态，否则一旦 Activity 退出或关闭，当前的数据和 UI 状态就丢失了。当系统内存需要被用在其他地方的时候，停止状态的 Activity 将被强行终止。

Killed（销毁状态）：Activity 被终止以后或者被启动以前，处于销毁状态。这时 Activity 已从 Activity 堆栈中移除，需要重新启动才可以显示和使用。

提示：4 种状态中，当 Activity 处于运行状态和暂停状态时是可见的，当 Activity 处于暂停状态和销毁状态时是不可见的。

当一个 Activity 实例被创建、销毁或者启动另外一个 Activity 时，它在这 4 种状态之间进行转换，这种转换的发生依赖于用户程序的动作。图 3-7 说明了 Activity 在不同状态间转换的时机。

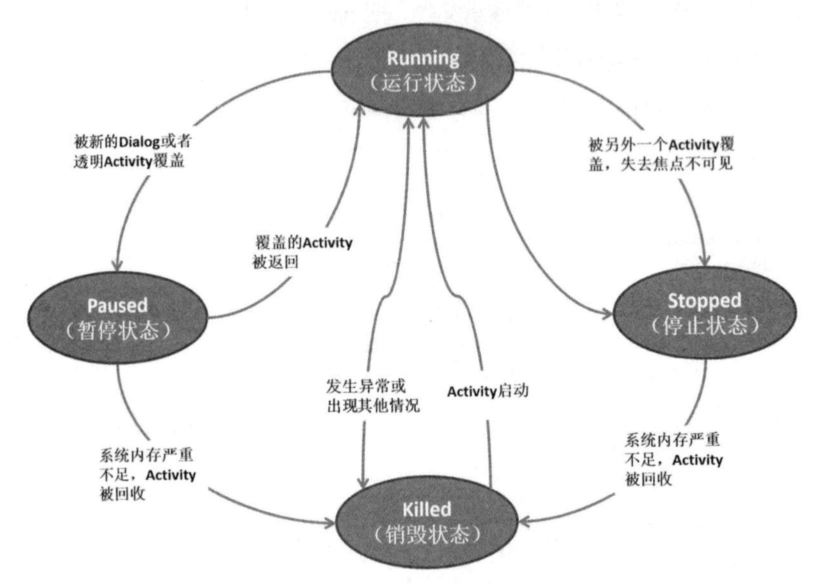

图 3-7 Activity 在不同状态间转换的时机

2. Activity 生命周期

Activity 类中定义了 7 个回调方法，涵盖了 Activity 生命周期的每一个环节。

onCreate()：在 Activity 第一次创建时调用。在这个方法中完成 Activity 的初始化操作，如加载布局、初始化布局组件、绑定事件等。

onStart()：在 Activity 可见但是没有焦点时调用。

onResume()：在 Activity 可见并且有焦点时调用。

onPause()：在准备启动或恢复另一个 Activity 时调用，通常在该方法中需要释放占用 CPU（Central Processing Unit，中央处理器）的资源并保存数据，但在该方法内不能做耗时操作，否则会影响另一个 Activity 的启动或恢复。

onStop()：在 Activity 不可见时调用，它和 onPause()的主要区别就是，onPause()在 Activity 失去焦点时调用但是依然可见，而 onStop()是完全不可见的。

onDestory()：在 Activity 被销毁前调用。

onRestart()：在 Activity 由不处于栈顶到再次回到栈顶并且可见时调用。

当 Activity 首次被创建时，会调用 onCreate()方法，接着当显示给用户时，调用 onStart()方法。如果要让 Activity 位于前台就需要调用 onResume()方法，此时 Activity 位于栈顶，处于运行状态。

当有另一个 Activity 覆盖当前 Activity 时，此时调用 onPause()方法，将前一个 Activity 的数据保存起来。

此时，如果想让前一个 Activity 不会再显示，则调用 onStop()方法停止该 Activity；如果想让它回到前台、重新获得焦点可以调用 onResume()方法。

当前一个 Activity 不可见了，调用 onStop()方法。之后调用 onDestory()方法来销毁该 Activity。也可以直接调用 finish()关闭 Activity。

当内存资源严重不足或另一个优先级更高的程序需要内存时，就可能“杀死”处于暂停状态的 Activity 所在的进程，但是这种极端的情况很少会发生。

以上方法都是回调方法，不能直接去调用，只能重写这些方法，什么时候调用是由 Activity 所决定的。Activity 的生命周期和回调方法如图 3-8 所示。

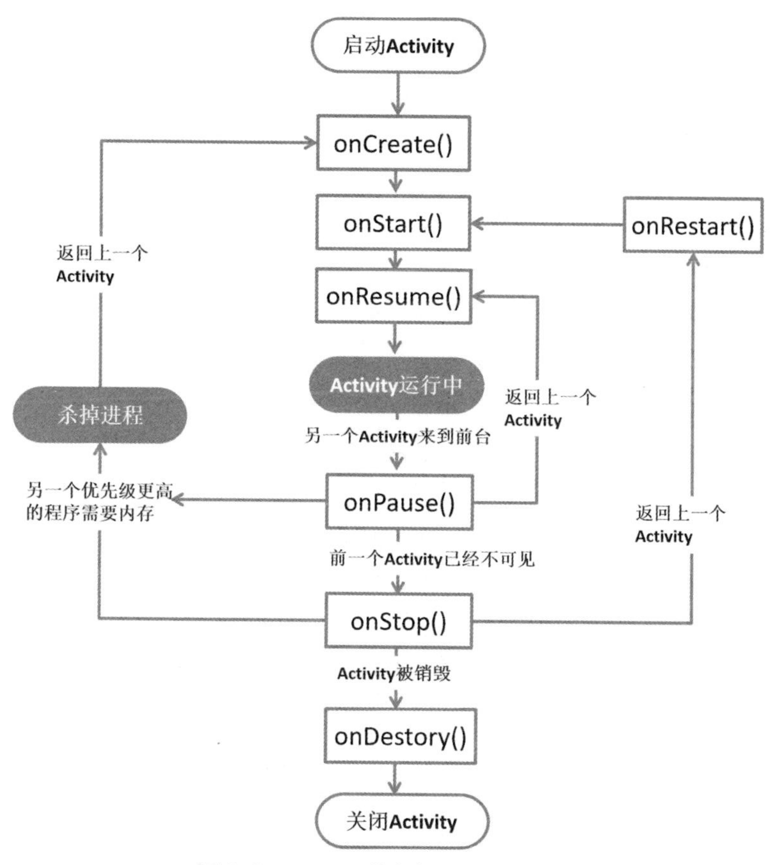

图 3-8　Activity 的生命周期和回调方法

3.2 Intent

Intent 是 Android 操作系统四大组件之一，中文含义为“意图，意向”。Android 操作系统中 Intent 组件用来协助应用之间的交互与通信。Intent 负责对应用中一次操作的动作及其涉及的数据、附加数据进行描述，Android 则负责根据 Intent 的描述，找到对应的组件，将该 Intent 传递给调用的组件，并完成组件的调用。Intent 不仅可用于 App 之间的交互，也可用于 App 内部的 Activity 或 Service 之间的交互。因此，可以将 Intent 理解为不同组件之间通信的“媒介”，专门提供组件间互相调用的相关信息，实现调用者与被调用者之间的解耦。

Intent 作用如下。

1. 启动 Activity

通过 Context.startActivity()、Activity.startActivityForResult()启动一个 Activity。

2. 启动 Service（服务）

通过 Context.startService()启动一个 Service，或者通过 Context.bindService()和后台 Service 交互。

3. 发送 Broadcast（广播）

通过广播方法 Context.sendBroadcasts()、Context.sendOrderedBroadcast()、Context.sendStickyBroadcast()将广播发送给 Broadcast Receiver（广播接收者）。

3.2.1 Intent 包含信息与构造

Intent 作为一个负责在组件间传递消息的信息对象，最重要的就是其包含的信息。实际上，无论是显式还是隐式 Intent 发出的时候，系统对应的行为都是由 Intent 所包含信息的组合决定的。Intent 的各部分信息均为可选值，但是在使用 Intent 的时候，会根据 Intent 设定的信息组合来决定对应行为。Intent 包含信息如图 3-9 所示。

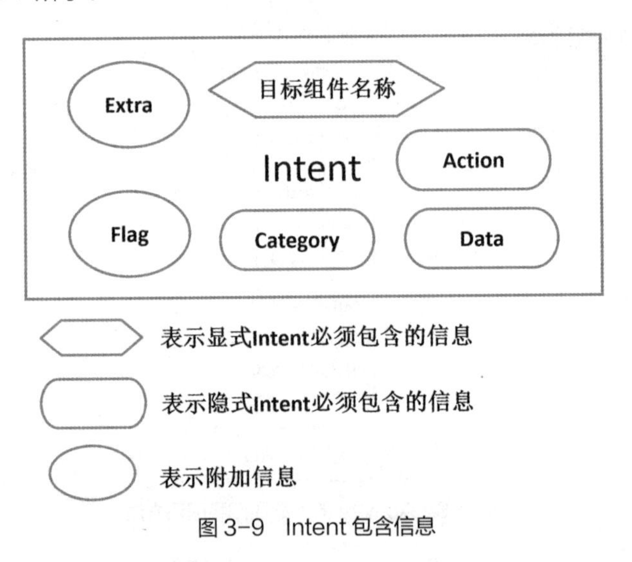

图 3-9　Intent 包含信息

1. 目标组件名称

目标组件名称是显式 Intent 必须提供的信息，指定后 Intent 仅传给指定的组件（即显式 Intent），否则系统会根据其他信息筛选出可以响应 Intent 的所有组件（即隐式 Intent）。可以使用 setComponent()、setClass()、setClassName()或 Intent 构造方法设置组件名称。

2. Action

Action 用来表示 Intent 的动作。它由一个字符串常量组成，可以用来指定 Intent 要执行的动作类型。Action 常见动作类型如表 3-1 所示。

3. Data

Data 表示动作要操纵的数据。一个 URI（Uniform Resource Identifier，统一资源标识符）对象是一个引用的 Data 的表现形式，或是 Data 的 MIME 类型，Data 的类型由 Intent 的 Action 决定。

表 3-1　Action 常见动作类型

类　型	描　述
ACTION_MAIN	表示 App 入口
ACTION_VIEW	向用户显示，如使用浏览器打开网址、用图片应用显示图片等
ACTION_DIAL	打开拨号盘
ACTION_CALL	直接拨打电话
ACTION_SEND	用于发送短信
ACTION_SENDTO	选择发送短信
ACTION_SEARCH	执行搜索
ACTION_WEB_SEARCH	执行网上搜索

4. Category

Category 用来表示动作的类型，是一个包含 Intent 额外信息的字符串，表示哪种类型的组件来处理这个 Intent。任何数量的 Category 描述都可以添加到 Intent 中，但是很多 Intent 不需要 Category。表 3-2 所示为一些常用的 Category。

表 3-2　常用的 Category

类　型	描　述
CATEGORY_DEFAULT	设置 Activity 对于默认的 Action 是不是可选的
CATEGORY_LAUNCHER	表示 Activity 是任务的初始 Activity，在系统的应用启动器中列出
CATEGORY_BROWSABLE	目标 Activity 允许自身通过网络浏览器启动，以显示链接引用的数据，如图像或电子邮件
CATEGORY_HOME	设置 MainActivity，当 App 启动时，它是第一个显示的 Activity

5. Extra

Extra 表示 Intent 可以携带的额外 Key-Value（键值对）数据，通过调用 putExtra()方法设置数据，每一个 Key 对应一个 Value 数据。也可以通过创建 Bundle 对象来存储所有数据，然后通过调用 putExtras()方法来设置数据。

6. Flag

Flag 是指 Intent 运行模式标志，用来指示系统如何启动一个 Activity，可以通过 setFlags()或者 addFlags()实现，也可以把 Flag 用在 Intent 中。常见 Flag 类型如表 3-3 所示。

表 3-3　常见 Flag 类型

类　型	作　用
FLAG_ACTIVITY_CLEAR_TOP	设置这个标志，会使含有待启动 Activity 的任务在 Activity 被启动前清空。也就是说，这个 Activity 会成为一个新的 Root，而且全部旧的 Activity 都被终结
FLAGE_ACTIVITY_SINGLE_TOP	设置这个标志，若是被启动的 Activity 已经在栈顶，那它就不会被再次启动

续表

类　型	作　用
FLAG_ACTIVITY_NEW_TASK	尝试在新任务中启动 Activity
FLAG_ACTIVITY_NO_HISTORY	不保存 Activity 的历史状态。当离开该 Activity 后，该 Activity 将从任务栈中被移除

3.2.2 Intent 用法

通过 Intent 可以拨打电话、发送短信、浏览网页、拍照等，实现相关操作如下。

1. 拨打电话

（1）打开拨号盘

打开拨号盘具体实现代码如下：

```
Uri uri = Uri.parse("tel:10010");
Intent intent = new Intent(Intent.ACTION_DIAL, uri);
this.startActivity(intent);
```

在 Intent intent = new Intent(Intent.ACTION_DIAL, uri)语句中，Intent 构造方法含有两个参数，第一个参数表示打开拨号盘的动作，第二个参数表示要打电话的数据。

（2）直接拨打电话

直接拨打电话具体实现代码如下：

```
Uri uri = Uri.parse("tel:10010");
Intent intent = new Intent(Intent.ACTION_CALL, uri);
this. startActivity(intent);
```

在 AndroidManifest.xml 中，加上<uses-permission android:name="android.permission.CALL_PHONE"/>，用于设置实现直接拨打电话的权限，与 application 标签并列。

2. 发送短信

发送短信具体实现代码如下：

```
//给 10010 发送短信，内容为“新年快乐，万事如意!!!”
Uri uri = Uri.parse("smsto:/10010");
Intent intent= new Intent(Intent.ACTION_SENDTO, uri);
it.putExtra("sms_body", "新年快乐，万事如意!!! ");
this.startActivity(intent);
```

3. 浏览网页

浏览网页具体实现代码如下：

```
Uri uri = Uri.parse("https://www.baidu.com");
Intent intent = new Intent(Intent.ACTION_VIEW, uri);
this.startActivity(intent);
```

在 AndroidManifest.xml 中，加上<uses-permission android:name="android.permission.INTERNET"/>，用于设置实现直接访问网络的权限，与 application 标签并列。

4. 拍照

拍照具体实现代码如下：

```
// 打开拍照程序
Intent intent = new Intent(MediaStore.ACTION_IMAGE_CAPTURE);
startActivityForResult(intent,1);
```

3.2.3 利用 Intent 启动 Activity

就像做 Web 开发经常从一个页面跳转到另一个页面一样，在 Android 中也经常从一个 Activity 跳转到另一个 Activity 进行一些处理。从一个 Activity 跳转到另一个 Activity 可以调用 startActivity()方法或 startActivityForResult()方法来实现，下面介绍两种 Activity 启动的方式。

1. 启动一个 Activity

```
Intent intent = new Intent(Activity1.this, Activity2.class);
startActivity(intent);
```

启动一个 Activity 核心语句只有两条。第一条语句定义 Intent 对象，即定义从 Activity1 页面跳转到 Activity2 页面的意图。第二条语句是实现这个意图，即实现从 Activity1 页面跳转到 Activity2 页面的动作。startActivity()方法是 Activity 组件自带的方法。

2. 启动一个 Activity 并传递数据

在图 3-10 中，Activity1 对应代码的含义是跳转到 Activity2，并传递数据信息。Activity2 对应代码的含义是获得 Intent 对象并读取 Activity1 传递的数据。在 Activity1 中通过 Intent 对象提供的 putExtra()方法以键值对形式存储数据，第一个参数是键名，是自定义的字符串；第二个参数是键值，是要存储的数据。

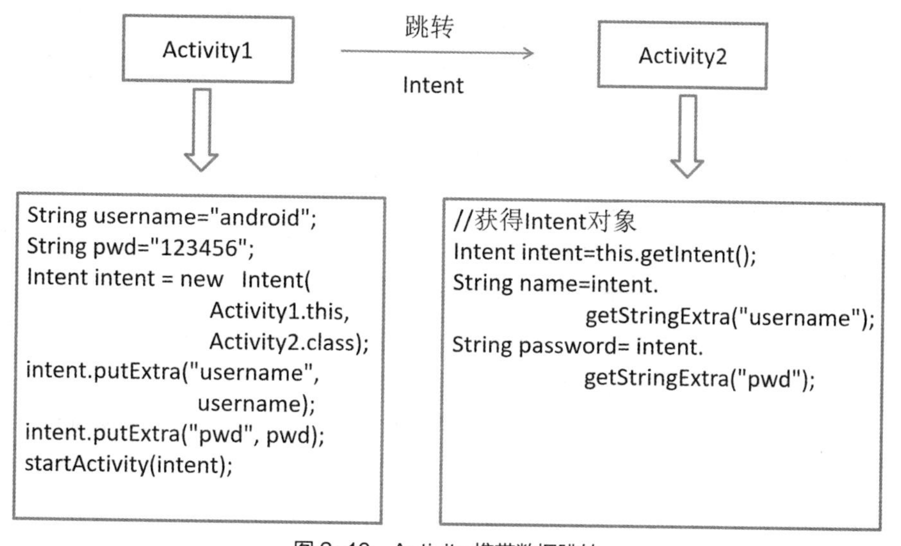

图 3-10 Activity 携带数据跳转

Activity2 中，首先通过 getIntent()方法获得 Intent 对象，再调用 Intent 对象的 getStringExtra()方法获取数据。因为存储的数据是字符串类型，所以用 getStringExtra()方法，参数是 Activity1 的 putExtra()

方法中设置的键名，如图 3-11 所示。

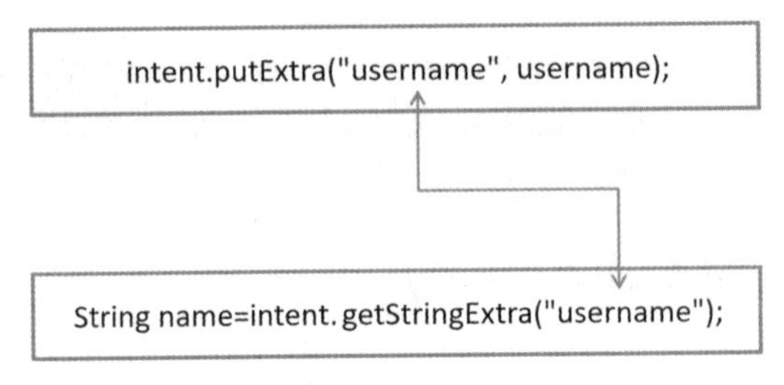

图 3-11　键名对应关系

3. 向前一个 Activity 返回数据

有时候需要从一个 Activity 跳到另一个 Activity，关闭当前的 Activity 时会向前一个 Activity 传递数据。例如做人脸识别时，单击人脸识别按钮，进入人脸识别界面，识别完会把结果返回给前一个 Activity，这可以通过系统提供的 startActivityForResult()、setResult()、onActivityResult()这 3 个方法实现。

（1）常用方法

① startActivityForResult(Intent intent,int requestCode)：这个方法一般用于在 ActivityA 中启动 ActivityB，返回的时候需要携带 ActivityB 的数据给 ActivityA 更新数据。

- intent 参数表示要启动的 Intent 对象。
- requestCode 参数表示请求码，其值是整型数据，可以根据业务需要自行定义，通常用于表示请求数据的来源。

② setResult(int resultCode,Intent intent)：该方法为返回的 Activity 设置结果码。

- resultCode 参数表示结果码，其值根据业务需求自行定义。当 Activity 结束时，resultCode 将归还到 onActivityResult()中，一般为 RESULT_CANCELED，该值默认为 0，若为 RESULT_OK，该值默认为-1。
- intent 参数表示返回到 MainActivity 的数据。

③ onActivityResult(int requestCode, int resultCode, @Nullable Intent data)。

- requestCode 参数表示用于与 startActivityForResult()方法中的 requestCode 中的值进行比较和判断，以确认返回的数据来自哪个 Activity。
- resultCode 参数表示数据是由子 Activity 通过其 setResult()方法返回的。适用于多个 Activity 都返回数据时，标识到底是哪一个 Activity 返回的值。
- data 参数表示一个 Intent 对象，带有返回的数据。可以通过 data.getXxxExtra()方法来获取指定数据类型的数据。

（2）案例实现

例如在 ActivityA 中单击按钮跳到 ActivityB，在 ActivityB 中单击按钮返回到 ActivityA，同时把“Hello”信息传递给 ActivityA。

ActivityA.java 的代码如下：

```
public class ActivityA extends AppCompatActivity {
```

```
        private Button btn1;
        @Override
        protected void onCreate(Bundle savedInstanceState) {
            super.onCreate(savedInstanceState);
            setContentView(R.layout.activity_main);
            btn1=(Button)findViewById(R.id.btn1);
            btn1.setOnClickListener(new View.OnClickListener() {
                @Override
                public void onClick(View view) {
                    Intent intent=new Intent(ActivityA.this,ActivityB.class);
                    //启动 ActivityB，请求码是唯一的，这里设置为 1
                startActivityForResult(intent,1);
                }
            });
        }
      //调用 onActivityResult()方法来获得数据
      //3 个参数分别对应的是请求码、结果码和数据
       @Override
      protected void onActivityResult(int requestCode, int resultCode,@Nullable
Intent data){
            //requestCode 变量表示请求码
            switch(requestCode){
                //requestCode=1，是指 startActivityforResult()方法中设置的请求码
                case 1:
                //resultCode=2，是指 ActivityB 的 setResult()方法返回的结果码
                  if (resultCode==2){
                      //获取 ActivityB 传递过来的数据
                      String rel=data.getStringExtra("result" );
                      //输出到控制台中
                      Log.d("rel" ,rel);
                  }
            }
        }
}
```

ActivityB.java 代码如下：

```
public class ActivityB extends AppCompatActivity {
    private Button btn2;
    @Override
    protected void onCreate(Bundle savedInstanceState) {
        super.onCreate(savedInstanceState);
        setContentView(R.layout.activity_main2);
        btn2=(Button)findViewById(R.id.btn2);
        btn2.setOnClickListener(new View.OnClickListener() {
            @Override
            public void onClick(View view) {
                Intent intent=this.getIntent();
                //把返回数据存入 Intent
                intent.putExtra("result","hello");
                //设置返回数据，设置结果码为 2
                setResult(2,intent);
```

```
                ActivityB.this.finish();
            }
        });
    }
}
```

ActivityA 通过 startActivityForResult(Intent intent, int requestCode)方法启动 ActivityB，并设置请求码。ActivityB 向 ActivityA 回传数据，为了得到回传的数据，必须在 ActivityA 中重写 onActivityResult(int requestCode，int resultCode，@Nullable Intent data)方法，通过请求码和结果码获得数据。

在 ActivityB 中通过 Intent 封装数据后，利用 setResult()方法设置返回的数据和结果码。之后跳到 ActivityA，在 ActivityA 中通过 onActivityResult()方法获得数据，如图 3-12 所示。

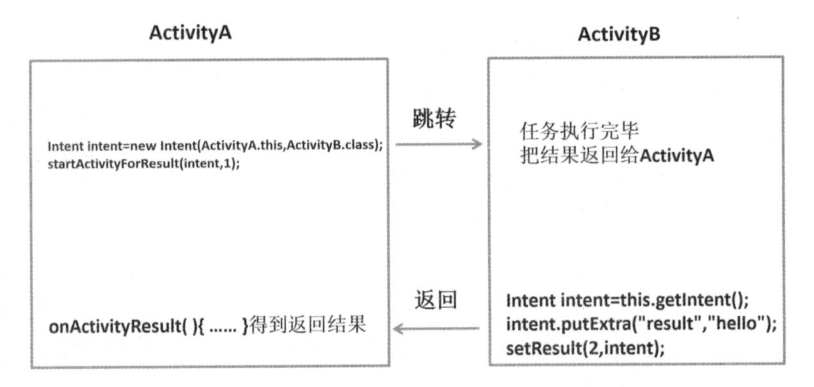

图 3-12　跳转及返回示意

3.3 ListView

ListView 表示列表视图，是以垂直方式显示其内部列表项的视图组件。列表视图中的列表项可以是一串文字，也可以是用户自定义的包含文字和图片的组合项，一般与 ArrayAdapter、SimpleAdapter 等适配器一起使用。

1. 布局文件设计

布局文件具体实现代码如下：

```
<ListView
    android:layout_width="match_parent"
    android:layout_height="match_parent" />
```

在 Android Studio 的设计模式下，ListView 组件呈现的效果如图 3-13 所示。

2. 常用属性

android:divider="@drawable/list_driver"表示设置一个图片作为列表项之间的分割线。

android:divider="@null"表示设置不显示列表项之间的分割线。

android:divider="#00000000"表示设置列表项之间无间隙。

android:scrollbars="none"表示设置隐藏列表视图的滚动条。

android:fadeScrollbars="true"表示设置列表视图的滚动条可以自动隐藏或显示。

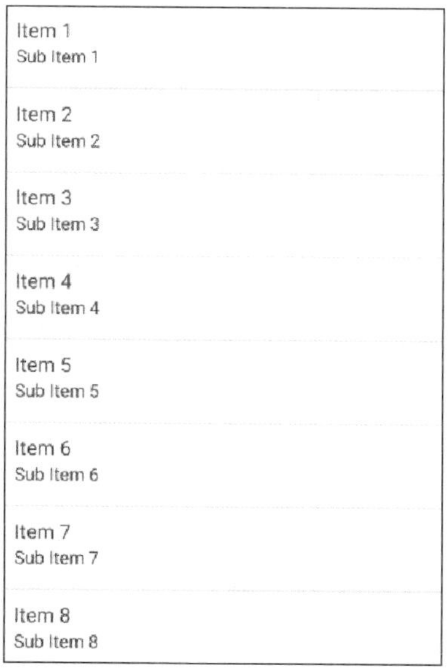

Item 1
Sub Item 1

Item 2
Sub Item 2

Item 3
Sub Item 3

Item 4
Sub Item 4

Item 5
Sub Item 5

Item 6
Sub Item 6

Item 7
Sub Item 7

Item 8
Sub Item 8

图 3-13 ListView 组件呈现的效果

android:stackFromBottom="true"表示设置列表视图显示最后部分的列表项。

android:listSelector="@color/teal_200"表示设置单击某个列表项的背景色。

android:drawSelectorOnTop="true"表示当设置 android:listSelector 属性值时，若单击某个列表项，颜色会显示在列表项的最上面，此行列表项上的文字被遮住。

android:drawSelectorOnTop="false"表示当设置 android:listSelector 属性值时，若单击某个列表项，颜色会显示在列表项的后面，成为背景色，但是此行列表项上的文字是可见的。

3. 事件监听器

设置事件监听器的代码如下：

```
setOnItemClickListener(AdapterView.OnItemClickListener listener)
```

OnItemClickListener 用于捕获 ListView 组件产生的 ItemClick 事件，当列表项被选中或者被单击时触发该事件。在该事件监听器中需要重写 onItemClick (AdapterView<?> parent, View view, int position, long id)方法，参数 parent 表示发生单击动作的 AdapterView，view 表示在 AdapterView 中被单击的列表项视图（它是由适配器提供的一个视图），position 表示列表项视图在适配器中的位置，id 表示被单击列表项的行号。

4. 使用步骤

使用 ListView 组件时，简单来说有以下 6 步。

第一步：在布局文件中声明 ListView 组件。

第二步：编写 ListView 组件中列表项对应的布局文件。

第三步：创建 ListView 组件外表项的内容数据，并封装到集合中。

第四步：创建适配器，把集合中的数据映射到列表项对应的布局文件的组件上。

第五步：将 ListView 组件与适配器进行绑定。

第六步：处理列表项事件。

3.4 适配器

适配器是 Android 中一项十分重要的技术，ListView、Spinner、ViewPager 等组件在使用的过程中都会用到适配器，简单来说就是把数据适配到组件上。首先把数据集合中每组数据映射到指定布局文件上生成视图，形成视图集合，之后通过适配器把视图集合传递给 ListView、Spinner 等组件进行显示。如图 3-14 所示，适配器相当于一个桥梁，一端连接数据，另一端连接组件，实现数据与组件的紧密结合，这种方式也充分体现了模型-视图-控制器（Model-View-Controller, MVC）模式设计思想。

Android 中提供了 ArrayAdapter、SimpleAdapter、SimpleCursorAdapte、BaseAdapter 等专用适配器供开发者使用。

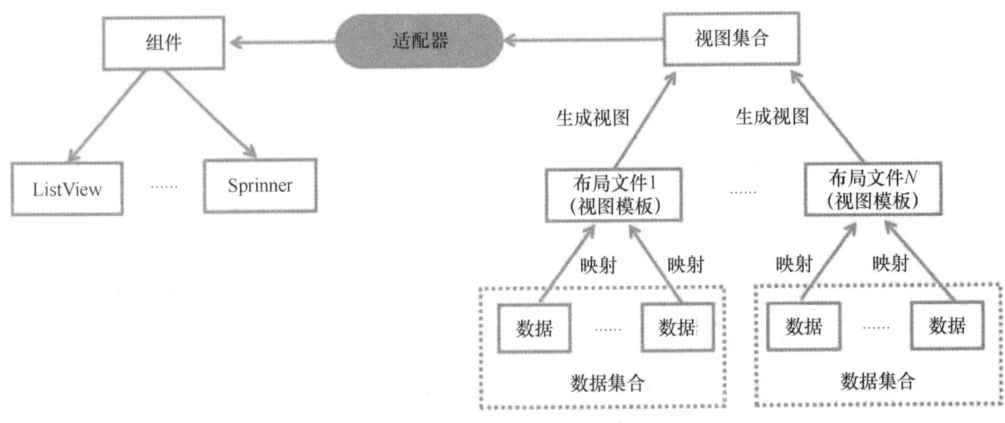

图 3-14　适配器作用示意

3.4.1 ArrayAdapter

ArrayAdapter 是一个简单、易用的数组适配器，数据源可以是数组或者集合，主要用于每行只显示文本信息的列表视图中。

在 ArrayAdapter(Context context,int layout,T[] objects)构造方法中，第一个参数表示上下文容器；第二个参数表示列表项的布局文件；第三个参数表示要填充的列表项内容数据，可以是字符串数组或 List 集合。

3.4.2 SimpleAdapter

SimpleAdapter 是一个简单的适配器，它把由 Map 集合组成的 List 集合中的数据映射到指定的列表项布局文件中的组件上。List 集合中的每一条数据对应列表视图中每一个列表项的内容数据。该适配器主要用于显示文字和图片等复杂信息列表。

其构造方法为 public SimpleAdapter(Context context,List<?Extends Map<String,?>> data,int layout,String[] from,int[] to)。其中，第一个参数 context 表示上下文；第二个参数 data 表示 List 类型的数据源，其内部是 Map 对象的集合；第三个参数 layout 表示列表项布局文件 id，该列表项的布局

文件一般情况下是用户自定义的；第四个参数 from 表示 Map 中 Key（键）的集合；第五个参数 to 表示将 Map 中通过 Key 得到的 Value（值）映射到列表项布局文件中对应组件集合，也就是 layout 参数对应的列表项布局文件中组件的集合。参数之间的关系如图 3-15 所示。该适配器主要用于显示文字和图片等复杂信息列表。

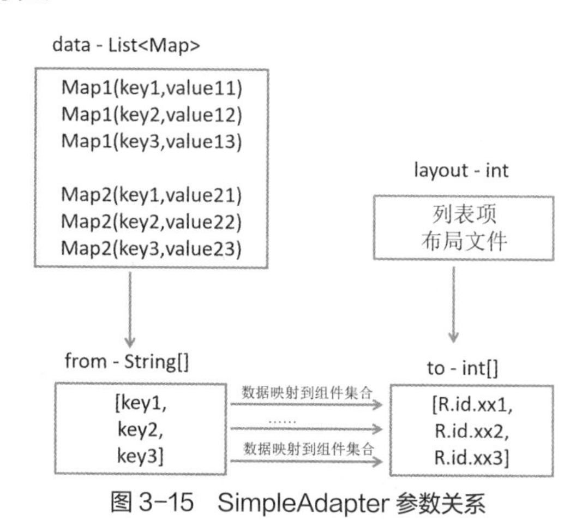

图 3-15　SimpleAdapter 参数关系

3.4.3　SimpleCursorAdapter

与 SimpleAdapter 基本相似，SimpleCursorAdapter 只是将 List 对象换成了 Cursor 对象，Cursor 对象是访问数据库返回的结果集。from 参数代表 Cursor 对象中表的字段名称的集合，SimpleCursorAdapter 主要是查询数据库显示记录时使用。

其构造方法为 public SimpleCursorAdapter(Context context,int layout,Cursor c,String[] from, int[] to)。

3.4.4　BaseAdapter

BaseAdapter 是一个公共基类适配器。扩展 BaseAdapter，可以对各列表项进行最大限度的定制。扩展 BaseAdapter 需要重写 getCount()、getItem()、getItemId()、getView()等方法，而 getView()方法是实现定制列表项的重要方法。getCount()方法用于获取列表项的数量；getItem()方法用于获取指定位置列表项的数据内容；getItemId()方法用于获取指定位置列表项的 ID 值；getView()方法用于获取指定位置列表项的视图，简单理解就是把指定位置的数据映射到列表项的对应布局文件中形成视图，最终实现该视图在列表视图中显示。

3.5　WebView 组件

WebView 是 Android 操作系统中的原生组件，其主要功能是与前端页面进行响应、交互，方便、快捷、省时地实现预期功能，相当于增强版的内置浏览器。WebView 内部实现采用渲染引擎来展示 View 的内容，提供网页前进、后退，网页放大、缩小和搜索等功能。Android 的 WebView 在低版本和高版本中分别采用不同版本的 WebKit 内核，4.4 版本后直接使用 Chrome 内核。WebView 功能强大，可以直接使用 HTML 文件（网络上的或本地的 ASSETS），也可以直接加载统一资源定位符（Uniform Resource Locator，URL），使用 JavaScript 实现 HTML 与原生 App 的交互调用。

WebView 组件加载网页及页面内容的方法如下。

1. 加载一个网页

```
webView.loadUrl("https://www.baidu.com/");
```

2. 加载 APK 包中的 HTML 页面

```
webView.loadUrl("file:///android_asset/test.html");
```

3. 加载手机本地的 HTML 页面

```
webView.loadUrl("content://com.android.htmlfileprovider/sdcard/test.html");
```

4. 加载 HTML 页面的一小段内容

```
String str ="<html><body>你的成绩<b>92</b>分。</body></html>";
webView.loadData(str, "text/html",null);
```

3.6 SimpleAdapter 版新闻 App

3.6 SimpleAdapter 版新闻 App

如图 3-16 所示，本案例通过列表视图显示新闻导航页面，单击列表项进入新闻显示页面，利用 WebView 组件实现新闻页面显示。隐含技术要用到 SimpleAdapter 和 Intent。

图 3-16 新闻 App 页面

3.6.1 页面布局文件设计

3.6.1 页面布局文件设计

页面布局文件主要包括主页面布局文件、新闻列表项布局文件和新闻显示页面布局文件。在主页面布局文件中主要放置 ListView 组件，用于显示列表。新闻列表项布局文件主要用于显示列表视图中的列表项。新闻显示页面布局文件设计中主要放置 WebView 组件，用于显示网页。

1. 主页面布局文件设计

在主页面布局文件（activity_main.xml）中主要使用 ListView 组件显示列表。具体实现代码如下：

```
<?xml version="1.0" encoding="utf-8"?>
<LinearLayout xmlns:android="http://schemas.android.com/apk/res/android"
    xmlns:app="http://schemas.android.com/apk/res-auto"
    xmlns:tools="http://schemas.android.com/tools"
    android:layout_width="match_parent"
    android:layout_height="match_parent"
    tools:context=".MainActivity">
  <ListView
      android:id="@+id/lv"
      android:layout_width="match_parent"
      android:layout_height="match_parent"/>
</LinearLayout>
```

2. 新闻列表项布局文件设计

新闻列表项布局文件（list_item1.xml）主要用来设计映射数据的模板，体现列表视图的显示风格。列表项如图 3-17 所示。

图 3-17 列表项

此布局文件采用 RelativeLayout 控制组件排列显示。具体实现代码如下：

```
<?xml version="1.0" encoding="utf-8"?>
<RelativeLayout xmlns:android="http://schemas.android.com/apk/res/android"
    android:layout_width="match_parent"
    android:layout_height="120dp"
    android:gravity="center_vertical">
    <ImageView
        android:id="@+id/img"
        android:layout_width="80dp"
        android:layout_height="60dp"
        android:layout_marginLeft="20dp"
        android:src="@drawable/p11" />
    <TextView
        android:id="@+id/title"
        android:layout_width="match_parent"
        android:layout_height="wrap_content"
        android:layout_alignTop="@+id/img"
        android:layout_marginLeft="10dp"
        android:layout_marginBotton="bdp"
        android:layout_toRightOf="@+id/img"
        android:text="装修选电线，是单股好还是多股好？从业 10 多年的老师傅，给你答案"
        android:textStyle="bold" />
    <TextView
        android:id="@+id/add"
```

```
            android:layout_width="wrap_content"
            android:layout_height="wrap_content"
            android:layout_alignBottom="@id/img"
            android:layout_marginLeft="10dp"
            android:layout_marginTop="10dp"
            android:layout_toRightOf="@+id/img"
            android:text="装修侠" />
        <TextView
            android:id="@+id/time"
            android:layout_width="wrap_content"
            android:layout_height="wrap_content"
            android:layout_alignBottom="@id/add"
            android:layout_marginLeft="10dp"
            android:layout_toRightOf="@+id/add"
            android:text="2022-07-27 14:39" />
    </RelativeLayout>
```

3. 新闻显示页面布局文件设计

新闻显示页面（activity_web.xml）主要用 WebView 组件实现显示。具体实现代码如下：

```
<?xml version="1.0" encoding="utf-8"?>
<LinearLayout xmlns:android="http://schemas.android.com/apk/res/android"
    xmlns:app="http://schemas.android.com/apk/res-auto"
    xmlns:tools="http://schemas.android.com/tools"
    android:layout_width="match_parent"
    android:layout_height="match_parent"
    tools:context=".WebActivity">
    <WebView
        android:id="@+id/web"
        android:layout_width="match_parent"
        android:layout_height="match_parent"/>
</LinearLayout>
```

3.6.2 数据封装

使用 SimpleAdapter 进行数据封装。要求把每一行的数据封装到 Map 集合中，再将 Map 集合添加到 List 集合中；把每一类的数据分别存储到数组中，通过循环结构把数据封装到 Map 集合中，之后再添加到 List 集合中。

3.6.2 数据封装

1. 定义数据

定义数据代码如下：

```
String[] titles = {
        "装修选电线，是单股好还是多股好？从业 10 多年的老师傅，给你答案",
        "刚亮相就“一鸣惊人”，重 2.1 吨，破百 5.2 秒，续航 1000km，喝 92 汽油",
        "新能源汽车一公里一毛，那些燃油车主为何没有换车意愿？真相来了",
        "敞篷+联名，这台国货硬派越野谁不爱？",
        "氢能的“政策风口”，又来了？"
 };
String[] urls = {
    "https://baijiahao.baidu.com/s?id=1739486878790******&wfr=spider&for=pc",
    "https://3g.163.com/dy/article/HD74LTSN0******.html",
```

```
    "https://baijiahao.baidu.com/s?id=1739272058208******&wfr=spider&for=pc",
    "https://baijiahao.baidu.com/s?id=1738833809906******&wfr=spider&for=pc",
    "https://baijiahao.baidu.com/s?id=1739412861280******&wfr=spider&for=pc"};
int[] imgs = {
    R.drawable.p11,
    R.drawable.p21,
    R.drawable.p31,
    R.drawable.p41,
    R.drawable.p51};
String[] adds = {
    "装修侠",
    "小冲说车",
    "仙女懂车",
    "汽车之家",
    "虎嗅"};
String[] times = {
    "2022-07-27 14:39",
    "2022-07-26 13:39",
    "2022-07-25 05:45",
    "2022-07-20 09:39",
    "2022-07-26 18:02"};
```

2. 封装数据

利用 List 集合和 Map 集合实现数据封装，具体代码如下：

```
List list = new ArrayList();
for (int i = 0; i < imgs.length; i++) {
    //一个 Map 集合代表一个列表项要显示的数据
    Map map = new HashMap();
    map.put("img", imgs[i]);
    map.put("title", titles[i]);
    map.put("time", times[i]);
    map.put("add", adds[i]);
    map.put("url", urls[i]);
    list.add(map);
}
```

3.6.3 定义适配器

定义 SimpleAdapter 对象，设置相关参数，把集合中的数据映射到列表项布局文件对应的组件中。具体代码如下：

3.6.3 定义适配器

```
ListView lv = (ListView)this.findViewById(R.id.lv);
SimpleAdapter adapter = new SimpleAdapter(
        this, //上下文
        list, //数据集合
        R.layout.list_item1,//列表项的布局文件
        new String[]{"img", "title", "add", "time"},//Map 集合中的键名的集合
        //list_item1 布局文件组件 id 的集合
        new int[]{R.id.img, R.id.title, R.id.add, R.id.time}
);
```

```
//设置 ListView 组件所关联的适配器
lv.setAdapter(adapter);
```

3.6.4 页面跳转实现

3.6.4 页面跳转实现

通过 ListView 的 ItemClick 事件实现页面跳转，其中在 onItemClick()方法中，参数一 adapterView 表示列表视图对象；参数二 view 表示被单击的列表项视图；参数三 i 表示单击发生的列表项在可视屏幕范围内的索引；参数四 l 表示单击发生的列表项在整个列表视图范围内的索引。具体代码如下：

```
lv.setOnItemClickListener(new AdapterView.OnItemClickListener() {
    @Override
    public void onItemClick(AdapterView<?> adapterView, View view, int i, long l) {
        Intent intent = new Intent(MainActivity.this, WebActivity.class);
        //传递 URL
        intent.putExtra("url", urls[i]);
        startActivity(intent);
    }
});
```

3.6.2 节到 3.6.4 节代码片段是 MainActivity 类中的核心代码，下列代码中只有定义数据代码省略，具体代码如下：

```
public class MainActivity extends AppCompatActivity {
//定义数据代码省略

    private ListView lv;
    @Override
    protected void onCreate(Bundle savedInstanceState) {
        super.onCreate(savedInstanceState);
        setContentView(R.layout.activity_main);
        lv = (ListView) findViewById(R.id.lv);
        List list = new ArrayList();
        //封装数据
        for (int i = 0; i < imgs.length; i++) {
            Map map = new HashMap();
            map.put("img", imgs[i]);
            map.put("title", titles[i]);
            map.put("time", times[i]);
            map.put("add", adds[i]);
            list.add(map);
        }
        //定义适配器
        SimpleAdapter adapter = new SimpleAdapter(
                this,
                list,
                R.layout.list_item,
                new String[]{"img", "title", "add", "time"},
                new int[]{R.id.img, R.id.title, R.id.add, R.id.time}
        );
        //ListView 组件绑定事件
```

```
        lv.setOnItemClickListener(new AdapterView.OnItemClickListener() {
            @Override
            public void onItemClick(AdapterView<?> adapterView,View view,int i,
long l) {
                System.out.println(adapterView.getTag());
                Intent intent = new Intent(MainActivity.this, WebActivity.class);
                intent.putExtra("url", urls[i]);
                startActivity(intent);
            }
        });
    }
}
```

3.6.5 新闻显示页面实现

WebActivity 主要接收单击列表项传递过来的网址，并把网址送到 WebView 组件中显示对应的网页。具体实现代码如下：

3.6.5 新闻显示页面实现

```
public class WebActivity extends AppCompatActivity {
    private WebView webView;
    @Override
    protected void onCreate(Bundle savedInstanceState) {
        super.onCreate(savedInstanceState);
        setContentView(R.layout.activity_web);
        webView = (WebView) findViewById(R.id.web);
        Intent intent = this.getIntent();
        String url = intent.getStringExtra("url");
        webView.loadUrl(url);
        //去掉空白页
        webView.setWebViewClient(new WebViewClient() {
            @Override
            public void onReceivedSslError(WebView view, SslErrorHandler handler,
SslError error) {
                handler.proceed();
            }
        });
    }
}
```

为了能够访问新闻页面，需要在 AndroidManifest.xml 文件中添加用户访问网络权限，格式如下：

```
<uses-permission android:name="android.permission. INTERNET"/>
```

uses-permission 标签与 application 标签同级。

3.7 BaseAdapter 版新闻 App

3.7 BaseAdapter 版新闻 App

本案例在上个案例基础上进行扩展，列表项有两种，一种是显示一张图片的列表项，另一种是显示 3 张图片的列表项，如图 3-18 所示。利用 SimpleAdapter 只能实现一种形式的列表项显示，不能实现多种形式的显示，因此 Android 提供了 BaseAdapter 自定义适配器，可以根据业务需求扩展适配器的功能。

图 3-18　新闻 App

3.7.1　新闻列表页面制作

需要设计两个新闻列表项布局文件，一个是含有一张图片的布局文件（参考 list_item1.xml），另一个是含有 3 张图片的布局文件（list_item3.xml）。列表项如图 3-19 所示。

图 3-19　列表项

3.7.1　新闻列表页面制作

list_item3.xml 布局文件的具体实现代码如下：

```
<?xml version="1.0" encoding="utf-8"?>
<LinearLayout xmlns:android="http://schemas.android.com/apk/res/android"
    android:layout_width="match_parent"
    android:layout_height="150dp"
    android:orientation="vertical">
    <TextView
        android:id="@+id/t1"
        android:layout_width="match_parent"
        android:layout_height="wrap_content"
        android:layout_marginLeft="10dp"
        android:text="刚亮相就“一鸣惊人”，重 2.1 吨，破百 5.2 秒，续航 1000km，喝 92 汽油"
        android:textSize="15sp"
        android:textStyle="bold" />
    <LinearLayout
        android:layout_width="match_parent"
```

```
            android:layout_height="100dp"
            android:orientation="horizontal">
            <ImageView
                android:id="@+id/img1"
                android:layout_width="0dp"
                android:layout_height="match_parent"
                android:layout_margin="5dp"
                android:layout_weight="1"
                android:src="@drawable/p21" />
            <ImageView
                android:id="@+id/img2"
                android:layout_width="0dp"
                android:layout_height="match_parent"
                android:layout_margin="5dp"
                android:layout_weight="1"
                android:src="@drawable/p22" />
            <ImageView
                android:id="@+id/img3"
                android:layout_width="0dp"
                android:layout_height="match_parent"
                android:layout_margin="5dp"
                android:layout_weight="1"
                android:src="@drawable/p23" />
        </LinearLayout>
        <LinearLayout
            android:layout_width="match_parent"
            android:layout_height="wrap_content"
            android:orientation="horizontal">
            <TextView
                android:id="@+id/t2"
                android:layout_width="wrap_content"
                android:layout_height="wrap_content"
                android:layout_marginLeft="10dp"
                android:text="小冲说车" />
            <TextView
                android:id="@+id/t3"
                android:layout_width="wrap_content"
                android:layout_height="wrap_content"
                android:layout_marginLeft="10dp"
                android:text="2022-07-26 13:39" />
        </LinearLayout>
    </LinearLayout>
```

3.7.2 数据封装

3.7.2 数据封装

标题、时间、新闻来源等信息格式没有发生变化，存储图片的格式发生了变化。有的列表项含一张图片，有的列表项含 3 张图片，因此定义数组时采用二维数组存储图片数据，二维数组中的一行数据代表一个列表项中的图片。图片存储代码如下：

```
int[][] imgs={
        {R.drawable.p11,R.drawable.p12,R.drawable.p13},
        {R.drawable.p21,R.drawable.p22,R.drawable.p23},
```

```
            {R.drawable.p31},
            {R.drawable.p41,R.drawable.p42,R.drawable.p43},
            {R.drawable.p51}
    };
```

此二维数组中每一行一维数组的数据代表列表视图中列表项要显示的图片。把一行的数据封装到集合中，代码没有发生改变，同 3.6.2 节“数据封装”格式代码。

3.7.3 自定义适配器

3.7.3 自定义适配器

定义 MyAdapter 类继承 BaseAdapter 类，重写 getCount()、getItem(int i)、getItemId(int i)、getView (int i, View view, ViewGroup viewGroup)方法，其核心方法是 getView()方法。getView()方法的主要功能是把第 i 行的数据，按照预先设计的格式映射到新闻列表项布局文件视图中。本案例通过读取第 i 行数据获得图片的张数，如果图片的张数是 1，则把数据映射到 list_item1.xml 文件中对应的组件上生成视图，如果图片的张数是 3，则把数据映射到 list_item3.xml 文件中对应的组件上生成视图。MyAdapter 类具体实现代码如下：

```
    public class MyAdapter extends BaseAdapter {
        private List list;
        private Context cxt;
        //构造方法
        public MyAdapter(Context cxt, List list) {
            this.cxt = cxt;
            this.list = list;
        }
        //获得集合中数据项的个数
        @Override
        public int getCount() {
            return list.size();
        }
        //返回第 i 行的数据
        @Override
        public Object getItem(int i) {
            return list.get(i);
        }
        //返回第 i 行的行号
        @Override
        public long getItemId(int i) {
            return i;
        }
        //生成第 i 行的视图，把第 i 行的数据从 List 集合中提取出来，根据图片的张数选择放到 list_
item1.xml 还是 list_item3.xml 文件对应的组件中
        @Override
        public View getView(int i, View view, ViewGroup viewGroup) {
            //i 表示第 i 行，view 表示生成的视图
            //第一步：提取第 i 行的数据
            Map map = (Map) getItem(i);
            String title = (String) map.get("title");
            String time = (String) map.get("time");
```

```
        String add = (String) map.get("add");
        int[] imgs = (int[]) map.get("img");
        if (imgs.length == 1) { //list_item1.xml
            //第二步：把 list_item1.xml 文件实例化为一个 View 对象
            view = View.inflate(cxt, R.layout.list_item1, null);
            //第三步：从 View 对象中实例化组件
            TextView t1 = (TextView) view.findViewById(R.id.title);
            TextView t2 = (TextView) view.findViewById(R.id.add);
            TextView t3 = (TextView) view.findViewById(R.id.time);
            ImageView img = (ImageView) view.findViewById(R.id.img);
            //第四步：把数据映射到对应的组件中
            t1.setText(title);
            t2.setText(add);
            t3.setText(time);
            img.setImageResource(imgs[0]);
        } else if (imgs.length == 3) {//list_item3.xml
            // 第二步：把 list_item3.xml 文件实例化为一个 View 对象
            view = View.inflate(cxt, R.layout.list_item3, null);
            TextView t1 = (TextView) view.findViewById(R.id.t1);
            TextView t2 = (TextView) view.findViewById(R.id.t2);
            TextView t3 = (TextView) view.findViewById(R.id.t3);
            ImageView img1 = (ImageView) view.findViewById(R.id.img1);
            ImageView img2 = (ImageView) view.findViewById(R.id.img2);
            ImageView img3 = (ImageView) view.findViewById(R.id.img3);
            t1.setText(title);
            t2.setText(add);
            t3.setText(time);
            img1.setImageResource(imgs[0]);
            img2.setImageResource(imgs[1]);
            img3.setImageResource(imgs[2]);
        }
        //第五步：返回第 i 行的视图
        return view;
    }
}
```

3.7.4 自定义适配器使用

在 MainActivity 中定义 MyAdapter 对象，ListView 组件对象设置为此适配器即可。具体代码如下：

3.7.4 自定义适配器使用

```
//定义适配器
MyAdapter adapter=new MyAdapter(this,list);
//ListView 对象设置为此适配器
lv.setAdapter(adapter);
```

3.8 RecyclerView 版新闻 App

从 Android 5.0 开始，谷歌公司推出一个用于展示大量数据的新组件 RecyclerView，RecyclerView

组件可以用来代替传统的 ListView 组件，功能更加强大和灵活。目前 Android 官方推荐使用 RecyclerView 组件显示列表。

3.8.1 RecyclerView 组件优势

RecyclerView 组件是 ListView 组件的升级版，相对于 ListView 组件优势明显。

1. RecyclerView 组件封装 ViewHolder 实现回收和复用

RecyclerView 组件标准化了 ViewHolder，编写适配器时面向的是 ViewHolder 而不再是 View，复用的逻辑被封装，编写起来更加简单，逻辑更清晰。

2. 高度解耦

RecyclerView 组件提供了一种插拔式的体验，高度解耦，异常灵活，对于列表项的显示，RecyclerView 组件专门抽取相应的类来控制，使其扩展性大大增强。在 RecyclerView 组件中可以通过设置 LayoutManager 来快速实现以垂直或者水平列表方式、网格方式、瀑布流方式展示列表项的效果，而且还可以设置横向和纵向显示效果。

3. 列表项动画控制

可以通过 ItemAnimator 类对列表项进行增加、删除动画操作，针对动画的增加、删除，RecyclerView 组件有其自己默认的实现方式。

3.8.2 RecyclerView 组件配套类

3.8.2 RecyclerView 组件配套类

在使用 RecyclerView 组件显示列表信息时需要 LinearLayoutManager、GridLayoutManager、StaggeredGridLayoutManager、RecyclerView.ViewHolder、RecyclerView.Adapter 等类相互配合才能完成，下面简单介绍这些类。

1. 布局管理器

RecyclerView 组件提供了 3 种布局管理器来控制内容展示的方式。LinearLayoutManager 表示以垂直或者水平列表方式展示列表项；GridLayoutManager 表示以网格方式展示列表项；StaggeredGridLayoutManager 表示以瀑布流方式展示列表项。

2. 视图

RecyclerView.ViewHolder 是用来容纳列表项视图的类，主要功能是实例化列表项布局文件中的组件，并绑定事件。

3. 适配器

RecyclerView.Adapter 从模型层获取数据，然后提供给 RecyclerView 组件显示，是组件与数据沟通的桥梁。其提供 onCreateViewHolder()、onBindViewHolder()、getItemCount()共 3 个抽象方法。

onCreateViewHolder()方法主要为每个列表项渲染出一个视图，需要把此视图直接封装在 ViewHolder 对象中，作为返回值。

onBindViewHolder()方法用来把数据绑定到 ViewHolder 组件上。

getItemCount()方法类似于 BaseAdapter 的 getCount()方法，即获取列表项数。

3.8.3 RecyclerView 适配器结构

3.8.3 RecyclerView 适配器结构

开发者了解 RecyclerView 组件配备的 RecyclerView 适配器结构后，可以在不同的方法或类中编写代码实现其功能。编写 RecyclerView 适配器的具体步骤如下。

① 创建适配器类，继承 RecyclerView.Adapter<VH>的 Adapter 类（VH 是 ViewHolder 的类名）。

② 在适配器类中，创建 VH 静态内部类，继承 RecyclerView.ViewHolder 类。

③ 在适配器类中，重写 onCreateViewHolder()、onBindViewHolder()、getItemCount()方法。

④ 在 VH 类中，获得列表项布局文件中的组件。

代码整体结构如下：

```
class MyAdapter extends RecyclerView.Adapter<MyAdapter.VH>{
        public VH onCreateViewHolder(@NonNull ViewGroup parent, int viewType) {
            return null;
        }
        public void onBindViewHolder(@NonNull VH holder, int position) {
        }
        public int getItemCount() {
            return 0;
        }
        public  class VH extends RecyclerView.ViewHolder{
            public VH(@NonNull View itemView) {
                super(itemView);
            }
        }
}
```

3.8.4 新闻 App 实现

3.8.4 新闻 App 实现

利用 RecyclerView 组件实现新闻 App，主要是编写适配器类，具体过程实现如下。

1. 主页面布局文件设计

在新闻列表页面布局文件（activity_main.xml）中主要用 RecyclerView 组件替代原先的 ListView 组件。具体实现代码如下：

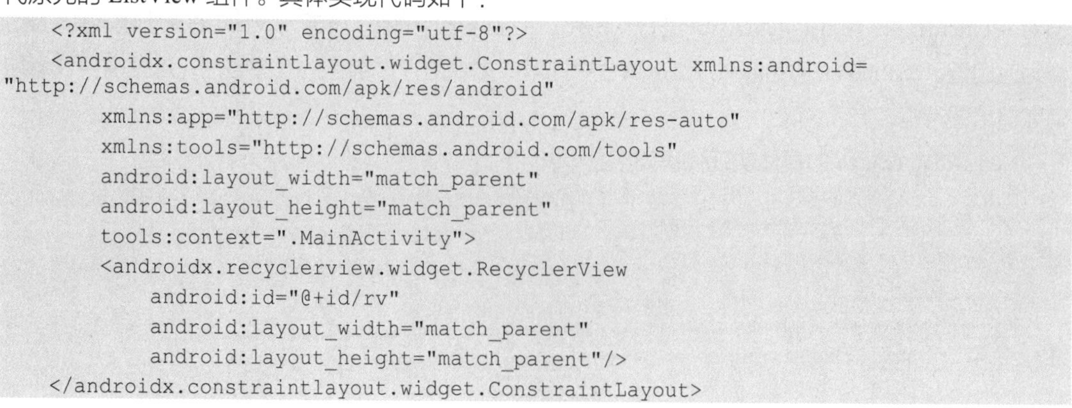

```
<?xml version="1.0" encoding="utf-8"?>
<androidx.constraintlayout.widget.ConstraintLayout xmlns:android=
"http://schemas.android.com/apk/res/android"
    xmlns:app="http://schemas.android.com/apk/res-auto"
    xmlns:tools="http://schemas.android.com/tools"
    android:layout_width="match_parent"
    android:layout_height="match_parent"
    tools:context=".MainActivity">
    <androidx.recyclerview.widget.RecyclerView
        android:id="@+id/rv"
        android:layout_width="match_parent"
        android:layout_height="match_parent"/>
</androidx.constraintlayout.widget.ConstraintLayout>
```

2. 定义列表项的数据类 NewInfo

NewInfo 数据类的作用是存储一行新闻信息。具体实现代码如下：

```
public class NewInfo {
     private int[] img;       //图片
     private String title;    //标题
     private String address; //新闻来源
     private String time;     //发布时间
    public int[] getImg() {
        return img;
    }
    public void setImg(int[] img) {
        this.img = img;
    }
    public String getTitle() {
        return title;
    }
    public void setTitle(String title) {
        this.title = title;
    }
    public String getAddress() {
        return address;
    }
    public void setAddress(String address) {
        this.address = address;
    }
    public String getTime() {
        return time;
    }
    public void setTime(String time) {
        this.time = time;
    }
}
```

3. NewsAdapter 设计

NewsAdapter 继承 RecyclerView.ViewHolder 类，VH 类是 NewsAdapter 类的内部类。VH 类根据 viewType 从 itemView 对象中创建各个组件。getItemViewType()方法从集合中提取图片数组，返回图片数组的长度给 viewType，viewType 的值不是 1 就是 3。onCreateViewHolder()方法根据 viewType 值对 list_item1.xml 和 list_item3.xml 进行实例化，生成 View 对象，再通过 View 对象创建 VH 对象，作为返回值。onBindViewHolde()方法从集合中提取数据赋给 VH 绑定的视图组件，这里需要注意如何赋值给图片框。

NewsAdapter.java 的具体实现代码如下：

```
public class NewsAdapter extends RecyclerView.Adapter<NewsAdapter.VH> {
    private List<News> list;
    private Context cxt;
    //构造方法
    public NewsAdapter(List list, Context cxt){
        this.list=list;
        this.cxt=cxt;
```

```
}
//获得视图类型，返回的 1 或 3，代表用 1 张图片的布局文件或 3 张图片的布局文件
    @Override
    public int getItemViewType(int position) {
        return list.get(position).getImg().length;
    }

    @NonNull
    @Override
    public VH onCreateViewHolder(@NonNull ViewGroup parent, int viewType) {
        //根据视图类型生成 View 对象
        View view = null;
        if(viewType == 1){
            view = View.inflate(cxt, R.layout.list_item1, null);
        }else if(viewType == 3){
            view = View.inflate(cxt, R.layout.list_item3, null);
        }
        //创建 VH 对象
        VH vh = new VH(view, viewType);
        return vh;
    }
    @Override
    public void onBindViewHolder(@NonNull VH holder, int position) {
        //从集合中提取 position 位置的数据
        NewsInfo = list.get(position);
        //把数据设置到组件中
        holder.txt1.setText(news.getTitle());
        holder.txt2.setText(news.getAddress());
        holder.txt3.setText(news.getTime());
        if(news.getImg().length == 1){
            holder.img1.setImageResource(news.getImg()[0]);
        }else if(news.getImg().length == 3){
            holder.img1.setImageResource(news.getImg()[0]);
            holder.img1.setImageResource(news.getImg()[1]);
            holder.img1.setImageResource(news.getImg()[2]);
        }
    }
    @Override
    public int getItemCount() {
        return list.size();
    }
    public class VH extends  RecyclerView.ViewHolder{
        private ImageView img1;
        private ImageView img2;
        private ImageView img3;
        private TextView txt1;
        private TextView txt2;
        private TextView txt3;
        public VH(@NonNull View itemView,int viewType) {
            super(itemView);
            //根据 viewType 值实例化组件
            txt1 = (TextView)itemView.findViewById(R.id.t1);
```

```
                txt2 = (TextView)itemView.findViewById(R.id.t2);
                txt3 = (TextView)itemView.findViewById(R.id.t3);
                if(viewType == 1){
                    img1 = (ImageView)itemView.findViewById(R.id.img1);
                }else if(viewType == 3){
                    img1 = (ImageView)itemView.findViewById(R.id.img1);
                    img2 = (ImageView)itemView.findViewById(R.id.img2);
                    img3 = (ImageView)itemView.findViewById(R.id.img3);
                }
            }
        }
    }
```

4. MainActivity 类设计

在 MainActivity 类中，列表项显示的数据先放入 NewsInfo 对象中，之后添加到集合，再传入 NewsAdapter 对象中，给 RecycleView 组件设置线性布局管理，使其垂直显示列表，最后 RecycleView 对象设置适配器为 NewsAdapter 对象。运行项目显示结果如图 3-18 所示。具体实现代码如下：

```
public class MainActivity extends AppCompatActivity {
    String[] titles = {
            "装修选电线，是单股好还是多股好？从业 10 多年的老师傅，给你答案",
            "刚亮相就“一鸣惊人”，重 2.1 吨，破百 5.2 秒，续航 1000km，喝 92 汽油",
            "新能源汽车一公里一毛，那些燃油车主为何没有换车意愿？真相来了",
            "敞篷+联名，这台国货硬派越野谁不爱？",
            "氢能的“政策风口”，又来了？"
    };
    int[][] imgs = {
            {R.drawable.p11, R.drawable.p12, R.drawable.p13},
            {R.drawable.p21, R.drawable.p22, R.drawable.p23},
            {R.drawable.p31},
            {R.drawable.p41, R.drawable.p42, R.drawable.p43},
            {R.drawable.p51}
    };
    String[] adds = {
            "装修侠",
            "小冲说车",
            "仙女懂车",
            "汽车之家",
            "虎嗅"
    };
    String[] times = {
            "2022-07-27 14:39",
            "2022-07-26 13:39",
            "2022-07-25 05:45",
            "2022-07-20 09:39",
            "2022-07-26 18:02"
    };
    private RecyclerView recyclerView;
    @Override
    protected void onCreate(Bundle savedInstanceState) {
        super.onCreate(savedInstanceState);
```

```
        setContentView(R.layout.activity_main);
        recyclerView =(RecyclerView)this.findViewById(R.id.recycleView);
        List list = new ArrayList();
        for (int i = 0; i < imgs.length; i++) {
            NewsInfo info = new NewsInfo();
            info.setImg(imgs[i]);
            info.setTitle(titles[i]);
            info.setTime(times[i]);
            info.setAddress(adds[i]);
            list.add(info);
        }
        NewsAdapter adapter = new NewsAdapter(this,list);
        //定义线性布局管理器
        LinearLayoutManager manager = new LinearLayoutManager(this);
        //设置布局管理器
        recyclerView.setLayoutManager(manager);
        //设置适配器
        recyclerView.setAdapter(adapter);
    }
}
```

【实训与练习】

一、理论练习

1. Andriod 系统中常用的适配器有_______、_______、_______和_______。

2. BaseAdapter 是一个公共基类适配器，扩展 BaseAdapter 类主要重写_______方法。

3. SimpleAdapter 构造方法中，第 4 个参数是 Map 中_______的集合，第 5 个参数是通过 Map 的键名获得键值映射到_______中组件 id 的集合。

4. ListView 组件是以垂直的方式排列其内部视图的_______。

5. RecyclerView 组件提供了 3 种布局管理器用来控制内容展示方式。其中_______是以垂直或者水平列表方式展示列表项。

二、实训练习

本实训模仿手机中记录走步的 App，App 运行主页面如图 3-20 所示。其中记录一段时间内的走步情况，单击每一条走步记录可跳转到图 3-21 所示的走步消耗的详细信息。

要求：

1. 在图 3-20 中，时间轴是显示时间的文本框且带有 4 个圆角，时间线相对于时间文本框居中。

2. 在图 3-21 中，蓝色文本框左侧是圆角，右侧正常；黄色文本框右侧是圆角，左侧正常。

3. 在图 3-21 中，运动强度处根据分数设置对应文本框的权重。

提示：

① 圆角文本框用 shape 技术实现。在 res\drawable 目录中创建一个 circle.xml，然后给文本框的背景属性设置为 circle 文件，其代码如下。

图 3-20　走步情况列表

图 3-21　走步消耗的详细信息

```
android:background="@drawable/circle"
```

circle.xml 文件具体代码如下：

```
<?xml version="1.0" encoding="utf-8"?>
<shape xmlns:android="http://schemas.android.com/apk/res/android"
    android:shape="rectangle">
    <solid android:color="#e5e5e5"/>
    <corners
        android:bottomLeftRadius="15dp"
        android:bottomRightRadius="15dp"
        android:topLeftRadius="15dp"
        android:topRightRadius="15dp" />
</shape>
```

② 设置运动强度，对两个文本框进行动态权重设置，通过如下动态代码实现。

```
LinearLayout.LayoutParams  lp1=new LinearLayout.LayoutParams(0,80);
lp1.weight=middles[pos];//设置中强度分数
LinearLayout.LayoutParams  lp2=new LinearLayout.LayoutParams(0,80);
lp2.weight=mins[pos]; //设置低强度分数
lp1.rightMargin=4; //右边距
lp2.leftMargin=4; //左边距
green_txt.setLayoutParams(lp1); //设置文本框布局参数
yellow_txt.setLayoutParams(lp2);
```

单元4 用户管理App

04

【学习导读】

在使用智能手机、平板电脑时经常需要存取一些数据，例如照片、歌曲、电影、图表文件等。Android 作为移动设备操作系统，提供 SharedPreferences、SQLite 等多种方式存取数据。本单元主要通过介绍用户管理 App，使读者掌握数据存储技术。

【学习目标】

知识目标：

1. 掌握输入框、按钮、复选框等常用组件的使用方法；
2. 理解数据存储方式和读写方法；
3. 掌握 SQLite 数据库操作类的常用方法。

技能目标：

1. 能够利用 SharedPreferences 进行数据存取操作；
2. 能够对文件进行读写操作；
3. 能够熟练使用 SQLite 提供的操作类对数据库进行增加、删除、修改、查询等操作。

素养目标：

1. 宣传《中华人民共和国数据安全法》，重视数据，强化数据保护意识；
2. 培养良好的编程习惯，树立正确的工作意识。

【思维导图】

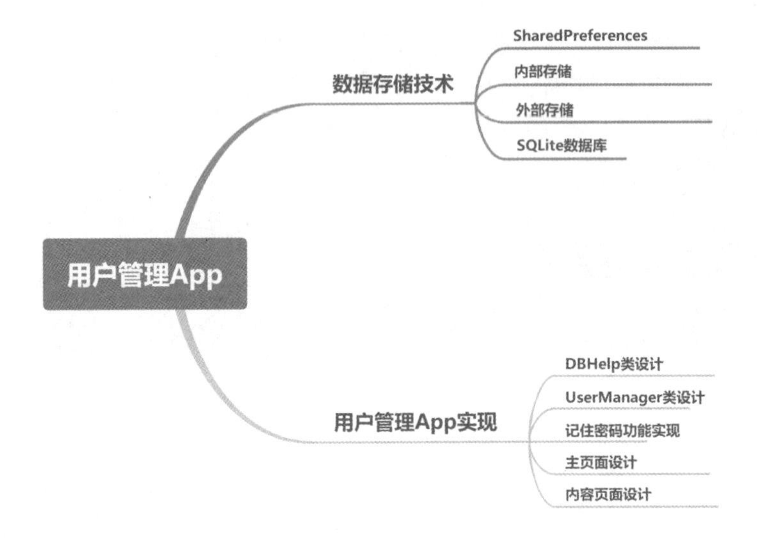

【相关知识】

4.1 数据存储技术

Android 中的数据存储主要分为 3 种基本方式：第一种是利用 SharedPreferences 存储一些轻量级的键值对数据；第二种是利用传统的文件系统处理大量数据，如文本、图片、音频等；第三种是利用 SQLite 数据库管理系统处理大量数据信息。

4.1.1 SharedPreferences

SharedPreferences 是一种轻量级的数据存储方式。它基于 XML 文件存储键值对数据，用来存储一些简单的配置信息。SharedPreferences 只能存储 boolean、int、float、long 和 String 数据类型，其生成的文件存储在/data/data/<包名>/shared_prefs 目录下。SharedPreferences 对象本身只能获取数据而不支持存储和修改数据，存储和修改数据是通过 Editor 对象实现的。SharedPreferences 是一个接口，Editor 是 SharedPreferences 的一个内部接口。SharedPreferences 和 SharedPreferences.Editor 提供的数据读取常用方法如表 4-1 和表 4-2 所示。

1. 使用 SharedPreferences 存储数据的步骤

使用 SharedPreferences 存储数据的步骤如下。

表 4-1　SharedPreferences 数据读取常用方法

方　法	说　明
edit()	返回 SharedPreferences 的内部接口 SharedPreferences.Editor
getAll()	返回所有配置信息 Map 对象
getBoolean(String key, boolean defValue)	返回一个 boolean 型值
getFloat(String key, float defValue)	返回一个 float 型值
getInt(String key, int defValue)	返回一个 int 型值
getString(String key, String defValue)	返回一个 String 型值

表 4-2　SharedPreferences.Editor 数据读取常用方法

方　法	说　明
clear()	清除所有值
commit()	提交保存
putBoolean(String key, boolean Value)	保存一个 boolean 型值
putFloat(String key, float Value)	保存一个 float 型值
putInt(String key, int Value)	保存一个 int 型值
putString(String key, String Value)	保存一个 String 型值
remove(String key)	删除该键对应的值

第一步：根据 Context 获取 SharedPreferences 对象。通过 Context.getSharedPreferences (String name, int mode)方法获得 SharedPreferences 对象，参数 name 表示文件名，参数 mode 表示访问模式，包括 MODE_PRIVATE（只能被自己的应用程序访问）、MODE_WORLD_READABLE（除自己访问外，还可以被其他应用程序读取）、MODE_WORLD_WRITEABLE（除自己访问外，还可以被其他应用程序读取和写入）3 个值。

第二步：利用 edit()方法获取 Editor 对象。

第三步：通过 Editor 对象存储键值对数据。

第四步：通过 commit()方法提交数据。

读取数据时，直接通过 SharedPreferences 对象提供的 getInt()、getString()等方法获取数据。

2. 案例

单击第一个按钮把姓名和年龄数据利用 SharedPreferences 进行存储，单击第二个按钮把数据取出，显示在文本框中，如图 4-1 和图 4-2 所示。

（1）主页面布局文件设计

在主页面布局文件中主要放 2 个按钮和 1 个文本框，具体代码如下：

```
<?xml version="1.0" encoding="utf-8"?>
<LinearLayout xmlns:android="http://schemas.android.com/apk/res/android"
    xmlns:app="http://schemas.android.com/apk/res-auto"
    xmlns:tools="http://schemas.android.com/tools"
    android:layout_width="match_parent"
    android:layout_height="match_parent"
```

```
    android:orientation="vertical"
    tools:context=".MainActivity">
    <Button
        android:id="@+id/btn1"
        android:layout_width="match_parent"
        android:layout_height="wrap_content"
        android:layout_margin="20dp"
        android:text="使用 SharedPreferences 存数据" />
    <Button
        android:id="@+id/btn2"
        android:layout_width="match_parent"
        android:layout_height="wrap_content"
        android:layout_margin="20dp"
        android:text="使用 SharedPreferences 读数据" />
    <TextView
        android:id="@+id/txt"
        android:layout_width="match_parent"
        android:layout_height="match_parent"
        android:layout_margin="20dp"
        android:textSize="30sp" />
</LinearLayout>
```

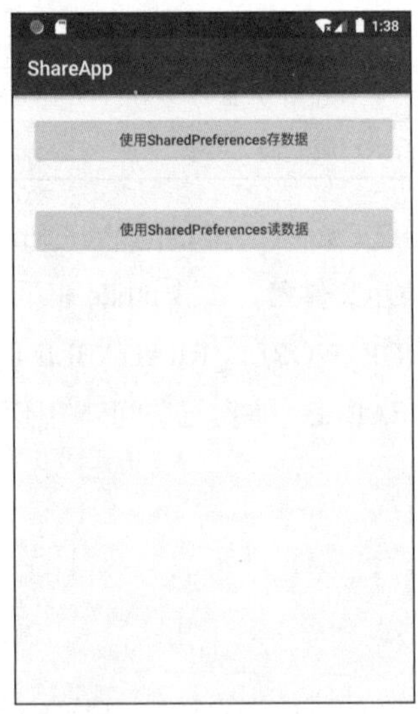

图 4-1　读数据之前

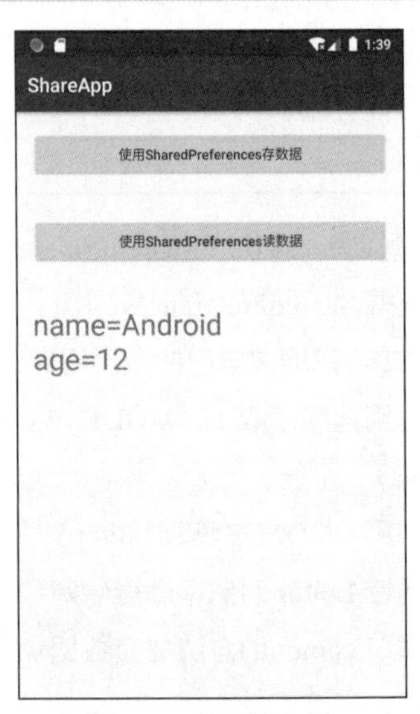

图 4-2　读数据之后

（2）MainActivity 设计

在 MainActivity 中，第一个按钮利用 SharedPreferences 技术把“Android”“12”写到 data.xml 文件中，第二个按钮利用 SharedPreferences 技术把 data.xml 文件中的信息读取并显示在文本框中。

```
public class MainActivity extends AppCompatActivity {
    private Button btn1, btn2;
    private TextView txt;
    @Override
    protected void onCreate(Bundle savedInstanceState) {
        super.onCreate(savedInstanceState);
        setContentView(R.layout.activity_main);
```

```
        btn1 = (Button) findViewById(R.id.btn1);
        btn2 = (Button) findViewById(R.id.btn2);
        txt = (TextView) findViewById(R.id.txt);
        //获得 SharedPreferences 对象
        SharedPreferences sp = getSharedPreferences("data", MODE_PRIVATE);
        btn1.setOnClickListener(new View.OnClickListener() {
            @Override
            public void onClick(View view) {
                //获得 Editor 对象
                SharedPreferences.Editor editor = sp.edit();
                //保存数据
                editor.putString("name", "Android");
                editor.putInt("age", 12);
                //提交编辑器内容
                editor.commit();
            }
        });
        btn2.setOnClickListener(new View.OnClickListener() {
            @Override
            public void onClick(View view) {
               //读取数据
                String name=sp.getString("name","");
                int    age=sp.getInt("age",0);
                txt.setText("name="+name+"\n"+"age="+age);
            }
        });
    }
}
```

（3）存储位置

上述程序运行后会生成一个名为 data.xml 的数据文件，它存储在/data/data/<包名>/shared_prefs 下。在 Android Studio 平台中单击其右侧【Device File Explorer】，打开【Device File Explorer】对话框，在 Name 目录下找到 data/data/com.abc.shareapp/shared_prefs 目录，展开该目录可以看到 data.xml，如图 4-3 所示。

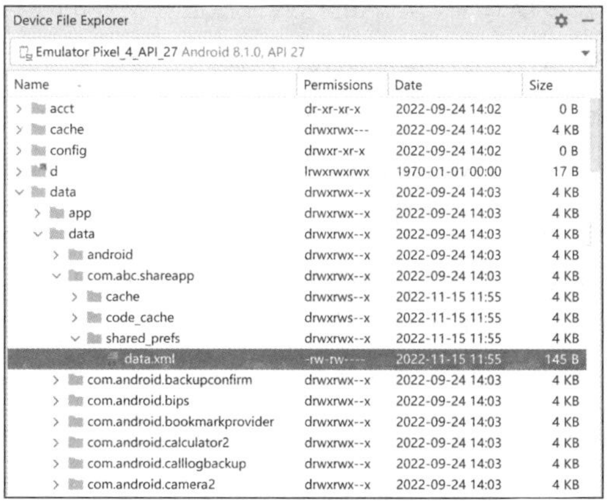

Device File Explorer

Emulator Pixel_4_API_27 Android 8.1.0, API 27

Name	Permissions	Date	Size
acct	dr-xr-xr-x	2022-09-24 14:02	0 B
cache	drwxrwx---	2022-09-24 14:02	4 KB
config	drwxr-xr-x	2022-09-24 14:02	0 B
d	lrwxrwxrwx	1970-01-01 00:00	17 B
data	drwxrwx--x	2022-09-24 14:03	4 KB
app	drwxrwx--x	2022-09-24 14:03	4 KB
data	drwxrwx--x	2022-09-24 14:03	4 KB
android	drwxrwx--x	2022-09-24 14:03	4 KB
com.abc.shareapp	drwxrwx--x	2022-09-24 14:03	4 KB
cache	drwxrws--x	2022-11-15 11:55	4 KB
code_cache	drwxrws--x	2022-11-15 11:55	4 KB
shared_prefs	drwxrwx--x	2022-11-15 11:55	4 KB
data.xml	-rw-rw----	2022-11-15 11:55	145 B
com.android.backupconfirm	drwxrwx--x	2022-09-24 14:03	4 KB
com.android.bips	drwxrwx--x	2022-09-24 14:03	4 KB
com.android.bookmarkprovider	drwxrwx--x	2022-09-24 14:03	4 KB
com.android.calculator2	drwxrwx--x	2022-09-24 14:03	4 KB
com.android.calllogbackup	drwxrwx--x	2022-09-24 14:03	4 KB
com.android.camera2	drwxrwx--x	2022-09-24 14:03	4 KB

图 4-3　SharedPreferences 数据文件的存储位置

双击 data.xml 文件，打开后文件显示的内容是以<map>为根节点的元素，子元素是数据类型，name 属性是键名，如图 4-4 所示。

```
tivity.java ×   data.xml ×
<?xml version='1.0' encoding='utf-8' standalone='yes' ?>
<map>
    <string name="name">Android</string>
    <int name="age" value="12" />
</map>
```

图 4-4　文件结构

4.1.2　内部存储

Android 的文件存储方式分为两种：内部存储和外部存储。内部存储位于手机中很特殊的一个位置（不是手机内存），是手机系统自带的内部存储空间。以内部存储方式存储的文件属于其所创建的 App 私有，其他 App 无权进行操作。当创建的 App 被卸载时，其内部存储的文件也随之被删除。内部存储空间也是系统本身和系统主要的数据存储所在地，该空间一旦耗尽，手机也就无法使用了。所以内部存储空间要尽量避免使用。SharedPreferences 和 SQLite 数据库都是将数据存储在内部存储空间中的。

1. 内部存储读写文件的方法

Android 提供了 openFileInput()和 openFileOutput()方法，可以实现对内部存储文件数据的读写，其文件存储的默认位置为/data/data/<包>/files/。

FileInputStream openFileInput(String filename)方法是从内部存储文件中读数据，参数 filename 用于指定文件名。

FileOutputStream openFileOutput(String filename,int mode)方法是实现向内部存储文件中写数据，参数 filename 为文件名，参数 mode 用于指定操作模式。操作模式有以下 4 种。

- Context.MODE_PRIVATE：表示默认操作模式，代表该文件是私有文件，只能被创建该文件的程序本身访问。在该模式下，写入的内容会覆盖原文件的内容。
- Context.MODE_APPEND：表示追加模式，该模式会检查文件是否存在，若存在就向文件的结尾处写入内容，否则就创建文件，写入内容。
- Context.MODE_WORLD_WRITEABLE 和 Context.MODE_WORLD_READABLE：用来控制应用中其他程序是否有权限读写该文件。其中，MODE_WORLD_WRITEABLE 表示当前文件可以被应用中的其他程序写入；MODE_WORLD_READABLE 表示当前文件可以被应用中的其他程序读取，但不能写入。

如果希望文件被其他应用读取和写入，可以写成 openFileOutput("data.txt",Context.MODE WORLD_READABLE+Context.MODE_WORLD_WRITEABLE)。

2. 案例

单击第一个按钮把“我喜欢学习 Android”写到内部存储文件中，单击第二个按钮从内部存储文件中把数据取出，显示在文本框中，如图 4-5 和图 4-6 所示。

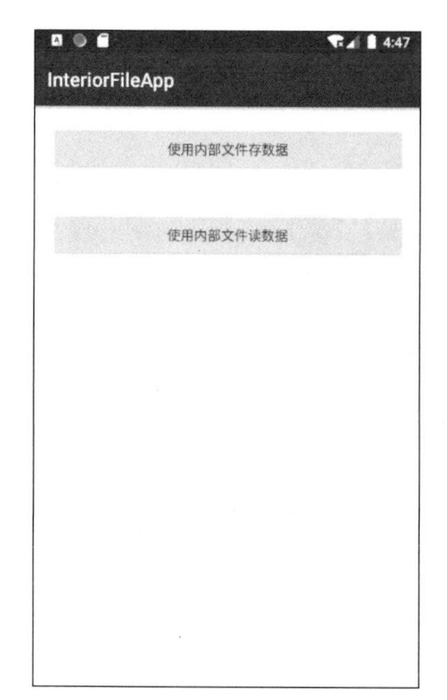

图 4-5　读数据之前

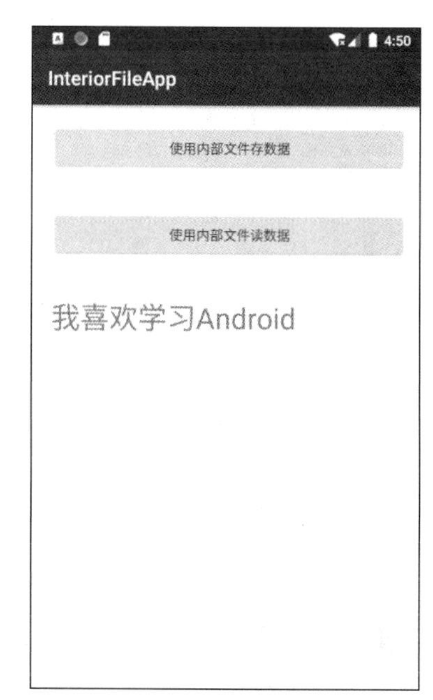

图 4-6　读数据之后

（1）主页面布局文件设计

在主页面布局文件中主要放 2 个按钮和 1 个文本框，具体代码如下：

```
<?xml version="1.0" encoding="utf-8"?>
<LinearLayout xmlns:android="http://schemas.android.com/apk/res/android"
    xmlns:app="http://schemas.android.com/apk/res-auto"
    xmlns:tools="http://schemas.android.com/tools"
    android:layout_width="match_parent"
    android:layout_height="match_parent"
    android:orientation="vertical"
    tools:context=".MainActivity">
    <Button
        android:id="@+id/btn1"
        android:layout_width="match_parent"
        android:layout_height="wrap_content"
        android:layout_margin="20dp"
        android:text="使用内部文件存数据" />
    <Button
        android:id="@+id/btn2"
        android:layout_width="match_parent"
        android:layout_height="wrap_content"
        android:layout_margin="20dp"
        android:text="使用内部文件读数据" />
    <TextView
        android:id="@+id/txt"
        android:layout_width="match_parent"
        android:layout_height="match_parent"
        android:layout_margin="20dp"
```

```
        android:textSize="30sp" />
</LinearLayout>
```

（2）MainActivity 设计

在 MainActivity 中利用内部存储提供的方法把数据写入 data.txt 文件，再从 data.txt 文件中把数据读取并显示在文本框中。

```
public class MainActivity extends AppCompatActivity {
    private Button btn1, btn2;
    private TextView txt;
    @Override
    protected void onCreate(Bundle savedInstanceState) {
        super.onCreate(savedInstanceState);
        setContentView(R.layout.activity_main);
        btn1 = (Button) findViewById(R.id.btn1);
        btn2 = (Button) findViewById(R.id.btn2);
        txt = (TextView) findViewById(R.id.txt);
        btn1.setOnClickListener(new View.OnClickListener() {
            @Override
            public void onClick(View view) {
                try {
                    String str="我喜欢学习Android";
                    //把str字符串内容写到内部存储空间中
                    //获取文件输出流
                    FileOutputStream out =
 openFileOutput("data.txt",MODE_PRIVATE);
                    //把数据转换成字节数组
                    byte[] bytes = str.getBytes();
                    //把字节数组写入文件输出流
                    out.write(bytes);
                    //关闭文件输出流
                    out.close();
                } catch (Exception e) {
                    e.printStackTrace();
                }
            }
        });
        btn2.setOnClickListener(new View.OnClickListener() {
            @Override
            public void onClick(View view) {
                try {
                    //定义文件输入流
                    FileInputStream in = openFileInput("data.txt");
                    //把字节输入流转换成字符输入流
                    InputStreamReader isr=new InputStreamReader(in);
                    BufferedReader br=new BufferedReader(isr);
                    String res=br.readLine();
                    //显示数据
                    txt.setText(res);
                } catch (Exception e) {
                    e.printStackTrace();
                }
```

```
                }
            });
        }
    }
```

（3）存储位置

运行上述程序后会生成一个名为 data.txt 的数据文件，它存储在/data/data/<包名>/files 下。在 Android Studio 平台中单击其右侧【Device File Explorer】，打开【Device File Explorer】对话框，在 Name 目录下找到 data/data/com.abc.fileapp/files 目录，展开该目录可以看到 data.txt，如图 4-7 所示。

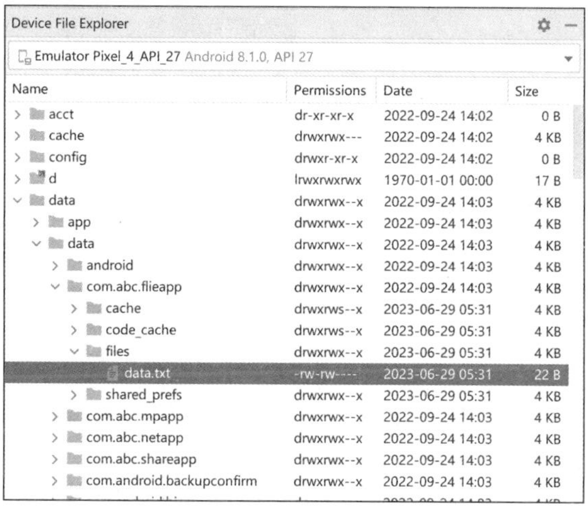

图 4-7 内部文件存储位置

4.1.3 外部存储

外部存储是指将文件存储到外部存储设备上，例如 SD 卡或者设备内嵌的存储卡，都属于永久性的存储方式。外部存储的文件不是某个 App 所特有的，可以被其他 App 共享，当某外部存储设备连接到计算机时，这些文件可以被浏览、修改和删除等。因此，这种存储方式不具有安全性。

1. 外部存储设备状态

由于外部存储设备可能处于被移除、连接到计算机、丢失、只读或者其他状态，因此在使用外部存储设备之前，必须使用 Environment.getExternalStorageState()方法[1]来确认外部存储设备是否可用。外部存储设备状态常量值如表 4-3 所示。

表 4-3 外部存储设备状态常量值

常 量 值	说 明
MEDIA_BAD_REMOVAL	在没有挂载前外部存储设备已经被移除
MEDIA_CHECKING	正在检查外部存储设备
MEDIA_MOUNTED	外部存储设备已经挂载，并且挂载点可读写

① 可简写为 getExternalStorageState()方法，其他方法同样适用，以下不再赘述。

续表

常量值	说明
MEDIA_MOUNTED_READ_ONLY	外部存储设备已经挂载，挂载点只读
MEDIA_NOFS	外部存储设备存在，但空白或使用了不支持的文件系统
MEDIA_REMOVED	外部存储设备被移除
MEDIA_SHARED	外部存储设备正在通过 USB 共享
MEDIA_UNMOUNTABLE	外部存储设备无法挂载
MEDIA_UNMOUNTED	外部存储设备没有挂载

Environment 类是一个提供访问环境变量的类，提供获取外部存储设备信息的方法。表 4-4 所示为 Environment 类的方法。

表 4-4 Environment 类的方法

方法	说明
getDataDirectory()	获得用户数据的目录
getExternalStorageDirectory()	获得外部存储设备目录
getExternalStoragePublicDirectory(String type)	获得用于存储特定类型文件的顶层共享或外部存储设备目录
getExternalStorageState()	获得外部存储设备的当前状态
getRootDirectory()	获得 Android 操作系统的根目录
isExternalStorageEmulated()	判断外部存储设备是否可拆卸
isExternalStorageRemovable()	判断外部存储设备是否可移除

2. 外部存储权限设置

在 Android 6.0 以前，有的 App 会一起声明各种各样的权限，在 App 安装过程中用户可能没有细看声明的权限清单就安装了，于是这种 App 就可以为所欲为、无法控制。Android 6.0 把权限分成正常权限和危险权限，在 AndroidManifest.xml 中声明的正常权限系统会自动授予（静态设置权限），而危险权限则需要用户在使用的时候明确授予（动态设置权限）。

在访问外部存储设备时需要申请外部存储读写权限，可以通过 Android 静态权限进行设置，即在 AndroidManifest.xml 中加入访问外部存储的读写权限，具体实现代码如下：

```
<!-- 外部存储读取数据权限 -->
<uses-permission android:name="android.permission.READ_EXTERNAL_STORAGE"/>
<!-- 外部存储写入数据权限 -->
<uses-permission android:name="android.permission.WRITE_EXTERNAL_STORAGE"/>
```

读写外部存储是一个比较危险的动作，还需要在程序中编写代码实现动态设置权限，具体实现代码如下：

```
int permission = ActivityCompat.checkSelfPermission(
                this,Manifest.permission.WRITE_EXTERNAL_STORAGE);
//如果权限没有被赋予则动态申请权限
```

```
if (permission != PackageManager.PERMISSION_GRANTED) {
    //动态申请权限
    //第一个参数表示上下文
    //第二个参数表示权限常量名集合
    //第三个参数表示自定义的请求码
    ActivityCompat.requestPermissions(
            this,
            new String[]{Manifest.permission.WRITE_EXTERNAL_STORAGE},
            10);
}
```

3. 外部存储文件读写方法

Android 操作系统提供 FileInputStream()和 FileOutputStream()方法对外部存储文件进行读写操作。

4. SD 卡读写步骤

SD 卡读写步骤如下。

第一步：添加静态权限和动态权限。

第二步：判断外部存储设备是否挂载成功，且是否可以访问。

第三步：获取外部存储设备的存储路径。

第四步：使用输入输出流进行文件读写。

5. 案例

单击第一个按钮把“我喜欢学习 Android”写到 SDCard 中，单击第二个按钮从 SDCard 中把数据取出并显示在文本框中，如图 4-8 和图 4-9 所示。

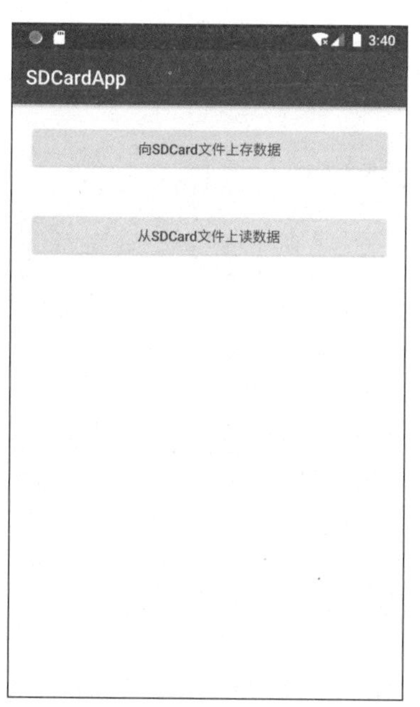

图 4-8　读数据之前

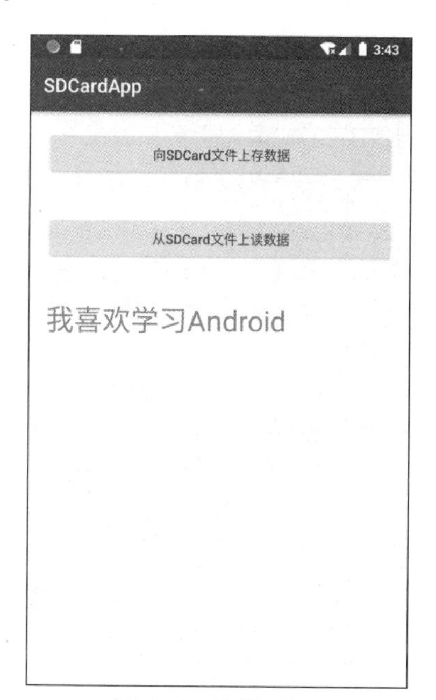

图 4-9　读数据之后

（1）主页面布局文件设计

在主页面布局文件主要放 2 个按钮和 1 个文本框，具体代码如下：

```
<?xml version="1.0" encoding="utf-8"?>
<LinearLayout xmlns:android="http://schemas.android.com/apk/res/android"
    xmlns:app="http://schemas.android.com/apk/res-auto"
    xmlns:tools="http://schemas.android.com/tools"
    android:layout_width="match_parent"
    android:layout_height="match_parent"
    android:orientation="vertical"
    tools:context=".MainActivity">
    <Button
        android:id="@+id/btn1"
        android:layout_width="match_parent"
        android:layout_height="wrap_content"
        android:layout_margin="20dp"
        android:text="向 SDCard 文件上存数据" />
    <Button
        android:id="@+id/btn2"
        android:layout_width="match_parent"
        android:layout_height="wrap_content"
        android:layout_margin="20dp"
        android:text="从 SDCard 文件上读数据" />
    <TextView
        android:id="@+id/txt"
        android:layout_width="match_parent"
        android:layout_height="match_parent"
        android:layout_margin="20dp"
        android:textSize="30sp" />
</LinearLayout>
```

（2）MainActivity 设计

利用外部存储提供的方法把数据写入到 SDCard 中的 test.txt 文件上，再从 SDCard 中把 test.txt 文件的数据读出来在文本框中显示。

```
public class MainActivity extends AppCompatActivity {
    private Button btn1, btn2;
    private TextView txt;
    protected void onCreate(Bundle savedInstanceState) {
        super.onCreate(savedInstanceState);
        setContentView(R.layout.activity_main);
        btn1 = (Button) findViewById(R.id.btn1);
        btn2 = (Button) findViewById(R.id.btn2);
        txt = (TextView) findViewById(R.id.txt);
        btn1.setOnClickListener(new View.OnClickListener() {
            public void onClick(View view) {
                //动态申请权限
                int permission = ActivityCompat.checkSelfPermission(
                    MainActivity.this, Manifest.permission.WRITE_EXTERNAL_STORAGE);
                //如果没有权限，则动态申请权限
                if (permission != PackageManager.PERMISSION_GRANTED) {
                    ActivityCompat.requestPermissions(MainActivity.this,
                        new String[]{Manifest.permission.WRITE_EXTERNAL_STORAGE},

                            10);
                }
```

```
                //获取 SDCard 路径
                String sdpath = Environment.getExternalStorageDirectory() + "/";
                //判断 SDCard 是否已经挂载
                if (Environment.getExternalStorageState().equals(
                        Environment.MEDIA_MOUNTED)) {
                  try {
                      //把数据写到 SDCard 上的 test.txt 文件中
                    String str = "我喜欢学习 Android";
                    FileOutputStream out = new FileOutputStream(sdpath +"test.txt");
                    byte[] bytes = str.getBytes();
                    out.write(bytes);
                    out.close();
                    } catch (Exception e) {
                        e.printStackTrace();
                    }
                }
            }
        });
        btn2.setOnClickListener(new View.OnClickListener() {
            @Override
            public void onClick(View view) {
                //获取 SDCard 路径
                String sdpath = Environment.getExternalStorageDirectory() + "/";
                //判断 SDCard 是否已经挂载
                if (Environment.getExternalStorageState().equals(
                        Environment.MEDIA_MOUNTED)) {
                    try {
                        //从 SDCard 上的 test.txt 中读取数据
                        //获得文件输入流
                        FileInputStream fis = new FileInputStream(sdpath +"test.txt");
                        InputStreamReader isr=new InputStreamReader(fis);
                        BufferedReader br=new BufferedReader(isr);
                        String res=br.readLine();
                        br.close();isr.close();fis.close();
                        txt.setText(res);
                    } catch (Exception e) {
                        e.printStackTrace();
                    }
                }
            }
        });
    }
}
```

（3）存储位置

上述程序运行后 test.txt 文件在 Android 模拟器中的存储路径为 mnt/sdcard，如图 4-10 所示。

Device File Explorer

Emulator Pixel_2_API_27 Android 8.1.0, API 27

Name	Permissio...	Date	Size
> acct	dr-xr-xr-x	2022-04-03 10:07	0 B
> cache	drwxrwx---	2021-10-31 00:13	4 KB
> config	drwxr-xr-x	2022-04-03 10:07	0 B
> d	lrwxrwxrwx	1970-01-01 00:00	17 B
> data	drwxrwx--x	2021-10-31 00:14	4 KB
> dev	drwxr-xr-x	2022-04-03 10:07	1.3 KB
> etc	lrwxrwxrwx	1970-01-01 00:00	11 B
∨ mnt	drwxr-xr-x	2022-04-03 10:07	220 B
> appfuse	drwx--x--x	2022-04-03 10:07	40 B
> expand	drwxrwx--x	2022-04-03 10:07	40 B
> obb	drwxr-xr-x	2022-04-03 10:07	40 B
> runtime	drwx------	2022-04-03 10:07	100 B
∨ sdcard	lrwxrwxrwx	2022-04-03 10:07	21 B
> Alarms	drwxrwx--x	2021-10-31 00:14	4 KB
> Android	drwxrwx--x	2021-10-31 00:14	4 KB
> DCIM	drwxrwx--x	2021-10-31 00:14	4 KB
> Download	drwxrwx--x	2021-10-31 00:14	4 KB
> Movies	drwxrwx--x	2021-10-31 00:14	4 KB
> Music	drwxrwx--x	2021-10-31 00:14	4 KB
> Notifications	drwxrwx--x	2021-10-31 00:14	4 KB
> Pictures	drwxrwx--x	2021-10-31 00:14	4 KB
> Podcasts	drwxrwx--x	2021-10-31 00:14	4 KB
> Ringtones	drwxrwx--x	2021-10-31 00:14	4 KB
test.txt	-rw-rw----	2022-03-24 05:15	22 B
> secure	drwx------	2022-04-03 10:07	60 B
> user	drwxr-xr-x	2022-04-03 10:07	60 B
> oem	drwxr-xr-x	1970-01-01 00:00	40 B

图 4-10　test.txt 文件存储路径

4.1.4　SQLite 数据库

SQLite 数据库是一个于 2000 年由 D.理查德 · 希普（D.Richard Hipp）发布的开源嵌入式关系数据库。SQLite 是轻量级嵌入式数据库引擎，是针对内存资源有限的设备（如手机、MP3、车载一体机）提供的一种高效的数据库引擎。它支持结构查询语言（Structure Query Language，SQL），并且利用少量内存就能表现出不错的性能。SQLite 不像其他数据库，它没有服务器进程，所有的内容包含在同一个单文件中，该文件支持跨平台，可以自由复制。其支持 null、integer、real、text、blob 等 5 种数据类型，但实际上 SQLite 也接受 varchar、char、decimal 等数据类型，只不过在运算中或保存时会对应转换成上述 5 种数据类型，因此，可以将各种类型的数据保存到任何字段中。Android 集成 SQLite 数据库引擎来实现结构化数据存储，所以每个 App 都可以使用 SQLite 数据库。数据库文件存储在 data/data/<包名>/databases/目录下。

在 Android 中使用 SQLite 数据库时，主要通过 SQLiteDatabase、SQLiteOpenHelper、Cursor 类或接口对数据库进行增加、删除、修改、查询等操作。

1. SQLiteDatabase 类

SQLiteDatabase 代表一个数据库对象，主要负责打开或创建数据库，对数据表进行添加、删除、修改、查询等操作。表 4-5 所示为 SQLiteDatabase 常用方法。

表 4-5 SQLiteDatabase 常用方法

方法	说明
openOrCreateDatabase(String path,CursorFactory factory)	打开或创建数据库
insert(String table,String nullColumnHack,ContentValues values)	插入记录
delete(String table,String whereClause,String[] whereArgs)	删除记录
query(String table,String[] columns,String selection, String[] selectionArgs,String groupBy, String having,String orderBy)	查询记录
update(String table,ContentValues values, String whereClause,String[] whereArgs)	修改记录
execSQL(String sql)	执行 SQL 语句
close()	关闭数据库

（1）打开或者创建数据库

使用 SQLiteDatabase 的静态方法 openOrCreateDatabase()打开或者创建一个数据库。该方法会自动检测是否存在这个数据库，如果存在则打开数据库，否则创建一个数据库；创建成功则返回一个 SQLiteDatabase 对象，否则抛出异常 FileNotFoundException。创建数据库的代码如下：

```
//创建 Student.db 数据库
SQLiteDatabase db=this.openOrCreateDatabase("Student.db",null);
```

第一个参数表示数据库创建的路径，一般默认为数据库的名称，此时会把数据库文件存在 data/data/<包名>/databases/目录下。第二个参数一般设置为 null 即可。

（2）创建表

下面的代码是创建一张表，表名为 student，列名为 id（主键，其值自动增长）、sname（姓名）、sno（学号），用 execSQL()方法实现。

```
//创建数据表的 SQL 语句
String sql="create table student(id integer primary key autoincrement, sname text,sno text)";
//执行 SQL 语句，创建表
db.execSQL(sql);
```

（3）插入数据

下面的代码是向 student 表插入一条记录，姓名为 Android，学号为 220108，用 execSQL()方法实现。

```
//插入数据的 SQL 语句
String sql="insert into student  (sname,sno) values('Android','220108');
//执行 SQL 语句，添加数据
db.execSQL(sql);
```

（4）删除数据

使用 delete(String table,String whereClause,String[] whereArgs)删除 student 表中姓名为 Android 的学生。具体实现代码如下：

```
//删除条件
```

```
String whereClause = "sname=?";
//删除条件参数
String[] whereArgs={"Android"};
//执行删除操作
db.delete("student",whereClause,whereArgs);
```

（5）修改数据

把 student 表中姓名为 Android 的学生的学号修改为 210808。具体实现代码如下：

```
//修改数据的 SQL 语句
String sql="update student set sno='210808' where sname='Android' ;
//执行 SQL 语句，修改数据
db.execSQL(sql);
```

2. SQLiteOpenHelper 抽象类

Android 操作系统提供了 SQLiteOpenHelper 抽象类，它是 SQLiteDatebase 类的辅助类，主要用于数据库的创建和版本更新。使用时子类继承 SQLiteOpenHelper 类，需要重写 onCreate (SQLiteDatabase db)和 onUpgrade(SQLiteDatabase db,int oldVersion,int newVersion)抽象方法。表 4-6 所示为 SQLiteOpenHelper 常用方法。

表 4-6　SQLiteOpenHelper 常用方法

方　法	说　明
SQLiteOpenHelper(Context context,String name, CursorFactory factory, int version)	主要用来创建数据库和更新数据库版本。第一个参数代表上下文，第二个参数代表数据库名称，第三个参数代表游标工厂，第四个参数代表版本号
onCreate(SQLiteDatabase db)	继承时必须重写的抽象方法，创建数据库时调用
onUpgrade(SQLiteDatabase db, int oldVersion, int newVersion)	继承时必须重写的抽象方法，版本更新时调用
getReadableDatabase()	创建或打开一个只读数据库
getWritableDatabase()	创建或打开一个读写数据库

3. Cursor 类

在 Android 中查询数据是通过 Cursor 类来实现的，当使用 SQLiteDatabase 的 query()方法时，会得到一个 Cursor 对象。Cursor 对象可以指向每一条记录，通过 Cursor 对象指针的移动实现记录浏览。它提供了很多查询相关的方法，具体方法如表 4-7 所示。

表 4-7　Cursor 类的常用方法

方　法	说　明
getCount()	获得记录条数
isFirst()	判断是否为第一条记录
isLast()	判断是否为最后一条记录
moveToFirst()	移动到第一条记录
moveToLast()	移动到最后一条记录
move(int offset)	移动到指定记录

续表

方　法	说　明
moveToNext()	移动到下一条记录
moveToPrevious()	移动到上一条记录
getColumnIndexOrThrow(String columnName)	根据列名称获得列索引
getInt(int columnIndex)	获得指定列索引的 int 型值
getString(int columnIndex)	获得指定列索引的 String 型值

以下代码用于查询 student 表中学生的姓名和学号，并将其写入日志：

```
//调用 rawQuery()查询 student 中所有学生的数据，返回 Cursor 对象
Cursor cursor=db.rawQuery("select * from student", null);
//遍历 Cursor 对象
while(cursor.moveToNext()){
   //通过列索引获得列值
   String sname =cursor.getString(1);
   String sno =cursor.getString(2);
   Log.i("sname", sname);
Log.i("sno",sno);
}
```

4.2 用户管理 App 实现

4.2 用户管理 App 实现

用户管理 App 案例主要实现用户登录、用户注册、用户浏览、记住密码等功能。要求数据存储在 SQLite 数据库中，用 SharedPreferences 技术实现记住密码，用列表视图显示用户信息，设计思想为模块化设计。本案例运行页面如图 4-11 和图 4-12 所示。

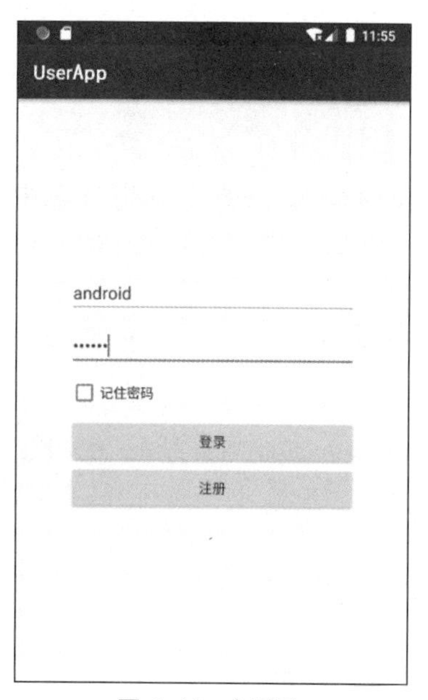

图 4-11　主页面

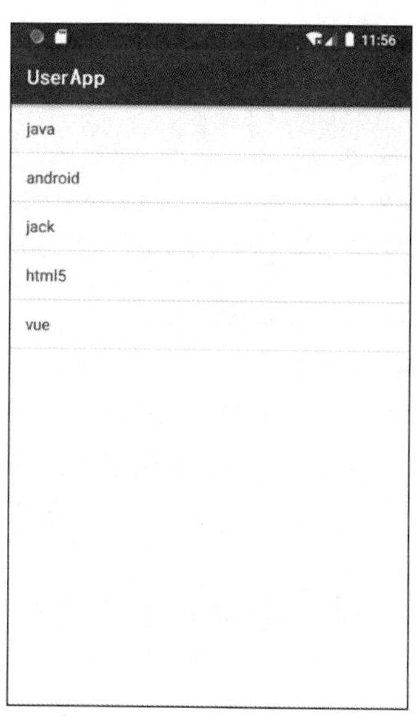

图 4-12　内容页面

4.2.1 DBHelp 类设计

4.2.1 DBHelp 类设计

DBHelp 类继承自 SQLiteOpenHelper 类，主要用于创建数据库和表。具体实现代码如下：

```
    public class DBHelp extends SQLiteOpenHelper{
        //构造方法
        public DBHelp(@Nullable Context context) {
            super(context, "userinfo.db", null, 1);
        }
        //数据库第一次运行的方法，只运行一次
        @Override
        public void onCreate(SQLiteDatabase db) {
            String sql1="create table t_user (id integer  primary key autoincrement,
username text,pwd text)";
            db.execSQL(sql1);
            String sql2="insert into t_user (username,pwd) values ('java','123456')";
            String sql3="insert into t_user (username,pwd) values ('android',
'123456')";
            String sql4="insert into t_user (username,pwd) values ('jack','123456')";
            String sql5="insert into t_user (username,pwd) values ('html5',
'123456')";
            String sql6="insert into t_user (username,pwd) values ('vue','123456')";
            db.execSQL(sql2);
            db.execSQL(sql3);
            db.execSQL(sql4);
            db.execSQL(sql5);
            db.execSQL(sql6);
        }
        //重写调用的方法
        @Override
        public void onUpgrade(SQLiteDatabase db, int oldVersion, int newVersion) {

        }
    }
```

DBHelp 类在其构造方法中调用父类构造方法 super(context,"userinfo.db",null,1)，其中第一个参数表示上下文；第二个参数表示创建的数据库名称；第三个参数表示游标工厂，通常情况下设置为 null；第四个参数表示数据库的版本号。

重写 onCreate(SQLiteDatabase db)抽象方法，该方法只允许运行一次，主要实现创建一个 t_user 表，包含 3 个字段，再添加 5 条记录。

重写 onUpgrade(SQLiteDatabase db,int oldVersion,int newVersion)抽象方法，主要用于数据库版本更新，这里不涉及版本更新操作。

4.2.2 UserManager 类设计

4.2.2 UserManager 类设计

UserManager 类的主要功能包括用户登录、用户注册等。具体实现代码如下：

```
public class UserManager {
    private DBHelp dbHelp;
    //构造方法，主要用于创建 DBHelp 对象
    public UserManager(Context cxt) {
        dbHelp = new DBHelp(cxt);
    }
    //查询所有数据，返回字符数组
    public String[] selectAll() {
        String[] users;
        int i = 0;
        SQLiteDatabase db = dbHelp.getReadableDatabase();
        String sql = "select * from t_user";
        //Cursor 是记录集
        Cursor c = db.rawQuery(sql, null);
        users = new String[c.getCount()];
        while (c.moveToNext()) {
            users[i] = c.getString(1);
            i++;
        }
        return users;
    }
    //用户登录方法
    public boolean isLogin(String username, String pwd) {
        boolean flag = false;
        SQLiteDatabase db = dbHelp.getReadableDatabase();
        String sql = "select * from t_user where username=? and pwd=?";
        Cursor c = db.rawQuery(sql, new String[]{username, pwd});
        if (c.moveToNext()) {
            flag = true;
            c.close();
        }
        return flag;
    }
    //用户注册方法
    public boolean addUser(String username, String pwd) {
        boolean flag = false;
        try {
            String sql = "insert into t_user (username,pwd) values ('" + username
+ "','" + pwd + "')";
            SQLiteDatabase db = dbHelp.getWritableDatabase();
            db.execSQL(sql);
            flag = true;
        } catch (Exception e) {
        }
        return flag;
    }
}
```

UserManager(Context cxt)构造方法主要用于创建 DBHelp 对象，指明要访问的数据库；selectAll()返回 t_user 表中的 username 字段的数据，并将其存放到数组中，便于放入 ArrayAdapter。isLogin(String username, String pwd)方法用于判断用户名和密码是否正确；addUser(String username, String pwd)方法

用于实现用户注册功能。

4.2.3 记住密码功能实现

记住密码功能主要通过 SharedPreferences 轻量级数据存储实现。实现思路是输入正确的用户名和密码，如果【记住密码】复选框被选中，之后执行登录验证时，把用户名、密码和标识信息通过 SharedPreferences 轻量级数据存储进行保存；程序再次启动时，先通过 SharedPreferences 轻量级数据存储读取标识信息，如果标识信息存在，读取已存储的用户名和密码信息，并送到对应文本框中，同时设置【记住密码】复选框为选中状态。记住密码和读取密码方法具体实现代码如下：

4.2.3 记住密码功能实现

```
public void save_sp() {
        //写数据
        SharedPreferences.Editor editor = sp.edit();
        editor.putString("name", user);//输入用户名
        editor.putString("pwd", pwd);//输入密码
        editor.putInt("flag", 1);//1 表示复选框被选中
        editor.commit();
}
public void load_sp() {
        //获得 SharedPreferences 对象
        sp = this.getSharedPreferences("login", MODE_PRIVATE);
        //从 SharePreferences 对象中读取数据
        String n = sp.getString("name", "");
        String p = sp.getString("pwd", "");
        int flag = sp.getInt("flag", 0);
        /*记住密码功能，如果标识位 flag 等于 1，把用户名、密码放到对应文本框中，同时把【记住密码】
复选框设置为选中状态*/。
        if (flag == 1) {
                user_txt.setText(n);
                pwd_txt.setText(p);
                rem_ckb.setChecked(true);
         }
}
```

save_sp()方法用于将用户名和密码进行存储，同时将标识信息存储为 1。load_sp()方法是把用户名等信息读取出来，如果标识信息存在且等于 1，则对相应组件进行数据初始化处理。

4.2.4 主页面设计

4.2.4 主页面设计

主页面（activity_main.xml）主要采用线性布局控制子元素排列。具体实现代码如下：

```
<?xml version="1.0" encoding="utf-8"?>
<LinearLayout xmlns:android="http://schemas.android.com/apk/res/android"
    xmlns:app="http://schemas.android.com/apk/res-auto"
```

```
    xmlns:tools="http://schemas.android.com/tools"
    android:layout_width="match_parent"
    android:layout_height="match_parent"
    android:gravity="center"
    android:orientation="vertical"
    tools:context=".MainActivity">
    <EditText
        android:id="@+id/user_txt"
        android:layout_width="300dp"
        android:layout_height="wrap_content"
        android:layout_marginBottom="10dp"
        android:hint="请输入账号" />
    <EditText
        android:id="@+id/pwd_txt"
        android:layout_width="300dp"
        android:layout_height="wrap_content"
        android:layout_marginBottom="10dp"
        android:hint="请输入密码"
        android:inputType="textPassword" />
    <CheckBox
        android:id="@+id/rem_ckb"
        android:layout_width="300dp"
        android:layout_height="wrap_content"
        android:layout_marginBottom="10dp"
        android:text="记住密码" />
    <Button
        android:id="@+id/login_btn"
        android:layout_width="300dp"
        android:layout_height="wrap_content"
        android:text="登录" />
    <Button
        android:id="@+id/regist_btn"
        android:layout_width="300dp"
        android:layout_height="wrap_content"
        android:text="注册" />
</LinearLayout>
```

MainActivity 主要调用相应的方法实现记住密码、登录、跳转、注册等功能。具体实现代码如下：

```
public class MainActivity extends AppCompatActivity {
    private EditText user_txt;
    private EditText pwd_txt;
    private CheckBox rem_ckb;
    private Button login_btn;
    private Button regist_btn;
    private SharedPreferences sp;
    private String user;
    private String pwd;
    @Override
    protected void onCreate(Bundle savedInstanceState) {
        super.onCreate(savedInstanceState);
        setContentView(R.layout.activity_main);
        //实例化组件
```

```
        user_txt = (EditText) this.findViewById(R.id.user_txt);
        pwd_txt = (EditText) this.findViewById(R.id.pwd_txt);
        rem_ckb = (CheckBox) this.findViewById(R.id.rem_ckb);
        login_btn = (Button) this.findViewById(R.id.login_btn);
        regist_btn = (Button) this.findViewById(R.id.regist_btn);
        //实现记住密码功能
        load_sp();
        //登录按钮
        login_btn.setOnClickListener(new View.OnClickListener() {
            @Override
            public void onClick(View v) {
                user = user_txt.getText().toString();
                pwd = pwd_txt.getText().toString();
                //访问数据库
                UserManager um = new UserManager(MainActivity.this);
                boolean flag = um.isLogin(user, pwd);
                if (flag) {//用户名和密码正确
                    if (rem_ckb.isChecked()) {
                        //保存数据
                        save_sp();
                    }
                    //实现跳转
                    Intent intent = new Intent(MainActivity.this, ContentActivity
                      .class);
                    //启动意图
                    startActivity(intent);
                } else {//用户名和密码错误
                    Toast.makeText(
                            MainActivity.this,
                            "用户名和密码错误，请重新输入",
                            Toast.LENGTH_LONG
                    ).show();
                }
            }
        });
        //注册按钮
        regist_btn.setOnClickListener(new View.OnClickListener() {
            @Override
            public void onClick(View view) {
                String user = user_txt.getText().toString();
                String pwd = pwd_txt.getText().toString();
                //访问数据库
                UserManager um = new UserManager(MainActivity.this);
                boolean flag = um.addUser(user, pwd);
                if (flag){
                    Toast.makeText(
                            MainActivity.this,
                            "用户名和密码添加成功",
                            Toast.LENGTH_LONG
                    ).show();
```

```
                {
                else{
                    Toast.makeText(
                            MainActivity.this,
                            "用户名和密码添加失败",
                            Toast.LENGTH_LONG
                    ).show();
                }
            }
        });
    }
    public void load_sp() {
          SharedPreferences.Editor editor=sp.edit();
                editor.putString("name",user);
                editor.putString("pwd",pwd);
                editor.putInt("flag",1);//1 表示复选框被选中
                editor.commit();
    }
    public void save_sp() {
         //获得 SharedPreferences 对象
              sp = this.getSharedPreferences("login", MODE_PRIVATE);
              String n = sp.getString("name", "");
              String p = sp.getString("pwd", "");
              int flag = sp.getInt("flag", 0);
      /*记住密码功能，如果 flag 等于 1，把用户名密码放到对应文本框中，同时把［记住密码］复选框选
中。*/
              if (flag == 1) {
                    user_txt.setText(n);
                    pwd_txt.setText(p);
                    rem_ckb.setChecked(true);
                }
    }
}
```

4.2.5 内容页面设计

4.2.5 内容页面设计

在 activity_content.xml 布局文件中放置一个 ListView 用于显示用户名。具体实现代码如下：

```
<?xml version="1.0" encoding="utf-8"?>
<LinearLayout xmlns:android="http://schemas.android.com/apk/res/android"
    xmlns:app="http://schemas.android.com/apk/res-auto"
    xmlns:tools="http://schemas.android.com/tools"
    android:layout_width="match_parent"
    android:layout_height="match_parent"
    tools:context=".ContentActivity">
    <ListView
        android:id="@+id/lv"
        android:layout_width="match_parent"
        android:layout_height="match_parent" />
</LinearLayout>
```

在 ContentActivity 中调用查询所有用户的方法，把返回的数据放到 ArrayAdapter 中，将适配器与列表视图关联，再把用户名数据显示在列表中。具体实现代码如下：

```
public class ContentActivity extends AppCompatActivity {
    private ListView lv;
     @Override
     protected void onCreate(Bundle savedInstanceState) {
         super.onCreate(savedInstanceState);
         setContentView(R.layout.activity_content);
         lv=(ListView)this.findViewById(R.id.lv);
         //定义 UserManager 对象
         UserManager um=new UserManager(this);
         //获得所有用户信息
         String[] users=um.selectAll();
         ArrayAdapter adapter=new ArrayAdapter(
                 this,
                 //列表视图中列表项布局文件，是系统自带的布局文件
                 android.R.layout.simple_list_item_1,
                 users//字符串数组
         );
         //列表视图设置适配器
         lv.setAdapter(adapter);
     }
}
```

ArrayAdapter 构造方法有 3 个参数，第一个参数是上下文，第二个参数是布局文件，第三个参数是字符串数组。android.R.layout.simple_list_item_1 是 Android 操作系统自带的布局文件。

【实训与练习】

一、理论练习

1．Android 用于获取 SDCard 路径的方法是____________________。

2．________________是一种轻量级的数据存储方式，它的本质是基于 XML 文件存储键值对数据，通常用来存储一些简单的配置信息。

3．Activity 提供了____________和____________方法，可实现对内部存储文件数据的读写操作。

4．openOrCreateDatabase()方法表示____________________。

5．Cursor 类的 moveToNext()方法的返回值数据类型是______________。

二、实训练习

完善本单元的用户管理 App。

要求：

1．在注册时，用户名、密码不能为空。

2．在注册时，用户名不能重复添加，如果重复则显示提示信息，如图 4-13 所示。

3．在注册时，用户名字符长度范围为 5～8。

4. 在登录时，当用户名、密码为空时进行提示。
5. 登录后显示内容时，把用户名和密码同时显示，如图 4-14 所示。

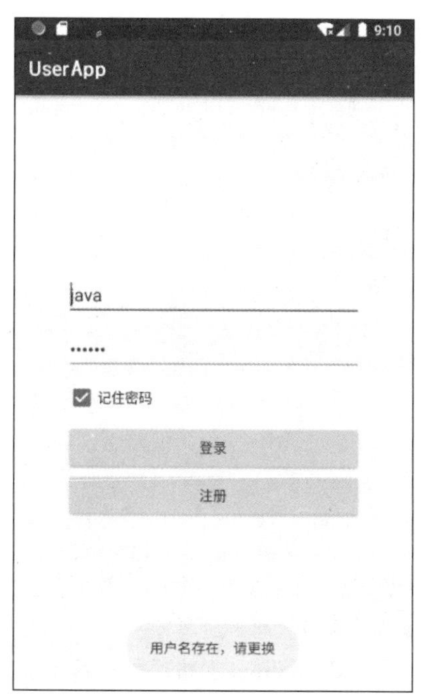

图 4-13　注册时用户名不能重复添加

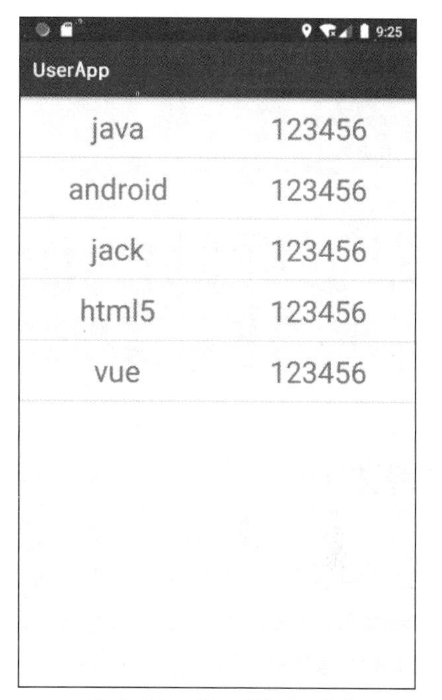

图 4-14　登录后的显示内容

单元5 下载网络图片App

【学习导读】

移动互联网时代下，在日常生活中，从线上购物到出行导航，从网络课堂到视频会议，智能手机的应用场景无处不在。智能手机作为网络应用 App 的硬件运行环境，时刻在与远程服务器进行数据交互。本单元以设计下载网络图片 App 为案例，使读者了解 Android 网络通信技术体系，掌握网络访问框架、多线程及消息机制等。

【学习目标】

知识目标：

1. 了解 HTTP 的原理与模式；
2. 理解 Android 多线程机制；
3. 掌握网络访问 UI 更新方式；
4. 掌握 Glide、OkHttp3 框架技术。

技能目标：

1. 能够利用 URL、HttpURLConnection 等类进行网络访问操作；
2. 能够利用 runOnUiThread()和 Handler 消息机制进行 UI 更新；
3. 能够利用 Glide 框架访问网络图片；
4. 能够利用 OkHttp3 框架访问网络图片。

素养目标：

1. 宣传在网络上要遵纪守法，树立正确使用网络的价值观；
2. 崇尚宪法、遵法守纪、崇德向善、诚实守信，具有社会责任感和社会参与意识。

【思维导图】

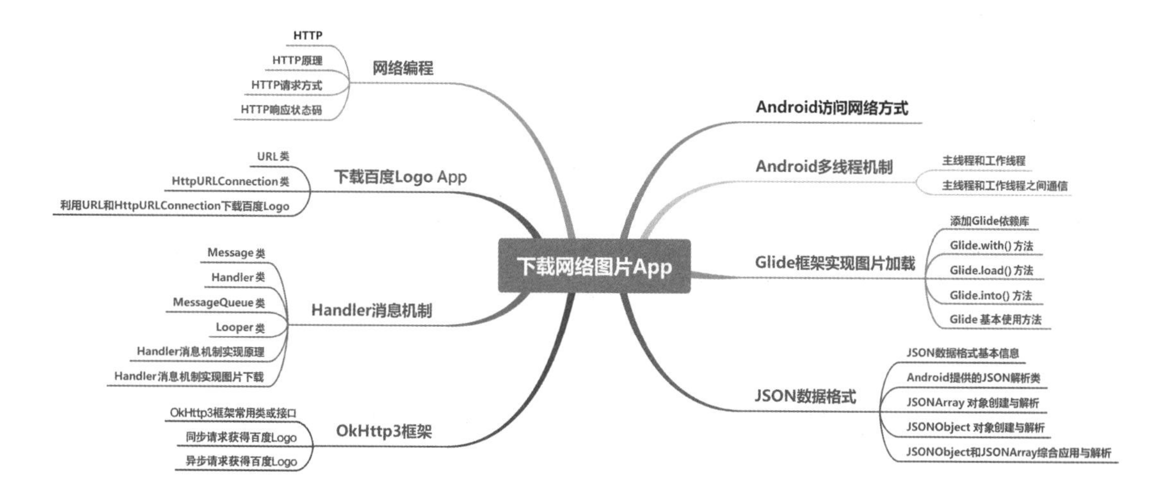

【相关知识】

5.1 网络编程

网络编程主要是在手机上使用超文本传送协议（Hypertext Transfer Protocol，HTTP）和服务器进行数据交互，并对服务器返回的数据进行解析。手机与服务器交互的形式有 3 种，如图 5-1 所示。数据上传是手机使用 GET/POST 等方式把图片、文本、JSON（JavaScript Object Notation）数据、音视频文件等数据上传到服务器；数据下载是服务器把图片、文本、JSON 数据、音视频文件等传到手机上；数据浏览是手机通过 WebView 组件浏览网页，并通过 JavaScript 调用 Android 手机的资源。

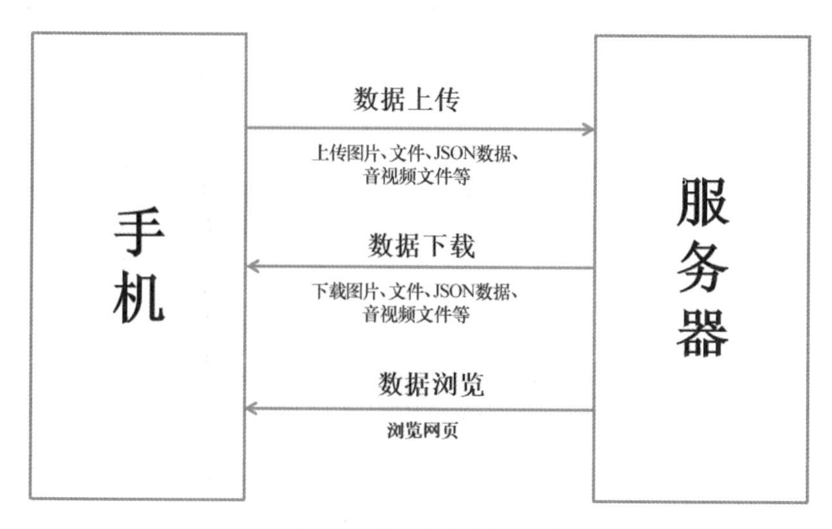

图 5-1　手机与服务器交互形式

1. HTTP

HTTP 是一种用于分布式、协作式和超媒体信息系统的应用层协议。HTTP 是客户端（用户）和服务器请求与应答的标准。通过使用网页浏览器、网络爬虫或者其他工具，客户端发起一个 HTTP 请求到服务器指定的端口（默认端口号为 80）上，这个客户端称为用户代理程序。应答的服务器上存储着一些资源，比如 HTML 文件、图片、音视频文件等，这个应答服务器称为源服务器。TCP/IP（Transmission Control Protocol/Internet Protocol，传输控制协议/互联网协议）是一个应用层协议，用于定义客户端与服务器之间数据交互的过程。客户端连上服务器后，若想获得服务器中的某个资源，需遵守一定的通信格式，而 HTTP 就用于定义客户端与服务器通信的格式。图 5-2 所示为请求响应模型。

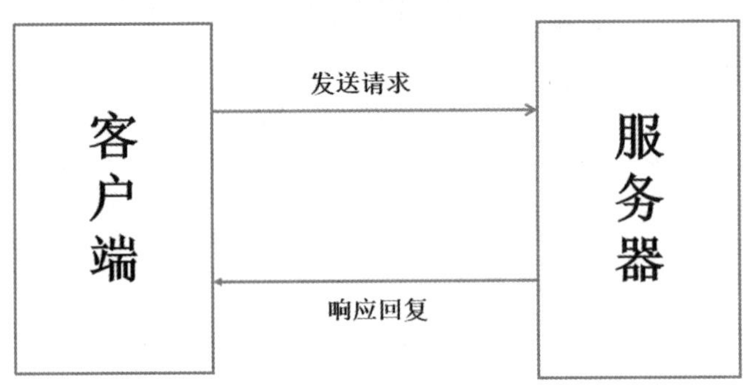

图 5-2　请求响应模型

2. HTTP 原理

HTTP 客户端发起一个请求，创建一个到服务器指定端口的 TCP 连接。HTTP 服务器则在 80 端口上监听客户端的请求。一旦收到客户端请求，服务器会向客户端返回一个状态，比如“HTTP/1.1 200 OK”，以及需要返回的内容，如请求数据、文件、错误消息或者其他信息。图 5-3 所示为 HTTP 流程。

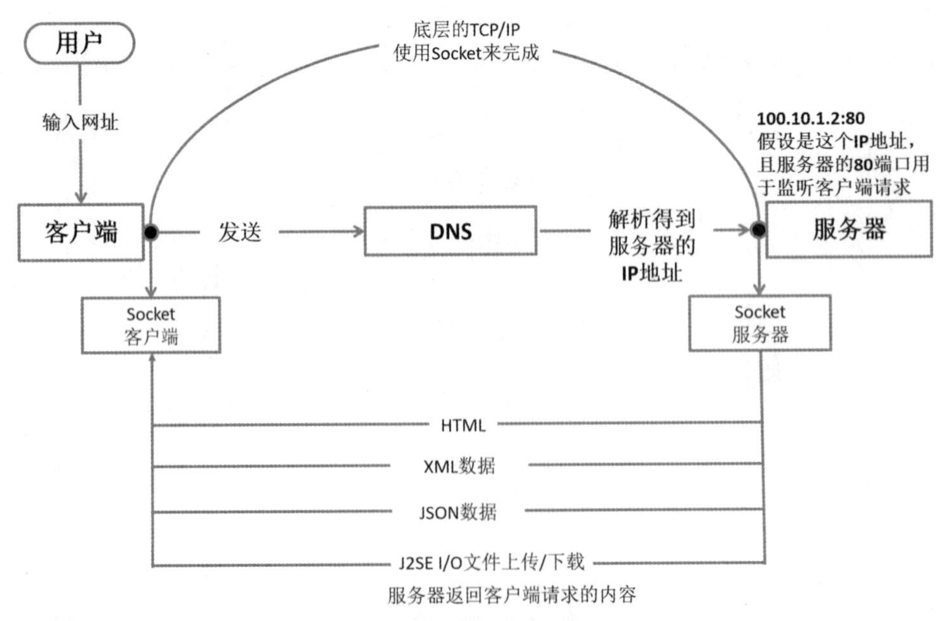

图 5-3　HTTP 流程

3. HTTP 请求方式

HTTP 1.1 中定义了 8 种请求方式用于操作不同的数据资源。在实际开发中用 GET 和 POST 请求方式的较多，但也可能用到其他请求方式。

GET：请求获取 Request-URI 所标识的资源。

POST：在 Request-URI 所标识的资源后附加新的数据。

HEAD：请求获取由 Request-URI 所标识的资源的响应信息报头。

PUT：请求服务器存储一个资源，并用 Request-URI 作为其标识。

DELETE：请求服务器删除 Request-URI 所标识的资源。

TRACE：请求服务器回送收到的请求信息，主要用于测试或诊断。

CONNET：保留将来使用。

OPTIONS：请求查询服务器的性能，或者查询与资源相关的选项。

通过 GET 方式提交请求，数据会放在 URL 之后，也就是请求行里面以“?”分割 URL 和传输的数据，参数之间以“&”相连，如 http://192.168.0.1:8080/LoginSeverlet?name=java&pwd=123456。

POST 方式是把提交的数据放在 HTTP 包的请求体中。由于浏览器对 URL 的长度有限制，因此通过 GET 方式提交的数据大小也有限制，而通过 POST 方式提交的数据大小没有限制。GET 请求与 POST 请求在服务器获取请求数据的方式方面也不同。

4. HTTP 响应状态码

所有 HTTP 响应的第一行都是状态行，状态行中依次是当前 HTTP 版本号、由 3 位数字组成的响应状态码，以及描述状态的短语等，彼此由空格分隔，例如“HTTP/1.1 200 OK”。响应状态码表示服务器对请求的处理结果，它是一个 3 位的十进制数。响应状态码分为 5 类，如表 5-1 所示。

表 5-1　响应状态码

状 态 码	说　明
100 ~ 199	表示成功接收请求，要求客户端继续提交下一个请求才能完成整个处理过程
200 ~ 299	表示客户端请求成功并已完成整个处理过程，常用 200 表示请求成功
300 ~ 399	请求资源已移到新的地址，常用 302、307 和 304
400 ~ 499	客户端的请求有错误，常用 404
500 ~ 599	服务器出现错误，常用 500

5.2 Android 访问网络方式

Android 访问网络主要的方式有 Java 标准接口（java.net）和 Apache 接口。其中 Java 标准接口提供与联网有关的类，如 URL、URLConnection、HttpURLConnection 等，这些类在 Java 网络编程中经常用到，可以实现简单的基于 URL 的请求、响应功能。而 Apache 接口是一个开源项目，功能更加完善，为 Android 应用客户端的 HTTP 编程提供高效且功能丰富的工具包支持。

Android 4.4 之前使用 Java 标准接口和 Apache 接口进行网络编程，从 Android 4.4 开始引入了

OkHttp 技术，替代了 Java 标准接口和 Apache 接口，Android 6.0 之后删除了 Apache 接口，因此本书不再介绍 Apache 接口。

5.3 下载百度 Logo App

下载百度 Logo 图片案例运用 URL、HttpURLConnection 等类实现下载百度 Logo。如图 5-4 所示，单击按钮将下载完成的百度 Logo 显示在图片框中。通过对本案例的学习，帮助读者了解 Android 操作系统中的网络资源访问机制。

图 5-4　下载百度 Logo

5.3.1　URL 类

URL 类在 java.net 包中，软件开发人员可利用 URL 类打开特定 URL 链接，与互联网进行连接，获得或修改互联网上的图片、网页、视频等资源信息。

1．构造方法

Java 语言提供 URL 类以下几种常见的构造方法，便于开发者使用。

URL (String url)：其中，url 代表一个绝对地址，URL 对象直接指向这个地址，如 URL url1=new URL("http://www.cvit.edu.cn")。

URL (URL baseURL , String relativeURL)：其中，baseURL 代表绝对地址，relativeURL 代表相对地址，如 URL url1=new URL("http://www.cvit.edu.cn")和 URL url=new URL(url1,"cvit/index.asp")。

URL (String protocol,String host,String file)：其中，protocol 代表通信协议，host 代表主机名，file 代表文件名，如 new URL ("http","www.cvit.edu.cn","/cvit/index.asp")。

URL (String protocol ,String host , int port ,String file)：其中，host 代表端口号，如 URL　url = new URL("http","www.cvit.edu.cn",80,"/cvit/index.asp")。

2. 常用方法

下面列举了 URL 类的常用方法，供开发者使用。

getDefaultPort()：返回默认的端口号。

getFile()：获得 URL 指定资源的完整文件名。

getHost()：返回主机名。

getPath()：返回指定资源的文件目录和文件名。

getPort()：返回端口号，默认值为–1。

getProtocol()：返回表示 URL 中协议的字符串对象。

getRef()：返回 URL 中的 HTML 文本标记，即“#”标记。

getUserInfo()：返回用户信息。

toString()：返回完整的 URL 字符串。

openStream()：获得输入流。

5.3.2 HttpURLConnection 类

HttpURLConnection 是 Java 语言的标准类，继承自 URLConnection，可用于向指定网站发送 GET 请求、POST 请求。

HTTP 中的 POST 和 GET 请求方式不同。GET 方式可以获得静态页面，也可以把参数放在 URL 字符串后面，传递给服务器。而 POST 方式的参数被放在 HTTP 请求中。HttpURLConnection 提供的常用方法如下。

setDoOutput(true)：设置输出流。

setDoInput(true)：设置输入流。

setRequestMethod("POST")：设置请求方式为 POST。

setUseCaches(false)：设置请求不能使用缓存。

disConnection()：关闭连接。

setReadTimeout(5*1000)：设置过期时间为 5s。

getResponseCode()：获得响应状态码。

getInputStream()：获得输入流。

5.3.3 利用 URL 和 HttpURLConnection 下载百度 Logo

1. 主页面布局文件设计

在主页面布局文件放 1 个按钮和 1 个图片框，具体实现代码如下：

```
<?xml version="1.0" encoding="utf-8"?>
<LinearLayout xmlns:android="http://schemas.android.com/apk/res/android"
    xmlns:app="http://schemas.android.com/apk/res-auto"
    xmlns:tools="http://schemas.android.com/tools"
    android:layout_width="match_parent"
```

5.3.3 利用 URL 和 HttpURLConnection 下载百度 Logo

```
    android:layout_height="match_parent"
    tools:context=".MainActivity"
    android:orientation="vertical">
    <Button
        android:id="@+id/download_btn"
        android:layout_width="match_parent"
        android:layout_height="wrap_content"
        android:text="下载百度 Logo"/>
    <ImageView
        android:id="@+id/baidu_img"
        android:layout_width="wrap_content"
        android:layout_height="wrap_content"
        android:layout_gravity="center_horizontal"/>
</LinearLayout>
```

2. MainActivity 设计

MainActivity 的设计思路是利用 URL 指定被访问的网络资源，通过 openConnection()方法打开指定资源获得 HttpURLConnection 对象。通过 openStream()获得输入流，再利用 BitmapFactory 提供的 decodeStream()方法把输入流转换成 Bitmap 对象，之后把 Bitmap 对象传送到 ImageView 组件中显示。MainActivity 类具体实现代码如下：

```
import androidx.appcompat.app.AppCompatActivity;
public class MainActivity extends AppCompatActivity {
    private Button download_btn;
    private ImageView baidu_img;
    @Override
    protected void onCreate(Bundle savedInstanceState) {
        super.onCreate(savedInstanceState);
        setContentView(R.layout.activity_main);
        download_btn = (Button) this.findViewById(R.id.download_btn);
        baidu_img = (ImageView) this.findViewById(R.id.baidu_img);
        download_btn.setOnClickListener(new View.OnClickListener() {
            @Override
            public void onClick(View view) {
                try {
                    //创建 URL 访问资源
                    URL url = new URL("https://www.baidu.com/img/
PCtm_d9c8750bed0b3c7d089fa7d55720d6cf.png");
                    //获得 HttpURLConnection 对象
HttpURLConnection conn = (HttpURLConnection) url.openConnection();
                    //获得输入流
                    InputStream is = conn.openStream();
                    //打开输入流
                    conn.setDoInput(true);
                    //设置 GET 请求方式
                    conn.setRequestMethod("GET");
                    //判断连接方式，200 表示连接成功
                    if (conn.getResponseCode() == 200) {
                        //通过 BitmapFactory 类的方法将输入流转化为位图
                        Bitmap bmp = BitmapFactory.decodeStream(is);
                        baidu_img.setImageBitmap(bmp);
```

```
                }
            } catch (Exception e) {
                e.printStackTrace();
            }
        }
    });
}
}
```

3. 设置网络访问权限

在 AndroidManifest.xml 清单文件中声明网络访问权限，代码如下：

```
<uses-permission android:name="android.permission.INTERNET"/>
```

4. 运行项目

项目运行后显示不成功。在 Logcat 窗格查看发现项目运行不成功的原因是 InputStream is= url.openStream()语句报错，引起异常的原因是 android.os.NetworkOnMainThreadException，如图 5-5 所示。谷歌公司从 SDK 3.0 开始不再允许网络请求等相关操作在主线程（UI 线程）直接执行，因为直接在主线程中进行网络请求操作会阻塞 UI。在 SDK 3.0 以前的版本，可以在主线程中执行网络请求操作，而在 SDK 3.0 及以后的版本中则不允许执行。也就是说，现在在 MainActivity 的 onCreate() 中不能直接执行网络请求等相关操作，这种网络请求操作只能放在子线程（工作线程）中进行。

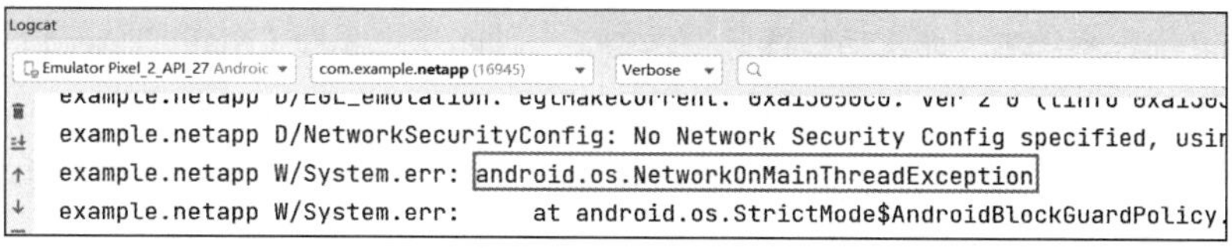

```
Logcat
Emulator Pixel_2_API_27 Androic   com.example.netapp (16945)   Verbose
example.netapp D/NetworkSecurityConfig: No Network Security Config specified, usi
example.netapp W/System.err: android.os.NetworkOnMainThreadException
example.netapp W/System.err:     at android.os.StrictMode$AndroidBlockGuardPolicy.
```

图 5-5　错误提示信息 1

5. 创建一个子线程（工作线程）

创建一个子线程用 try-catch 标识的网络访问语句一起放到子线程的 run()方法中，代码格式如下：

```
new Thread(){
   public void run(){
      // try-catch 网络访问语句
}
   }.start();
```

再次运行项目，还是不能成功下载图片并显示。在 Logcat 窗口中查看发现 baidu_img. setImageBitmap (bmp)语句报错。引起异常的原因是 android.view.ViewRootImpl$CalledFromWrongThreadException: Only the original thread that created a view hierarchy can touch its views，如图 5-6 所示。这表示只有创

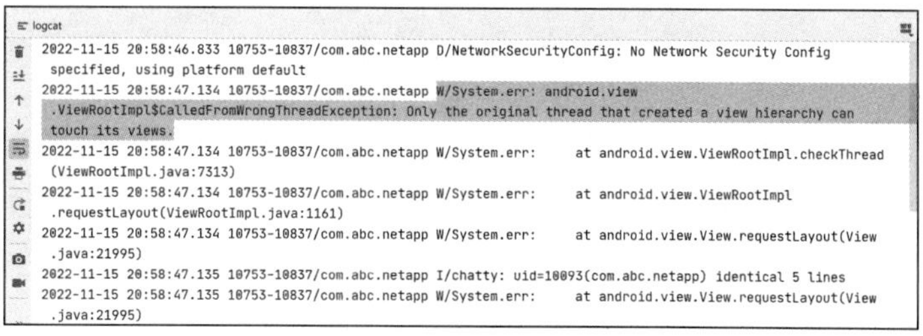

```
logcat
2022-11-15 20:58:46.833 10753-10837/com.abc.netapp D/NetworkSecurityConfig: No Network Security Config
 specified, using platform default
2022-11-15 20:58:47.134 10753-10837/com.abc.netapp W/System.err: android.view
 .ViewRootImpl$CalledFromWrongThreadException: Only the original thread that created a view hierarchy can
 touch its views.
2022-11-15 20:58:47.134 10753-10837/com.abc.netapp W/System.err:     at android.view.ViewRootImpl.checkThread
 (ViewRootImpl.java:7313)
2022-11-15 20:58:47.134 10753-10837/com.abc.netapp W/System.err:     at android.view.ViewRootImpl
 .requestLayout(ViewRootImpl.java:1161)
2022-11-15 20:58:47.134 10753-10837/com.abc.netapp W/System.err:     at android.view.View.requestLayout(View
 .java:21995)
2022-11-15 20:58:47.135 10753-10837/com.abc.netapp I/chatty: uid=10093(com.abc.netapp) identical 5 lines
2022-11-15 20:58:47.135 10753-10837/com.abc.netapp W/System.err:     at android.view.View.requestLayout(View
 .java:21995)
```

图 5-6　错误提示信息 2

建这个组件的线程才能操作这个组件，简单来说就是在子线程中不能操作 View 组件，即在子线程中不能给图像框视图设置图片数据。

5.4 Android 多线程机制

多线程可以提高程序并发执行性能，Android 操作系统给开发者提供了多线程处理的方式和机制，可以提高 App 运行的效率和性能。

5.4.1 主线程和工作线程

在 Android 操作系统中，当一个 App 的组件独立启动（没有其他的 App 组件在运行）的时候，Android 操作系统就会为该 App 组件开辟一个新的线程来执行。默认情况下，在一个 App 中，其内部的组件都是运行在同一个线程内的，这个线程称为主线程（Main Thread）。当通过某个组件来启动另一个组件的时候，默认都是在同一个线程中完成的。当然，用户可以自己管理 Android 应用程序的线程，根据自己的需要给 App 创建额外的线程。

在 Android 操作系统中，通常将线程分为两种，一种叫作主线程（Main Thread），除主线程之外的线程都可称为工作线程（Worker Thread）。

当一个 App 运行的时候，Android 操作系统就会给该 App 启动一个线程，这个线程就是主线程，它主要用来加载 UI，完成系统和用户之间的交互，并将交互后的结果展示给用户，因此主线程又被称为 UI 线程（UI Thread），如图 5-7 所示。

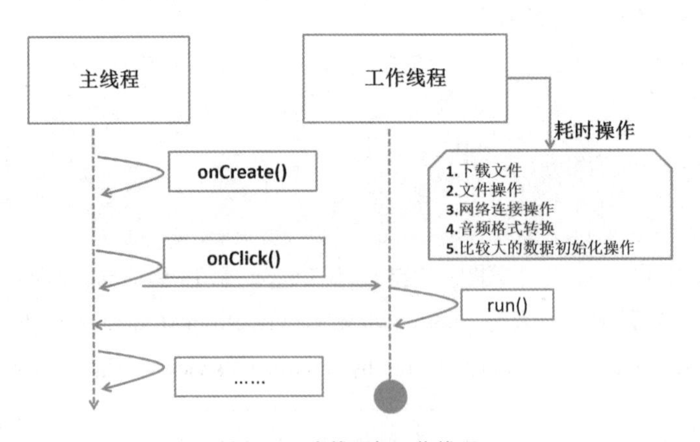

图 5-7 主线程与工作线程

Android 操作系统默认不会为 App 组件创建一个额外的线程，所有的组件默认都在同一个线程中运行。然而，当 App 需要完成一个较为耗时的操作时，如访问网络或者是对数据库进行查询时，主线程就会被阻塞。例如，单击一个按钮，希望从网络中获取一些数据，如果此操作在主线程中完成，那么主线程就会处于阻塞的状态，此时，系统不会调度其他线程。

另外，由于 Android UI 组件是线程不安全的，所以不能在主线程之外的线程中对 UI 组件进行操作。因此在 Android 的多线程编程中，有以下两条非常重要的原则必须遵守。

- 绝对不能在主线程中进行耗时的操作，不能阻塞主线程。
- 不能在主线程之外的线程中操纵 UI 元素。

5.4.2 主线程和工作线程之间通信

5.4.2 主线程和工作线程之间通信

既不能在主线程中处理耗时的操作，又不能在工作线程中访问 UI 组件，那么从网络中下载一张图片，又如何将其更新到 UI 组件上呢？这就是主线程和工作线程之间的通信问题了。在 Android 操作系统中，提供以下几种方式来解决线程之间的通信问题。

- View.post(Runnable r)：在工作线程中通过该方法更新 UI，把更新 UI 的语句写在 Runnable 接口的方法中。
- Activity.runOnUiThread(Runnable r)：在工作线程中通过该方法更新 UI，把更新 UI 的语句写在 Runnable 接口的方法中。
- Handler：Android 用来更新 UI 的一套机制，是一套消息处理模式，可以通过它来发送消息和处理消息，实现主线程和工作线程通信。

UI 的更新必须在主线程中完成，必须将更新 UI 的消息发送到主线程的消息对象上，让主线程做处理，实现 UI 更新。

1. View.post(Runnable r)实现图片更新

在工作线程中，把 baidu_img.setImageBitmap(bmp)语句放到 baidu_img.post(new Runnable)方法中，下载的图片数据就能显示在图像框上，实现 UI 更新。代码片段如下：

```
baidu_img.post(new Runnable() {
    @Override
    public void run() {
        baidu_img.setImageBitmap(bmp);
    }
});
```

2. runOnUiThread(Runnable r)实现图片更新

runOnUiThread(Runnable r)与 View.post(Runnable r)语法格式相同。代码片段如下：

```
runOnUiThread(new Runnable() {
    @Override
    public void run() {
        baidu_img.setImageBitmap(bmp);
    }
});
```

5.5 Handler 消息机制

Handler 主要用于异步消息的处理。当一个消息发出之后，首先进入一个消息队列，发送消息的方法即刻返回，而另外一个方法在消息队列中逐一将消息取出，然后对消息进行处理，也就是发送消息和接收消息不是同步处理的。这种机制通常用来处理耗时的操作。

Android 操作系统中通过消息队列的操作完成主线程和工作线程之间的消息传递，要想完成线程的消息操作，则需要使用 Message、Handler、MessageQueue 和 Looper 类。

1. Message 类

Message 类是用于封装给 Handler 处理数据的消息类，是主线程和工作线程传递数据的载体。Message 类主要通过 obj 属性绑定数据，表 5-2 所示为 Message 类提供的属性。

表 5-2　Message 类提供的属性

属　性	说　明
int what	用于定义消息属于何种操作
Object obj	用于定义消息传递的信息数据
int arg1	传递整型数据使用，一般很少使用
int arg2	传递整型数据使用，一般很少使用

2. Handler 类

Handler 类的实例可以分发 Message 对象和 Runnable 对象到主线程中，每个 Handler 实例都会绑定到创建它的线程（一般是主线程）中。表 5-3 所示为 Handler 类提供的方法。

- 安排消息或 Runnable 对象在某个主线程中执行。
- 安排一个动作在不同的线程中执行。

表 5-3　Handler 类提供的方法

方　法	说　明
sendEmptyMessage(int what)	发送一个只有 what 参数的消息
sendMessage(Message message)	发送一个消息
post(Runnable runnable)	将一个 Runnable 对象推送到消息队列中
Message obtainMessage()	创建一个消息
sendToTarget()	发送到消息队列
sendMessageDelayed(Message msg,long time)	延时发送消息到消息队列
postDelayed(Runnable run,long time)	延时发送 Runnable 对象到消息队列
handleMessage(Message msg)	创建 Handler 对象时，该方法需要重写。用于接收线程发送的消息，并处理消息

3. MessageQueue 类

MessageQueue 类是 Looper 中所管理的消息队列，非队列结构，底层使用单链表结构，主要职责是存储 Handler 发送过来的消息。

4. Looper 类

Looper 类可以理解为消息队列的管理者。其主要功能为在后台无限循环查找维护的 MessageQueue，每次取出其维护的 MessageQueue 中的消息，并将消息分发给 Handler 处理，处理方法为实例化 Handler 时重写的 handlerMessage()方法。

5. Handler 消息机制实现原理

Handler 消息机制实现原理如图 5-8 所示。

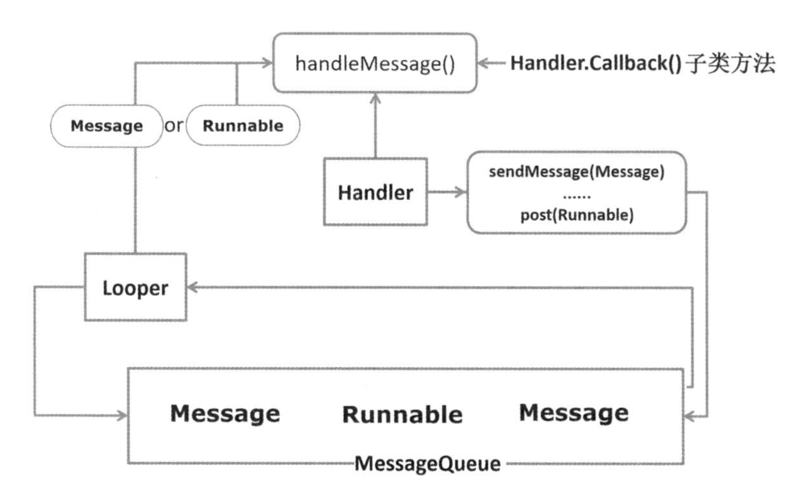

图 5-8　Handler 消息机制实现原理

6. Handler 消息机制实现图片下载

定义 Handler 对象重写 handleMessage()方法，负责接收 Handler 对象发送的消息并处理消息，此方法在主线程中运行。在工作线程中封装消息后，通过 Handler 对象的 sendMessage()方法发送消息，此方法在工作线程中运行。只要 sendMessage()方法发送消息，handleMessage()方法就能接收到消息。MainActivity 类具体实现代码如下：

```
public class MainActivity extends AppCompatActivity {
    private Button download_btn;
    private ImageView baidu_img;

    @Override
    protected void onCreate(Bundle savedInstanceState) {
        super.onCreate(savedInstanceState);
        setContentView(R.layout.activity_main);
        download_btn = (Button) this.findViewById(R.id.download_btn);
        baidu_img = (ImageView) this.findViewById(R.id.baidu_img);
        download_btn.setOnClickListener(new View.OnClickListener() {
            @Override
            public void onClick(View view) {
                new Thread() {
                    public void run() {
                        try {
                            //创建 URL 访问资源
                            URL url = new URL("https://www.baidu.com/img/
PCtm_d9c8750bed0b3c7d089fa7d55720d6cf.png");
                        HttpURLConnection conn = (HttpURLConnection) url.
openConnection();
```

```
                        //获得输入流
                        InputStream is = conn.openStream();
                        //打开输入流
                        conn.setDoInput(true);
                        //设置 GET 请求方式
                        conn.setRequestMethod("GET");
                        //判断连接是否成功
                        if (conn.getResponseCode() == 200) {//连接成功
                            //通过 BitmapFactory 类的方法将输入流转化为 Bitmap 对象
                            Bitmap bmp = BitmapFactory.decodeStream(is);
                            //定义一个消息
                            Message msg = new Message();
                            //绑定数据
                            msg.obj = bmp;
                            //发送消息
                            handler.sendMessage(msg);
                        }
                    } catch (Exception e) {
                        e.printStackTrace();
                    }
                }
            }.start();
        }
    });
}
//定义一个 Handler 对象，重写 handleMessage()方法
private Handler handler = new Handler(new Handler.Callback() {
    @Override
    public boolean handleMessage(@NonNull Message message) {
        //接收的 Message 对象中 obj 属性转换成 Bitmap 对象
        Bitmap bmp = (Bitmap) message.obj;
        //更新 UI 组件
        baidu_img.setImageBitmap(bmp);
        return false;
    }
});
}
```

5.6 Glide 框架实现图片加载

Glide 是谷歌官方推荐使用的一款功能强大的图片加载框架，是一个快速且高效的 Android 图片加载库，注重平滑的滚动体验。它具有简单易用，可配置度高，可加载 JPG、PNG、GIF、WEBP 等多种图片格式，可加载网络图片、本地图片、raw 文件夹中的图片、assets 文件夹中的图片等，缓存策略高效，可与 Activity/Fragment 生命周期绑定等特点。

5.6 Glide 框架实现图片加载

1. 添加 Glide 依赖库

使用 Gradle 可从 Maven Central 或 JCenter 中添加 Glide 的依赖。同样，还需要添加 Android 支持库的依赖。在 Android Studio 的工程导航目录中选择 Gradle Scripts，之后打开 build.gradle（Module: GlideApp.app）文件，如图 5-9 所示。

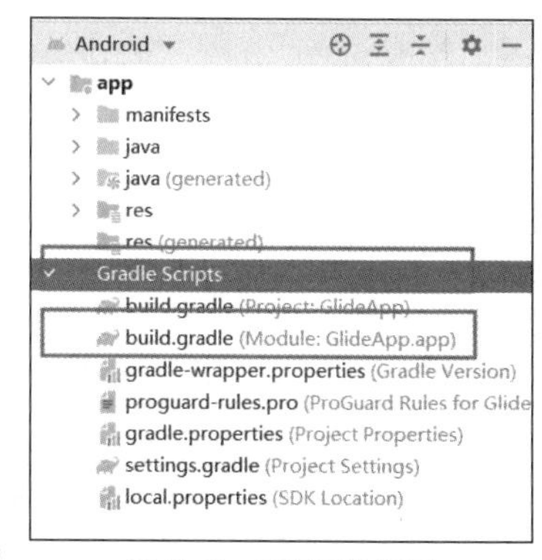

图 5-9　工程导航目录

在该 build.gradle 文件中找到 dependencies 模块，添加如下语句。之后单击【Sync Now】按钮下载 Glide 框架依赖库，如图 5-10 所示。

```
    implementation 'com.github.bumptech.glide:glide:4.11.0'
    annotationProcessor 'com.github.bumptech.glide:compiler:4.11.0'
```

```
build.gradle (:app)    MainActivity.java
Gradle files have changed since last project sync. A project sync may be necessary for the IDE to work properly.    Sync Now    Ignore these changes
27         }
28     }
29
30     dependencies {
31
32         implementation 'androidx.appcompat:appcompat:1.2.0'
33         implementation 'com.google.android.material:material:1.3.0'
34         implementation 'androidx.constraintlayout:constraintlayout:2.0.4'
35         testImplementation 'junit:junit:4.+'
36         androidTestImplementation 'androidx.test.ext:junit:1.1.2'
37         androidTestImplementation 'androidx.test.espresso:espresso-core:3.3.0'
38         implementation 'com.github.bumptech.glide:glide:4.11.0'
39         annotationProcessor 'com.github.bumptech.glide:compiler:4.11.0'
40     }
```

图 5-10　添加 Glide 依赖库

2. Glide.with()方法

with()方法用于初始化 Glide 框架，其生命周期受到宿主的控制，与宿主同生同灭。Glide.with()方法常用形式如表 5-4 所示。

表 5-4　Glide.with()方法常用形式

方　法	描　述
with(Context context)	使用应用程序上下文，Glide 请求将不受 Activity/Fragment 生命周期控制
with(Activity activity)	使用 Activity 作为上下文，Glide 的请求会受到 Activity 生命周期控制
with(FragmentActivity activity)	Glide 的请求会受到 FragmentActivity 生命周期控制
with(Fragment fragment)	Glide 的请求会受到 Fragment 生命周期控制

3. Glide.load()方法

Glide 框架基本上可以用 load()方法加载任何获得的媒体资源。该方法常用形式如表 5-5 所示。

表 5-5 Glide.load()方法加载媒体资源的常用形式

加载媒体资源	格　式
HTTP 资源	load("https://www.baidu.com/img/PCtm_d9c8750bed0b3c7d089fa7d557******.png")
HTTPS 资源	load("https://www.baidu.com/img/PCtm_d9c8750bed0b3c7d089fa7d557******.png")
SD 卡资源	load("file://"+Environment.getExternalStorageDirectory().getPath()+"/test.jpg")
assets 资源	load("file:///android_asset/test.jpg")
drawable 资源	load(R.drawable.test)
raw 资源	load("android.resource://包名/raw/raw_1")

4. Glide.into()方法

into()方法是把 load()方法加载的图片资源放到图像框视图中。在 into()方法中传入图像框视图对象即可。

5. Glide 基本使用方法

Glide 基本使用方法如下：

```
    Glide.with(this).load("https://www.baidu.com/img/PCtm_
d9c8750bed0b3c7d089fa7d55720d6cf.png").into(img);
```

通过 with()方法初始化 Glide，load()方法加载百度 Logo 资源，into()方法把网络图片显示到图片框视图对象 img 上。对于上面访问的百度图片，可以通过 Glide 的一条语句解决，这就是框架或开源库的魅力。

5.7 OkHttp3 框架

Android 操作系统提供了两种 HTTP 通信类，即 HttpURLConnection 和 HttpClient，前者对比后者十分难用。从 Android 4.4 开始，HttpURLConnection 的底层实现采用的是 OkHttp 技术。Volley 是谷歌公司提供的网络请求框架，它依赖于 HttpClient，而在 Android 6.0 的 SDK 中去掉了 HttpClient，因而 OkHttp 框架技术更受欢迎。

OkHttp3 是现在 Android 开发中十分常用的一个网络请求框架，由于其具有应用程序接口（Application Program Interface，API）易用、功能强大、请求快速等特点，被大量用在后端开发领域。OkHttp3 是 OkHttp 发展到 3.0 版本之后的名字，目前版本已更新到 4.8.0，3.x 版本的编写语言为 Java，更新到 4.0 版本以后，编写语言变为 Kotlin。本节是以 OkHttp3 3.14.x 的最后一个更新版本 3.14.9 为基础构建代码、分析代码的。

5.7.1 OkHttp3 框架常用类或接口

5.7.1 OkHttp3 框架常用类或接口

OkHttp3 框架给开发者提供创建客户端、请求、响应等相关类或接口，便于开发者利用 OkHttp3 框架实现异步或同步网络请求。相关类或接口介绍如下。

1. OkHttpClient

OkHttpClient 负责接收 App 发出的请求，并且从服务器获取响应返回给 App。通过 OkHttpClient

可以配置重写请求、重写响应、跟踪请求、重试请求等多种操作。通过 new 的方式创建 OkHttpClient 对象。创建 OkHttpClient 对象格式如下：

```
public OkHttpClient client=new OkHttpClient();
```

2. Request

Request 是对 HTTP 请求的抽象（包括请求地址、请求方法、请求头、请求体等内容）。通过 Request.Builder()来创建该 Request 对象。创建 Request 对象格式如下：

```
Request request = new Request.Builder()
                  .url(url) //请求的网络地址
                  .header("User-Agent","OkHttp Headers.java"),
                  .add(Header("Accept","application/json;charset=utf-8")
                  .get()//默认是 GET 请求，可以不写，也可以写成 post()
                  .build();
```

3. RequestBody

RequestBody 是对请求数据的抽象，在 POST 请求中用到，用于封装提交给服务器的数据。Request 的 post()方法所接收的参数是 RequestBody 对象，所以只要是 RequestBody 类及其子类都可以当作参数传入。FormBody 是 RequestBody 的实现类，用于表单方式的请求。封装请求信息代码格式如下：

```
//通过 FormBody.Builder()生成对象
FormBody.Builder builder = new FormBody.Builder();
//封装表单信息
builder.add("name", "android");
builder.add("age", "20");
//构建 FormBody 对象
FormBody formBody = builder.build();
Request request = new Request.Builder()
            .url(url)
            .post(formBody)//FormBody 封装信息通过 post()提交到 Request 对象中
            .build();
```

4. Response

Response 是对 HTTP 响应的抽象，响应中有返回是否成功和所获取的相关数据等信息。Response 类常用方法如表 5-6 所示。

表 5-6　Response 类常用方法

方　法	描　述
code()	返回响应状态码
isSuccessful()	判断请求是否成功
body()	返回响应数据

5. ResponseBody

ResponseBody 是对响应体的抽象。可以通过 response.body()来获取该对象。ResponseBody 对象必须在使用完后关闭。因为每一个 ResponseBody 对象都是由有限的资源提供支持的，如套接字（实时网络响应）和打开的文件（用于缓存响应体）。如果没有关闭 ResponseBody 对象，将会导致资源的泄露，严重时可能会使得应用变得缓慢或者崩溃。ResponseBody 类常用方法如表 5-7 所示。

表 5-7 ResponseBody 类常用方法

方　法	描　述
string()	如果结果为字符型，调用这个方法，默认编码为 UTF-8
bytes()	返回字节数组
byteStream()	返回字节输入流

6. Call

Call 是对一个正在准备执行请求的抽象。它代表一次完整的请求和响应，可以被取消，但是不能被执行两次。Call 在执行请求时，分为同步和异步模式。

通过 call.execute()方法来提交同步请求，这种方式会阻塞线程，而为了避免出现 ANR 异常，Android 3.0 之后已经不允许在主线程中访问网络，需要在工作线程中执行 call.execute()方法。同步请求代码格式如下：

```
//创建 Call 对象
Call call = okHttpClient.newCall(request);
//创建工作线程
new Thread(new Runnable() {
            @Override
            public void run() {
                try {
                    //执行请求获得响应对象
                    Response response = call.execute();
                    Log.d(TAG, response.body().toString());
                } catch (IOException e) {
                    e.printStackTrace();
                }
            }
}).start();
```

通过 call.enqueue(Callback)方法来提交异步请求时必须重写 onFailure()和 onResponse()方法。onFailure()和 onResponse()分别是在请求失败和成功时调用的方法。需要注意 onFailure()和 onResponse()方法是在异步线程里执行的，所以如果把更新 UI 的操作写在这两个方法里面是会报错的，这个时候可以用 runOnUiThread()、Handler 等方式更新 UI 操作。异步请求代码格式如下：

```
call.enqueue(new Callback() {
      //请求失败调用的方法
  @Override
      public void onFailure(Call call, IOException e) {

  }
      //请求成功调用的方法
      @Override
      public void onResponse(Call call, Response response) throws IOException {

      }
});
```

5.7.2　同步请求获得百度 Logo

5.7.2　同步请求获得百度 Logo

同步请求需要在工作线程中更新 UI。同步请求代码实现如下：

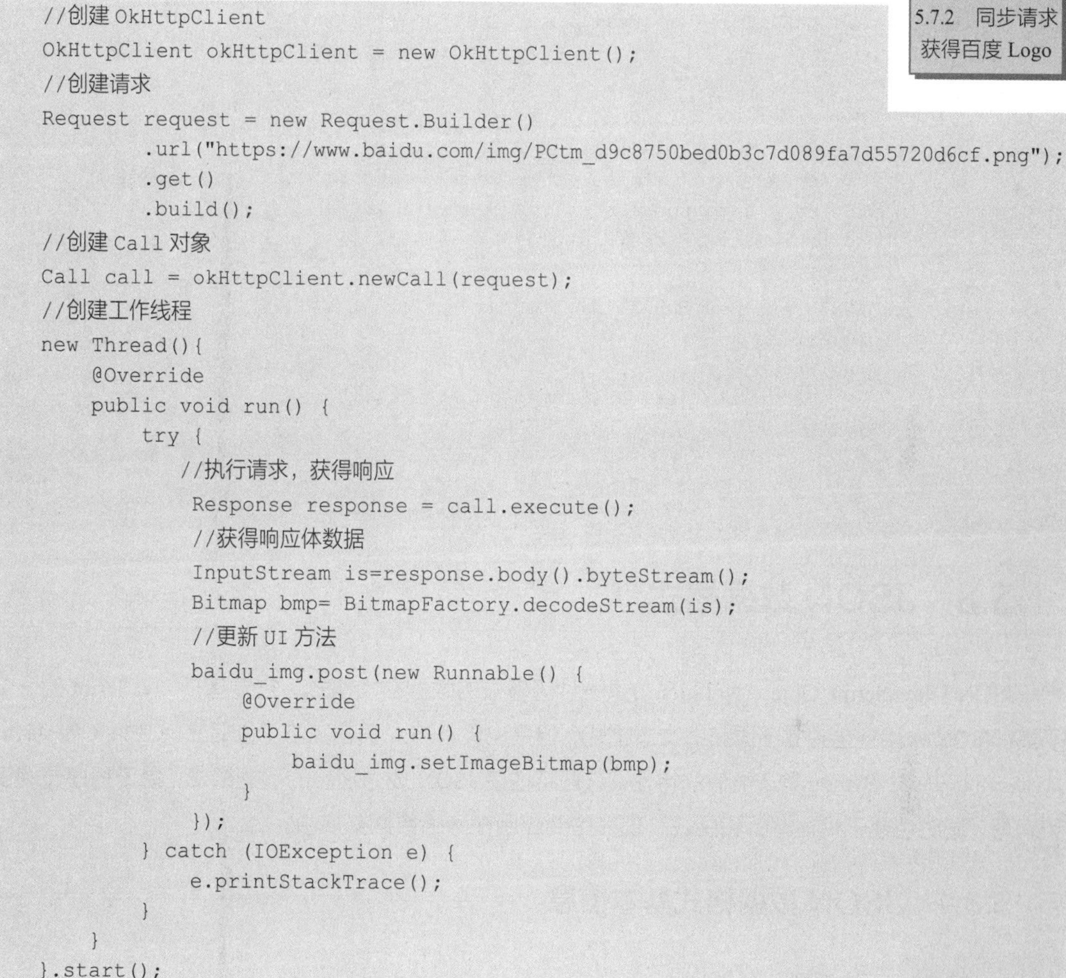

```
//创建 OkHttpClient
OkHttpClient okHttpClient = new OkHttpClient();
//创建请求
Request request = new Request.Builder()
        .url("https://www.baidu.com/img/PCtm_d9c8750bed0b3c7d089fa7d55720d6cf.png");
        .get()
        .build();
//创建 Call 对象
Call call = okHttpClient.newCall(request);
//创建工作线程
new Thread(){
    @Override
    public void run() {
        try {
           //执行请求，获得响应
            Response response = call.execute();
            //获得响应体数据
            InputStream is=response.body().byteStream();
            Bitmap bmp= BitmapFactory.decodeStream(is);
            //更新 UI 方法
            baidu_img.post(new Runnable() {
                @Override
                public void run() {
                    baidu_img.setImageBitmap(bmp);
                }
            });
        } catch (IOException e) {
            e.printStackTrace();
        }
    }
}.start();
```

5.7.3　异步请求获得百度 Logo

5.7.3　异步请求获得百度 Logo

异步请求不需要工作线程，可以通过 runOnUiThread()实现 UI 更新。异步请求代码实现如下：

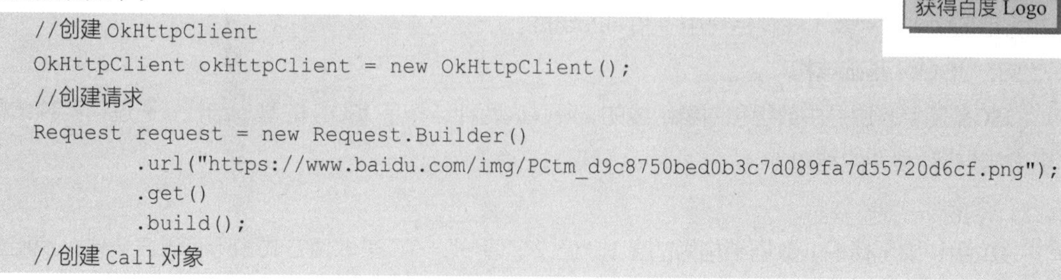

```
//创建 OkHttpClient
OkHttpClient okHttpClient = new OkHttpClient();
//创建请求
Request request = new Request.Builder()
        .url("https://www.baidu.com/img/PCtm_d9c8750bed0b3c7d089fa7d55720d6cf.png");
        .get()
        .build();
//创建 Call 对象
```

```
    Call call = okHttpClient.newCall(request);
    //执行请求
    call.enqueue(new Callback() {
        // 请求失败调用的方法
        @Override
        public void onFailure(Call call, IOException e) {
            Log.d("tag", "onFailure;" + e.getLocalizedMessage());
        }
        //请求成功调用的方法
        @Override
        public void onResponse(Call call, Response response) throws IOException {
            InputStream is=response.body().byteStream();
            Bitmap bmp= BitmapFactory.decodeStream(is);
            //更新UI方法
            runOnUiThread(new Runnable() {
                @Override
                public void run() {
                    baidu_img.setImageBitmap(bmp);
                }
            });
        }
    });
```

5.8 JSON 数据格式

JSON（JavaScript Object Notation）是一种轻量级的数据交换格式。它是基于 JavaScript 的一个子集。JSON 采用完全独立于语言的文本格式，但是也具备与 C 语言家族（包括 C、C++、C#、Java、JavaScript、Perl、Python 等）类似的特性。这些特性使 JSON 成为理想的数据格式，易于程序员阅读和编写，同时也易于机器解析和生成，现在主要应用在网络数据交换中。

5.8.1 JSON 数据格式基本信息

1. JSON 语法规则

JSON 语法规则主要用数据在键值对中、数据由逗号分隔、花括号{}中保存对象、方括号[]中保存数组等 4 条约束来表示。

2. JSON 值

JSON 值主要由数字（整数或浮点数）、字符串（在双引号中）、逻辑值（true 或 false）、数组（在方括号中）、对象（在花括号中）和 null 组成。

3. JSON 基础结构

JSON 简单来说是由数组和对象组成的，所以这两种结构是 JSON 的基本结构，通过这两种结构可以构建各种复杂的结构。

（1）数组

数组用“[]”标识，数据结构为["值 1","值 2","值 3",…]，其取值方式和所有语言一样，使用索引获取值，字段值的类型可以是数字、字符串、JSON 数组、JSON 对象等。

["Jack","20","China"]：此数组由字符串类型构成。

[{"age":"10","name":"Jack0"},{"age":"11","name":"Jack1"},{"age":"12","name":"Jack2"},{"age":"13","name":"Jack3"},{"age":"14","name":"Jack4"}]：此数组由 JSON 对象类型构成，提取数组的元素返回的值是 JSON 对象类型数据。

（2）对象

JSON 对象用“{}”标识数据，“{”表示开始，“}”表示结束，键值对之间使用“,”分隔，其基本格式为{key1:value1,key2:value2,…}。

针对一个对象，JSON 对象基本表示形式为{"age":"20","name":"Jack"}；针对多个对象，JSON 对象键值是 JSON 数组，而 JSON 数组又是由 JSON 对象组成的，其表示形式：

```
{"data":[
     {"age":"10","name":"Jack0"},
     {"age":"11","name":"Jack1"},
     {"age":"12","name":"Jack2"},
     {"age":"13","name":"Jack3"},
     {"age":"14","name":"Jack4"}]}
```

对多个对象的值通过键名“data”读取，返回值为一个 JSON 数组类型，之后通过索引获得数据，数据类型是 JSON 对象。

4. JSON 键名/键值对

JSON 数据的书写格式是：键名/键值对。

键值对包括字段名称（在双引号中），中间为一个冒号，如"name":"android"，相当于程序中的 String name="android"语句。当将多个“键名/键值对”串在一起时，JSON 的价值就体现出来了，如{"name":"Jack","age":"12","address":"China"}。从语法方面来看，这与“键名/键值对”相比并没有很大的优势，但是在这种情况下 JSON 更容易使用，而且可读性更好。例如，它明确地表示以上 3 个值都是同一记录的一部分，通过花括号使这些值之间有了某种联系。

5.8.2 Android 提供的 JSON 解析类

Android 原生的 JSON 解析相关类都放在 org.json 包下，主要涉及 JSONObject、JSONArray、JSONStringer、JSONTokener、JSONException 这 5 个类。

JSONObject：JSON 对象，可以对 JSON 字符串与 Java 对象进行相互转换。

JSONArray：JSON 数组，可以对 JSON 字符串与 Java 集合或对象进行相互转换。

JSONStringer：JSON 文本构建类，这个类可以帮助用户快速和便捷地创建 JSON 文本，每个 JSONStringer 实体只能创建一个 JSON 文本。

JSONTokener：JSON 解析类。

JSONException：JSON 异常类。

1. JSONObject

JSONObject 作为 JSON 的基本单元，其包含一系列键值对。它输入 JSON 格式的字符串需要调用 toString()方法，添加数据可以通过 put()等方法实现，获得数据可以通过键名调用 get()或 opt()方法实现。JSONObject 类常用方法如表 5-8 所示。

表 5-8　JSONObject 类常用方法

方　法	描　述
JSONObject()	构造方法
JSONObject(String json)	通过 JSON 字符串构造 JSONObject 对象
JSONObject(Map map)	通过 Map 构造 JSONObject 对象
JSONObject(JSONTokener tokener)	通过 JSONTokener 构造 JSONObject 对象
Object get(String name)	返回键名对应的对象，如果不存在这样的映射，则抛出异常
Xxx getXxx(String name)	返回键名对应的键值，如果不存在这样的映射，则抛出异常，其中 Xxx 代表数据类型
Object opt(String name)	返回键名对应的键值，如果不存在这样的映射，则返回 null
Xxx optXxx(String name)	返回键名对应的键值，如果不存在这样的映射，根据数据类型返回默认值，其中 Xxx 代表数据类型
JSONObject getJSONObject(String name)	返回索引对应的 JSONObject 对象
JSONArray getJSONArray(String name)	返回索引对应的 JSONArray 类型值
JSONObject put(String name, double value)	给 JSONObject 对象设置值
boolean has(String name)	判断键名是否存在

2. JSONArray

JSONArray 作为 JSON 的基本单元，其包含一系列值。它输入 JSON 格式的字符串需要调用 toString()方法，添加数据可以通过 put()等方法实现，获得数据可以通过索引调用 get()或 opt()方法实现。JSONArray 类常用方法如表 5-9 所示。

表 5-9　JSONArray 类常用方法

方　法	说　明
JSONArray()	构造方法
JSONArray(String json)	通过 JSON 字符串构造 JSONArray 对象
JSONArray(Collection coll)	通过 Collection 构造 JSONArray 对象
JSONArray(JSONTokener tokener)	通过 JSONTokener 构造 JSONArray 对象
Object get(int index)	返回索引对应的对象
Xxx getXxx(int index)	返回索引对应的值，如果不存在这样的映射，则抛出异常。其中 Xxx 代表数据类型
Object opt(int index)	返回索引对应的对象，如果不存在这样的映射，则返回 null
Xxx optXxx(int index)	返回索引对应的值，如果不存在这样的映射，根据数据类型返回默认值
JSONObject getJSONObject(int index)	返回索引对应的 JSONObject 类型值
JSONArray getJSONArray(String name)	返回索引对应的 JSONArray 类型值
JSONArray put(int index,Object value)	在指定索引处设置值

5.8.3 JSONArray 对象创建与解析

把"android""java""html5""vue""javascript"5 条数据放到 JSONArray 对象中，生成 JSON 字符串，并遍历 JSON 数据。具体实现代码如下：

```
//创建 JSONArray 对象
JSONArray jsonArray = new JSONArray();
//添加数据
jsonArray.put("android");
jsonArray.put("java");
jsonArray.put("html5");
jsonArray.put("vue");
jsonArray.put("javascript");
//获得 JSONArray 格式字符串
String json=jsonArray.toString();
//输出 json 变量串信息
System.out.println(json);
//遍历 JSONArray 数组
for (int index = 0; index < jsonArray.length(); index++) {
    try {
        //获得数组元素，在日志中显示
        Log.i("tag", jsonArray.getString(index));
    } catch (JSONException e) {
        e.printStackTrace();
    }
}
```

注意：在调用 getString(index)方法时，需要捕获抛出的异常。

上述代码放到 MainActivity 的 onCreate()方法中，运行之后，在 LogChart 窗格中显示其运行结果如图 5-11 所示。

```
com.example.jsonapp I/System.out: json:["android","java","html5","vue","javascript"]
com.example.jsonapp I/tag: android
com.example.jsonapp I/tag: java
com.example.jsonapp I/tag: html5
com.example.jsonapp I/tag: vue
com.example.jsonapp I/tag: javascript
```

图 5-11　代码运行结果

5.8.4 JSONObject 对象创建与解析

JSONObject 对象通过 put()方法添加数据，利用 toString()可以生成 JSON 对象数据，提取数据利用 getXxx()方法通过键名获得键值。在遍历时可以通过迭代器获得键名，再通过键名获得键值。具体实现代码如下：

```
//创建 JSONObject 对象
JSONObject jsonObject = new JSONObject();
```

```
try {
    //添加数据
    jsonObject.put("name", "java");
    jsonObject.put("age", 21);
    jsonObject.put("sex", true);
    String json = jsonObject.toString();
    //输出json变量串信息
    System.out.println(json);
    //通过键名获得数据
    String name = jsonObject.getString("name");
    int age = jsonObject.getInt("age");
    boolean sex = jsonObject.getBoolean("sex");
    //把键名放到迭代器中
    Iterator<String> iterator = jsonObject.keys();
    //通过迭代器获得键名
    while (iterator.hasNext()) {
        //获得键名
        String keyname = iterator.next();
        //通过键名获得键值
        Log.i("tag", jsonObject.get(keyname).toString());
    }
} catch (JSONException e) {
    e.printStackTrace();
}
```

上述代码放到 MainActivity 的 onCreate()方法中，运行之后，在 LogChart 窗格中显示其运行结果如图 5-12 所示。

```
com.example.jsonapp I/System.out: json:{"name":"java","age":21,"sex":true}
com.example.jsonapp I/tag: java
com.example.jsonapp I/tag: 21
com.example.jsonapp I/tag: true
```

图 5-12　代码运行结果

5.8.5　JSONObject 和 JSONArray 综合应用与解析

把 Map 集合数据放到 List 集合中，创建 JSONArray 对象时把 List 集合传递过去，则 JSONArray 对象存储的数据就是 JSONObject 类型的数据。在遍历时通过 JSONArray 的 getJSONObject(index)方法获取 JSONObject 对象数据，然后解析 JSONObject 对象即可。具体实现代码如下：

```
Map map1 = new HashMap();
map1.put("name", "android");
map1.put("age", 12);
Map map2 = new HashMap();
map2.put("name", "java");
map2.put("age", 21);
Map map3 = new HashMap();
map3.put("name", "html5");
map3.put("age", 32);
```

```
    List list = new ArrayList();
    list.add(map1);
    list.add(map2);
    list.add(map3);
    //创建 JSONArray 对象，把 List 集合数据转化成 JSONArray 字符串
    JSONArray jsonArray = new JSONArray(list);
    String json=jsonArray.toString();
    //输出 json 变量串信息
    System.out.println(json);
    //遍历 JSONArray 对象数据，每一个元素都是 JSONObject 对象数据
    for(int index=0;index<jsonArray.length();index++){
        try {
            //通过索引获得 JSONObject 对象
            JSONObject jsonObject=jsonArray.getJSONObject(index);
            //读取 JSONObject 对象数据
            String name=jsonObject.getString("name");
            int age=jsonObject.getInt("age");
            Log.i("info",name+":"+age);
        } catch (JSONException e) {
            e.printStackTrace();
        }
    }
```

上述代码放到 MainActivity 的 onCreate()方法中，运行之后，在 LogChart 窗格中显示其运行结果如图 5-13 所示。

```
com.example.jsonapp I/System.out: json:[{"name":"android","age":12},{"name":"java","age":21},{"name":"html5","age":32}]
com.example.jsonapp I/info: android:12
com.example.jsonapp I/info: java:21
com.example.jsonapp I/info: html5:32
```

图 5-13 代码运行结果

【实训与练习】

一、理论练习

1. 在 Android 中，通常将线程分为两种，分别是____________________和__________。

2. 在 URL 类中获得输入流的方法是______________________________。

3. BitmapFactory 类把输入流转换成 Bitmap 对象的方法是____________________。

4. Android 要实现网络访问需要在清单文件中进行权限声明，其代码是____。

5. 添加 OkHttp3 框架依赖的方法是____。

二、实训练习

制作一个简单的天气预报 App，如图 5-14 所示。数据访问接口在百度搜索中搜索天气 API 网站，按照天气 API 网站要求注册后可以用其所提供的天气预报相关接口。然后在网站首页的“7 天天气”中找到“专业 7 日天气接口”，此接口预报内容很丰富，包括 7 天的天气信息和当天 24 小时节点的

天气信息，返回的数据格式是 JSON 格式字符串。利用 HiJson 2.1.2 软件查看 JSON 字符串格式结构。

要求如下。

1. 读取当前温度、天气状况。

2. 用 ListView 组件显示 7 天的天气信息，包括星期几、天气状况、空气质量和一天的最高温度和最低温度。

图 5-14　天气预报 App

单元6 引导页面制作App

06

【学习导读】

首次运行 App 时，经常会看到 3~5 个设计新颖、图文并茂的页面，这些页面用来介绍 App 的功能与特点，让用户了解 App，此技术是通过 ViewPager 组件实现的。而微信、QQ、今日头条等 App，在页面操作的过程中可以通过左右滑动来切换页面，这种结构是采用 ViewPager+ Fragment 来实现的，而此种结构是 Android 开发中的一种经典结构。通过本单元的学习，帮助读者掌握 ViewPager 组件及 ViewPager+Fragment 结构的应用。

【学习目标】

知识目标：

1. 了解 ViewPager 组件、TabLayout 组件和 shape 标签及其子标签的属性；
2. 掌握 PagerAdapter 和 FragmentPagerAdapter 的抽象方法；
3. 掌握 Fragment 动态加载的方法。

技能目标：

1. 能够利用 ViewPager 组件实现引导页面的制作；
2. 能够利用 shape 标签绘制各种图形；
3. 能够动态加载 Fragment 并进行优化；
4. 能够利用 ViewPager+Fragment 经典结构搭建框架。

素养目标：

1. 培养严谨的态度，在学习中发扬工匠精神；
2. 培养独立思考的能力，在程序调试过程中能够独立思考、究其原因。

【思维导图】

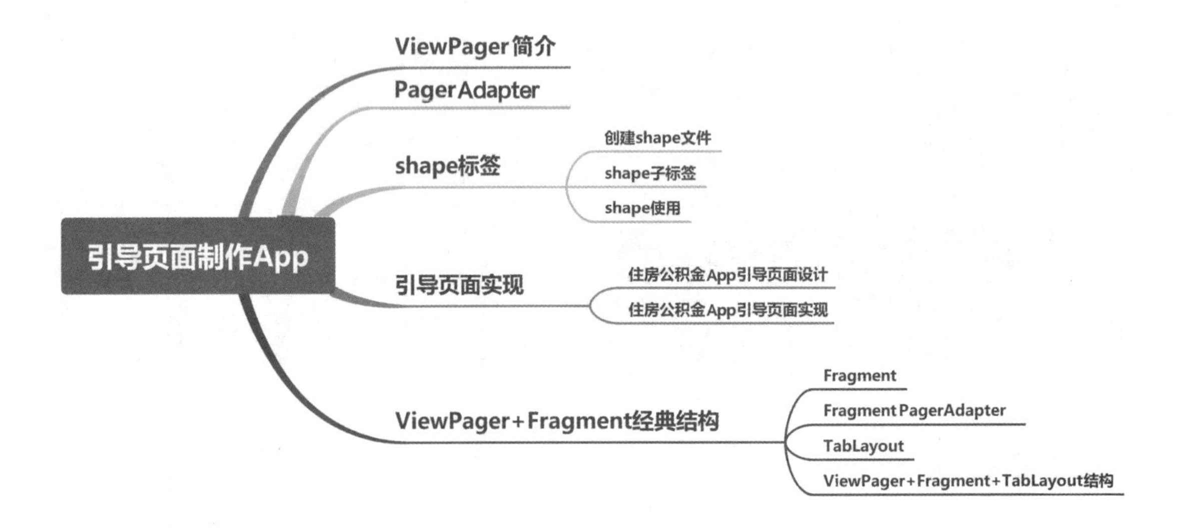

【相关知识】

6.1 ViewPager 简介

ViewPager 是一个简单的页面切换组件，是一个视图组容器，可以向容器内部添加多个视图，实现左右滑动功能，从而达到显示不同视图的目的。ViewPager 在 androidx.viewpager.widget 包中。PagerAdapter 是 ViewPager 的一个特定的适配器，它是一个基类适配器，经常用它和 ViewPager 来实现 App 引导视图。而 ViewPager 还经常与 Fragment 一起使用，Android 操作系统提供 PagerAdapter 的子类 FragmentPagerAdapter 和 FragmentStatePagerAdapter 类供 Fragment 和 ViewPager 使用。ViewPager 组件的常用方法如表 6-1 所示。

表 6-1 ViewPager 组件的常用方法

方 法	说 明
setAdapter(PagerAdapter adapter)	给 ViewPager 设置一个适配器
getCurrentItem()	返回当前页的索引，也就是返回当前页的页码
setCurrentItem(int position)	设置当前页，position 表示当前页的索引
addOnPageChangeListener()	添加 PageChange 事件监听器，用于监控页面切换操作

6.2 PagerAdapter

PagerAdapter 是抽象类，是一种与 ViewPager 组件一起使用的适配器。ViewPager 调用

PagerAdapter 来取得所需显示的页面，而 PagerAdapter 也会在数据变化时，通知 ViewPager 进行页面更新。在使用 PagerAdapter 时需要重写下面 4 个抽象方法。

1. getCount()

此方法用于获取 ViewPager 实际绘制视图的数量。

2. instantiateItem(ViewGroup container, int position)

此方法将生成 position 位置的视图添加到视图组中，并在 ViewPager 组件中显示出来。同时返回一个代表新增页面的对象，通常是直接返回 position 对应的视图。

3. destroyItem(ViewGroup container,int position,Object object)

当前视图离开屏幕时回调此方法，在此方法中需要将 position 对应的 View 对象从视图组中移除，适配器也要从容器中移除这个 View 对象。

4. isViewFromObject(View view,Object obj)

此方法用来判断所返回的视图与某个页面视图是否代表着同一个视图（即它们是不是对应的，如果对应则表示是同一个视图）。此方法中通常直接写 return view==object 这条语句。

6.3 shape 标签

在 Android 开发中，使用 shape 标签可以很方便地帮助我们绘制想要的形状作为组件的背景。使用 shape 标签绘制组件背景不仅比引用图片来做组件的背景 App 的安装包要小得多，而且 shape 形式的背景能够更好地适配不同的手机型号。shape 标签可以绘制矩形、椭圆形、线、环形四种形状。

6.3.1 创建 shape 文件

在 res/drawable 文件夹下，新建一个 XML 文件并命名。文件内容如下：

```
<shape xmlns:android="http://schemas.android.com/apk/res/android"
    android:shape="rectangle" >
</shape>
```

根元素为 shape 标签，其中 android:shape 属性值可以设置为 rectangle、oval、line、ring 值，分别代表矩形、椭圆形、线、环形。矩形是 android:shape 属性的默认值，其可以绘制直角矩形、圆角矩形、弧形等，这些形状使用较多，通常一些组件的背景、布局的背景都可以使用它来完成；当该属性值为圆形时大多数用于绘制正圆；当该属性值为线时可以绘制实线或虚线；当该属性值为环形时可以绘制环形进度条等。

6.3.2 shape 子标签

shape 标签内部可以配置 corners、gradient、padding、size、solid、stroke 共 6 个子标签。corners 表示设置形状的圆角，gradient 表示设置形状的渐变，padding 表示设置形状的内边距，size 表示设置形状的大小，solid 表示设置形状内部填充的颜色，stroke 表示设置形状的边框颜色、线型等。

1. corners

corners 标签用来设置圆角，android:radius 属性表示设置形状全部的圆角半径，其他 4 个属性分别表示设置形状的左上、左下、右上、右下 4 个圆角半径。注意，android:radius 属性不能与其他 4 个属性共同使用。corners 标签格式与属性含义如下：

```
<corners                                          //定义圆角
    android:radius="15dp"                         //全部的圆角半径
    android:topLeftRadius="10dp"                  //左上的圆角半径
    android:topRightRadius="10dp"                 //右上的圆角半径
    android:bottomLeftRadius="10dp"               //左下的圆角半径
    android:bottomRightRadius="10dp" />           //右下的圆角半径
```

2. gradient

gradient 标签用来设置形状的渐变色，可以设置双色渐变、三色渐变、渐变样式等。gradient 标签格式与属性含义如下：

```
<gradient
    android:type=["linear"|"radial"|"sweep"] //线性渐变（默认）/放射渐变/扫描式渐变
    android:angle="integer"          //渐变角度，其值是 45 的倍数
    android:centerX="float"          //渐变中心 x 的坐标值，取值范围为 0~1，默认值为 0.5
    android:centerY="float"          //渐变中心 y 的坐标值，取值范围为 0~1，默认值为 0.5
    android:startColor="color"       //渐变开始点的颜色
    android:centerColor="color"      //渐变中间点的颜色，在开始点与结束点之间
    android:endColor="color"         //渐变结束点的颜色
    android:gradientRadius="float"   //渐变的半径，只有当渐变类型为 radial 时才能使用
    android:useLevel=["true" | "false"] />  //默认值为 false，使用层图形时需要设置为 true
```

当 android:type 属性值为 linear 时，android:angle 属性才有效；当 android:type 属性值为 radial 时，android:gradientRadius 属性必须设置；当 android:type 属性值为 sweep 时，android:centerX 和 android:centerY 属性才有效。

3. padding

padding 标签用来设置形状的内边距，即内容与边距的距离。padding 标签格式与属性含义如下：

```
<padding
    android:top="10dp"           //设置上侧内边距
    android:left="10dp"          //设置左侧内边距
    android:bottom="10dp"        //设置下侧内边距
    android:right="10dp"/>       //设置右侧内边距
```

4. size

size 标签用来设置图形的大小。一般组件都可以直接设置宽度和高度，所以此标签应用比较少。size 标签格式与属性含义如下：

```
<size
   android:width="100dp"      //宽
```

```
    android:height="100dp"/>  //高
```

5. solid

solid 标签用来设置形状内部的填充色，只有一个颜色属性。solid 标签格式与属性含义如下：

```
<solid  android:color="color" />
```

6. stroke

stroke 标签用来设置形状的边框，其属性可以定义边框的高度、颜色、线的虚实等。stroke 标签格式与属性含义如下：

```
<stroke
    android:width="5dp"          //边框的宽度
    android:color="color"        //边框的颜色
    //以下两个属性用于设置虚线
    android:dashWidth="5dp"      //虚线的宽度
    android:dashGap="5dp" />     //虚线的间隔
```

stroke 各个属性的含义如图 6-1 所示。当 android:dashWidth 属性设置值为 0 或者该属性不设置时，表示定义形状的边框是实线；而当 android:dashWidth 属性设置为其他数值时，表示定义形状的边框是虚线，此时需要设置 android:dashGap 属性值，其值表示设置虚线之间的距离。

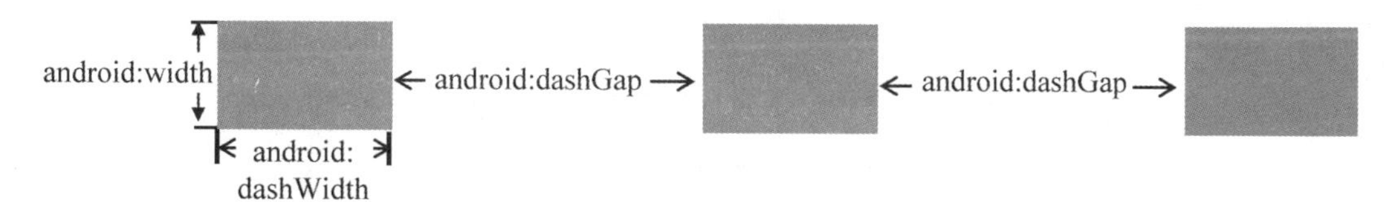

图 6-1　stroke 各个属性的含义

6.3.3　shape 使用

1. 左上、左下圆角文本框的制作

在 res/drawable 文件夹下，新建一个文件，命名为 shape_radius.xml，并在其中设置控制圆角的相关属性。代码格式如下：

```
<?xml version="1.0" encoding="utf-8"?>
<shape xmlns:android="http://schemas.android.com/apk/res/android"
    android:shape="rectangle">
    <corners
        android:bottomLeftRadius="10dp"
        android:topLeftRadius="10dp" />
    <solid android:color="#0000ff" />
</shape>
```

在定义好 shape_radius.xml 文件后，下一步就是把此文件添加到组件属性中。一般是把此文件赋值给组件的 background 属性，将其作为组件的背景使用。android:background="@drawable/shape_radius"表示将 shape_radius.xml 文件设置为 TextView 的背景。代码格式如下：

```
<?xml version="1.0" encoding="utf-8"?>
<LinearLayout xmlns:android="http://schemas.android.com/apk/res/android"
    xmlns:app="http://schemas.android.com/apk/res-auto"
```

```
    xmlns:tools="http://schemas.android.com/tools"
    android:layout_width="match_parent"
    android:layout_height="match_parent"
    android:gravity="center"
    android:orientation="vertical"
    tools:context=".MainActivity">
    <TextView
        android:layout_width="150dp"
        android:layout_height="50dp"
        android:background="@drawable/shape_radius"
        android:gravity="center"
        android:text="左上、左下圆角文本框"
        android:textColor="#ffffff" />
</LinearLayout>
```

图6-2　圆角文本框

代码运行效果如图 6-2 所示。

2. 虚线的制作

在 res/drawable 文件夹下，新建一个文件，命名为 shape_stroke.xml，并在其中利用 stroke 标签绘制虚线。代码格式如下：

```
<?xml version="1.0" encoding="utf-8"?>
<shape xmlns:android="http://schemas.android.com/apk/
res/android"
    android:shape="line">
    <stroke
        android:width="5dp"
        android:color="@color/teal_200"
        android:dashWidth="10dp"
        android:dashGap="10dp" />
</shape>
```

同样把 shape_stroke.xml 文件赋值给 View 的 background 属性，同时设置 android:layerType="software"属性，若不设置此属性则显示为一条实线。代码格式如下：

```
<?xml version="1.0" encoding="utf-8"?>
<LinearLayout xmlns:android="http://schemas.android.
com/apk/res/android"
    xmlns:app="http://schemas.android.com/apk/res-
auto"
    xmlns:tools="http://schemas.android.com/tools"
    android:layout_width="match_parent"
    android:layout_height="match_parent"
    android:gravity="center"
    android:orientation="vertical"
    tools:context=".MainActivity">
    <View
        android:layout_width="match_parent"
        android:layout_height="10dp"
        android:background="@drawable/shape_stroke"
        android:layerType="software" />
</LinearLayout>
```

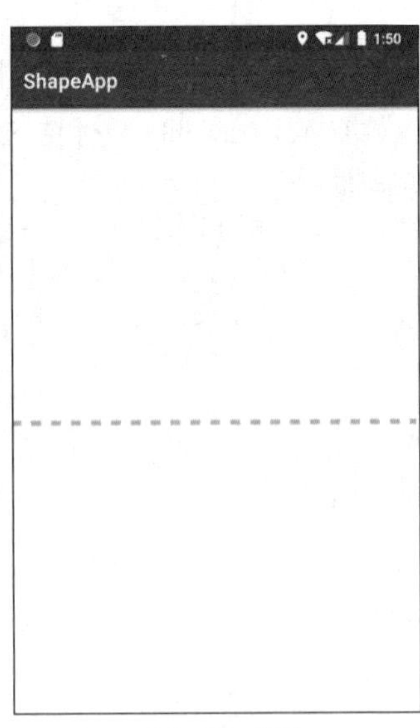

图6-3　虚线

代码运行效果如图 6-3 所示。画线时需要注意，只能画水平线，不能画垂直线；线的高度是通过 stroke 的 android:width 属性设置的；

size 的 android:height 属性设置的是整个形状区域的高度；size 的 android:height 属性值必须大于 stroke 的 android:width 属性值，否则线无法显示。线在整个形状区域中居中显示，线左右两边会留有空白间距，线越粗，空白越大；引用虚线的视图需要添加属性 android:layerType，其值设为 software，否则不能显示虚线。

3．渐变椭圆文本框的制作

在 res/drawable 文件夹下，新建一个文件，命名为 shape_oval.xml，主要通过 gradient 标签实现渐变椭圆文本框的制作。代码格式如下：

```
<?xml version="1.0" encoding="utf-8"?>
<shape xmlns:android="http://schemas.android.com/apk/res/android"
    android:shape="oval">
    <!-- 设置形状的尺寸，但是默认获取的是视图的宽度和高度-->
    <size
        android:width="60dp"
        android:height="60dp" />
    <gradient
        android:angle="0"
        android:centerColor="#00ff00"
        android:endColor="#0000ff"
        android:startColor="#ff0000"
        android:type="linear" />
</shape>
```

把此 shape_oval.xml 文件赋值给 TextView 的 background 属性作为背景。

```
<?xml version="1.0" encoding="utf-8"?>
<LinearLayout xmlns:android="http://schemas.android.com/apk/res/android"
    xmlns:app="http://schemas.android.com/apk/res-auto"
    xmlns:tools="http://schemas.android.com/tools"
    android:layout_width="match_parent"
    android:layout_height="match_parent"
    android:gravity="center"
    android:orientation="vertical"
    tools:context=".MainActivity">
    <TextView
        android:layout_width="150dp"
        android:layout_height="80dp"
        android:background="@drawable/shape_
oval" />
</LinearLayout>
```

代码运行效果如图 6-4 所示。

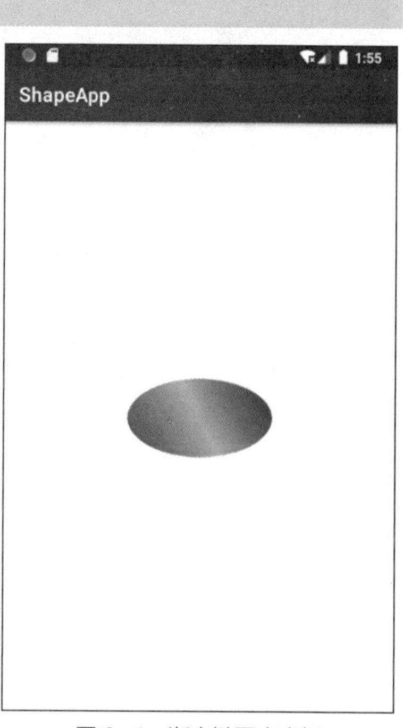

图 6-4　渐变椭圆文本框

4．渐变环形文本框的制作

shape 有一些属性只适用于绘制环形，如下。

android:innerRadius 属性用来设置内环的半径。

android:innerRadiusRatio 属性值为浮点型，以环形的宽度比率来表示内环的半径，默认值为 3，表示内环半径为环形的宽度除以 3，该值会被 android:innerRadius 属性值覆盖。

android:thickness 属性用来设置环形的厚度。

android:thicknessRatio 属性值为浮点型，以环形的宽度比率来表示环形的厚度，默认值为 9，表示环形的厚度为环形的宽度除以 9，该值会被 android:thickness 属性值覆盖。

android:useLevel 属性值一般为 false，否则环形无法显示。

在 res/drawable 文件夹下，新建一个文件，命名为 shape_ring.xml。通过 gradient 和 stroke 标签实现渐变环形文本框。代码格式如下：

```
<?xml version="1.0" encoding="utf-8"?>
<shape xmlns:android="http://schemas.android.com/apk/res/android"
    android:innerRadius="100dp"
    android:shape="ring"
    android:thickness="20dp"
    android:useLevel="false">
    <!--渐变色-->
    <gradient
        android:endColor="#0000ff"
        android:startColor="#FFFFFF"
        android:type="sweep" />
    <!--描边会让内圆和外圆都有边框-->
    <stroke
        android:width="2dp"
        android:color="#ff0000" />
</shape>
```

把 shape_ring.xml 文件，赋值给 TextView 的 background 属性。代码格式如下：

```
<?xml version="1.0" encoding="utf-8"?>
<LinearLayout xmlns:android="http://schemas.
android.com/apk/res/android"
    xmlns:app="http://schemas.android.com/apk/res-
auto"
    xmlns:tools="http://schemas.android.com/tools"
    android:layout_width="match_parent"
    android:layout_height="match_parent"
    android:gravity="center"
    android:orientation="vertical"
    tools:context=".MainActivity">
    <TextView
        android:layout_width="260dp"
        android:layout_height="260dp"
        android:background="@drawable/shape_ring"/>
</LinearLayout>
```

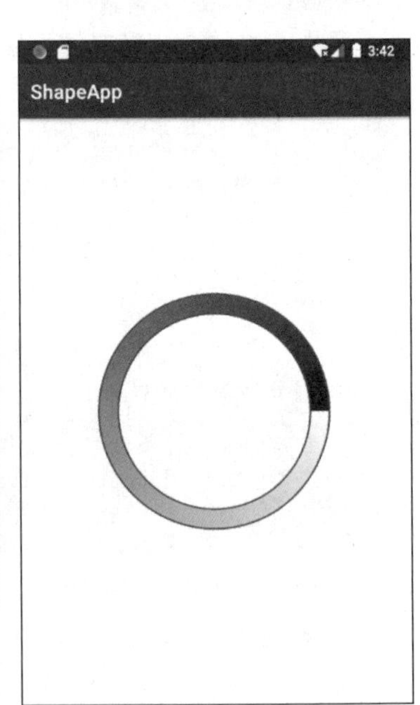

图 6-5　渐变环形文本框

运行效果如图 6-5 所示。

注意：Text View 组件的宽度和高度要大于环形的直径（环形的内径 × 2+环形的厚度 × 2），否则可能看到部分环形或看不到环形。

6.4 引导页面实现

引导页面是指显示在启动画面之后、进入主页面之前用户所看到的一系列画面，它的作用是在用户使用 App 之前提前告知该产品的主要功能、特点。引导页面跟随启动画面出现，因此引导页面的好坏决定了用户对你所开发的 App 的第一印象。

当用户看到一个精美的引导页面时，会激发内心的使用欲望、加深对 App 的印象和好感；反之，则会质疑 App 是否粗制滥造。在 App 中，引导页面不是必需的元素，因为这会占用用户打开 App 的时间，用户可以根据业务需求选择使用或不使用引导页面。

引导页面是由一组连贯的页面组成的，每一页都采用统一的格式，包括一句简短的标题、文案、解释文案的插图、分页点（最后一页有进入主页面的按钮）等。推荐的合理引导页面数量是 4 个，最多 5 个。

6.4.1 住房公积金 App 引导页面设计

6.4.1 住房公积金 App 引导页面设计

住房公积金 App 引导页面运行效果如图 6-6 ~ 图 6-10 所示。运行 App 时，实现左右滑动时显示不同的引导页面，同时指引也随之变化，表示当前显示第几个引导页面，当滑到最后一个引导页面时，则显示【立即体验】按钮，如图 6-10 所示。本节主要讲解引导页面如何实现。

图 6-6 引导页面 1

图 6-7 引导页面 2

图 6-8 引导页面 3

图 6-9　引导页面 4

图 6-10　引导页面 5

实现思路：首先，把引导图片分别放到 5 个布局文件中，再将 5 个布局文件实例化成 View 对象放到集合中，作为 PagerAdapter 的数据源，编写 PagerAdapter 并重写相关抽象方法，最后编写 ViewPager 组件的 PageChange 事件监听器，实现指引控制和【立即体验】按钮的显示与否，指引形状用 shape 标签实现。

6.4.2　住房公积金 App 引导页面实现

6.4.2　住房公积金 App 引导页面实现 1

6.4.2　住房公积金 App 引导页面实现 2

1．引导页面布局文件的设计

5 个引导页面布局文件分别是 layout1.xml 至 layout5.xml，其主要功能是设置引导图片，它们的代码格式相同，只是引用的图片不同。代码格式如下：

```
<?xml version="1.0" encoding="utf-8"?>
<LinearLayout xmlns:android="http://schemas.android.com/apk/res/android"
    android:layout_width="match_parent"
    android:layout_height="match_parent"
    android:background="@drawable/icbc1"
    android:orientation="vertical">
</LinearLayout>
```

2．形状的制作

此案例中需要设计两个形状，一个是填充色为蓝色的圆形形状，另一个是填充色为浅蓝色的圆形形状，用于控制指引文本框的背景。

在 res/drawable 文件夹下，新建一个文件，命名为 shape_blue.xml，用于制作蓝色的圆形。代码格式如下：

```
<?xml version="1.0" encoding="utf-8"?>
<shape
```

```
    xmlns:android="http://schemas.android.com/apk/res/android" >
    <corners android:radius="20dp"/>
    <solid android:color="#0000ff"/>
</shape>
```

在 res/drawable 文件夹下，新建一个文件，命名为 shape_wathetblue.xml，用于制作浅蓝色的圆形。代码格式如下：

```
<?xml version="1.0" encoding="utf-8"?>
<shape xmlns:android="http://schemas.android.com/apk/res/android">
    <corners android:radius="20dp" />
    <solid android:color="#87CEFA" />
</shape>
```

3. 主布局文件的制作

主布局文件根元素采用 FrameLayout，即分层控制组件显示。放置一个 ViewPager 组件，使其充满整个页面。然后放置一个 LinearLayout 控制 5 个指引文本框水平排列，同时把 LinearLayout 置于页面的底部。最后再用一个文本框来显示【立即体验】按钮，也将其置于页面的底部，但设置为不显示该组件（android:visibility="gone"），同时设置其底边距，把它调到 LinearLayout 的上方即可。具体实现代码如下：

```
<?xml version="1.0" encoding="utf-8"?>
<FrameLayout xmlns:android="http://schemas.android.com/apk/res/android"
    xmlns:app="http://schemas.android.com/apk/res-auto"
    xmlns:tools="http://schemas.android.com/tools"
    android:layout_width="match_parent"
    android:layout_height="match_parent"
    tools:context=".MainActivity">
    <!--ViewPager 组件-->
    <androidx.viewpager.widget.ViewPager
        android:id="@+id/viewPager"
        android:layout_width="match_parent"
        android:layout_height="match_parent" />
    <!--5 个指引文本框，初始化背景都是浅蓝色的圆形-->
    <LinearLayout
        android:layout_width="match_parent"
        android:layout_height="30dp"
        android:layout_gravity="bottom"
        android:gravity="center"
        android:orientation="horizontal">
        <TextView
            android:id="@+id/txt1"
            android:layout_width="20dp"
            android:layout_height="wrap_content"
            android:layout_marginRight="10dp"
            android:background="@drawable/shape_wathetblue" />
        <TextView
            android:id="@+id/txt2"
            android:layout_width="20dp"
            android:layout_height="wrap_content"
            android:layout_marginRight="10dp"
            android:background="@drawable/shape_wathetblue" />
        <TextView
```

```
            android:id="@+id/txt3"
            android:layout_width="20dp"
            android:layout_height="wrap_content"
            android:layout_marginRight="10dp"
            android:background="@drawable/shape_wathetblue" />
        <TextView
            android:id="@+id/txt4"
            android:layout_width="20dp"
            android:layout_height="wrap_content"
            android:layout_marginRight="10dp"
            android:background="@drawable/shape_wathetblue" />
        <TextView
            android:id="@+id/txt5"
            android:layout_width="20dp"
            android:layout_height="wrap_content"
            android:layout_marginRight="10dp"
            android:background="@drawable/shape_wathetblue" />
    </LinearLayout>
    <!--显示【立即体验】按钮的文本框-->
    <TextView
        android:id="@+id/ty_txt"
        android:layout_width="180dp"
        android:layout_height="wrap_content"
        android:layout_gravity="bottom|center_horizontal"
        android:layout_marginBottom="40dp"
        android:background="#F3BE8A"
        android:gravity="center"
        android:paddingTop="2dp"
        android:paddingBottom="2dp"
        android:text="立即体验"
        android:textColor="#FFFFFF"
        android:textSize="30sp"
        android:textStyle="bold"
        android:visibility="gone"
        />
</FrameLayout>
```

4. PagerAdapter 的设计

定义一个 MyPagerAdapter 类继承 PagerAdpter 类，实现 4 个抽象方法，再编写一个构造方法用于传递数据。具体实现代码如下：

```
public class MyPagerAdapter extends PagerAdapter {
    private List<View> list;
    //构造方法用于传递数据集合
    public MyPagerAdapter(List list) {
        this.list = list;
    }
    //获得集合中数据项的个数
    @Override
    public int getCount() {
        return list.size();
    }
    //判断 view 与 object 是否为同一个视图
```

```
        @Override
        public boolean isViewFromObject(@NonNull View view, @NonNull Object object) {
            return view == object;
        }
        //从容器中移除 View 对象
        @Override
        public void destroyItem(@NonNull ViewGroup container, int position, @NonNull
Object object) {
            //获得 position 对应的 View 对象
            View view = list.get(position);
            //从容器中移除该对象
            container.removeView(view);
        }
        //把 View 对象添加到容器中
        @NonNull
        @Override
        public Object instantiateItem(@NonNull ViewGroup container, int position) {
            //获得 position 对应的 View 对象
            View view = list.get(position);
            //把 View 对象添加到容器中
            container.addView(view);
            return list.get(position);
        }
    }
```

5. MainActivity 代码的实现

利用 View.inflate()方法把 5 个布局文件实例化成 5 个 View 对象，并放入 List 集合中；通过 PageChange 事件监听器中的 onPageSelected(int position)方法控制指引文本框的背景变换和【立即体验】按钮是否显示。具体实现代码如下：

```
    public class MainActivity extends AppCompatActivity {
        private List<View> list;
        //定义文本框组件数组
        private TextView[] txts = new TextView[5];
        //存放 5 个指引文本框的 id
        private int[] txt_ids = {R.id.txt1,R.id.txt2,R.id.txt3,R.id.txt4,R.id.txt5};
        private TextView ty_txt;
        @Override
        protected void onCreate(Bundle savedInstanceState) {
            super.onCreate(savedInstanceState);
            //去掉标题栏
            supportRequestWindowFeature(Window.FEATURE_NO_TITLE);
            setContentView(R.layout.activity_main);
            ty_txt = (TextView)findViewById(R.id.ty_txt);
            //定义一个集合存放 5 个引导页面布局文件的 View 对象
            list = new ArrayList<View>();
            //把布局文件实例化为 View 对象
            View view1 = View.inflate(this,R.layout.layout1,null);
            View view2 = View.inflate(this,R.layout.layout2,null);
            View view3 = View.inflate(this,R.layout.layout3,null);
            View view4 = View.inflate(this,R.layout.layout4,null);
```

```
        View view5 = View.inflate(this, R.layout.layout5, null);
        //把View对象添加到List集合中
        list.add(view1);
        list.add(view2);
        list.add(view3);
        list.add(view4);
        list.add(view5);
        //实例化5个指引文本框
        for(int i = 0; i < txt_ids.length; i++){
            txts[i] =  (TextView)this.findViewById(txt_ids[i]) ;
        }
        //默认选中第一个指引文本框
        txts[0].setBackgroundResource(R.drawable.shape_blue);
        ViewPager viewPager = (ViewPager)this.findViewById(R.id.viewPager);
        MyPagerAdapter adapter = new MyPagerAdapter(list);
        viewPager.setAdapter(adapter);
        //设置PageChange事件监听器
        viewPager.addOnPageChangeListener(new ViewPager.OnPageChangeListener() {
        //当页面在滑动的时候调用此方法
            @Override
            public void onPageScrolled(int position, float positionOffset, int
positionOffsetPixels) {
            }
            //页面跳转完后调用的方法
            @Override
            public void onPageSelected(int position) {
                //把5个指引文本框的背景设置为浅蓝色的圆形
                for(int i = 0; i < txts.length; i++) {
                    txts[i].setBackgroundResource(R.drawable.shape.wathetblue);
                }
                //通过选中的引导页面设置指引，即position对应的指引文本框设置为蓝色背景
                txts[position].setBackgroundResource(R.drawable.shape_wathetblue);
                //滑到最后一个引导页面显示【立即体验】按钮
                if(position == 4){
                    ty_txt.setVisibility(View.VISIBLE);
                }else{
                    ty_txt.setVisibility(View.GONE);
                }
            }
            //在状态改变的时候调用的方法
            @Override
            public void onPageScrollStateChanged(int state) {
            }
        });
    }
}
```

从上面的代码可以看出，滑动动作主要是通过 ViewPager.OnPageChangeListener 接口中的 onPageSelected()方法实现的。此接口在实际开发 ViewPager 时有两个操作：一个是用手指滑动翻页；另一个是设置当前页，即调用 setCurrentItem()方法，一般在单击 TabLayout 组件的 tab 项时直接调用。

此接口有 3 个方法，各方法介绍如下。

onPageSelected(int position)：表示选中 position 位置的页面，参数 position 代表被选中页面的索引。当用手指滑动翻页时，如果翻页成功（滑动的距离够长），手指抬起来就会调用该方法，此时 position 值与当前滑到的页面的索引值相等。如果直接调用 setCurrentItem(int pos)方法翻页，那么 position 值就和 setCurrentItem()方法中的参数值保持一致。

onPageScrolled(int position, float positionOffset, int positionOffsetPixels)：该方法会在屏幕滚动过程中不断被调用。参数 position 表示当用手指滑动页面时，如果手指按在页面上不动，position 和当前页面索引是一致的；如果手指向左拖动（相应页面向右翻动），那么 position 大部分时间和当前页面索引是一致的，只有在翻页成功的情况下最后一次调用才会变为目标页面索引；如果手指向右拖动（相应页面向左翻动），那么 position 大部分时间和目标页面索引是一致的，只有在翻页不成功的情况下最后一次调用才会变为原页面索引。当调用 setCurrentItem()方法翻页时，对于页面相邻的情况（比如当前是第二个页面，跳到第一或者第三个页面），如果页面向右翻动，position 大部分时间和当前页面索引是一致的，只有最后才变成目标页面索引；如果页面向左翻动，position 和目标页面索引是一致的。这和用手指拖动页面翻动是基本一致的。对于页面不相邻的情况，比如从第一个页面跳到第三个页面，position 先是 0，然后逐步变成 1，再逐步变成 2；从第三个页面跳到第一个页面，position 先是 1，然后逐步变成 0，并没有出现为 2 的情况。参数 positionOffset 表示当前页面滑动的比例，如果页面向右翻动，这个值不断变大，最后在趋近 1 后突变为 0。如果页面向左翻动，这个值不断变小，最后变为 0。参数 positionOffsetPixels 表示当前页面滑动像素，其变化情况和 positionOffset 一致。

onPageScrollStateChanged(int state)：该方法在手指操作屏幕的时候被调用。state 参数有 3 个值：0（END）、1（PRESS）、2（UP）。当用手指滑动翻页时，手指按下去的时候会触发该方法，state 值为 1，手指抬起时，如果发生了滑动（即使很小），该值会变为 2，最后变为 0。共调用这个方法 3 次。一种特殊情况是手指按下去以后一点滑动也没有发生，这个时候只会调用这个方法两次，state 值分别是 1、0。当调用 setCurrentItem()翻页时，会调用这个方法两次，state 值分别为 2、0。

用手指滑动翻页时，3 个方法的执行顺序为：当手指按下页面时，先调用 onPageScrollStateChanged()，然后不断调用 onPageScrolled()；当手指放开时页面在滑动，立即调用一次 onPageScrollStateChanged()，然后调用一次 onPageSelected()，之后再反复执行 onPageScrolled()；当页面停止滑动时，最后调用一次 onPageScrollStateChanged()。

6.5 ViewPager+Fragment 经典结构

ViewPager+Fragment 是当前 Android 流行的一种经典结构，Fragment 嵌套在 ViewPager 中，ViewPager 负责实现左右滑动功能，Fragment 负责实现页面显示功能。

6.5.1 Fragment

Android 是在 Android 3.0（API level 11）开始引入 Fragment 的，Fragment 的含义是碎片，即嵌

入 Activity 的碎片。起初 Fragment 是为了适配大尺寸屏幕平板电脑、智能电视而设计的技术，现在在小屏幕手机上也经常使用到，而 ViewPager+Fragment 结构是一种经典结构。同样的页面，Activity 占用的内存比 Fragment 占用的要多，Fragment 的响应速度比 Activty 在中低端手机上的响应速度会快很多，甚至能快好几倍。如果开发的 App 要移植到平板电脑、智能电视等设备上，使用该结构可以节省大量开发时间和精力。

1. Fragment 和 Activity 之间的关系

Fragment 是 Activity 的一部分，这使得 Activity 更符合模块化设计思想。Fragment 可以拥有自己的布局，具有自己的行为及自己的生命周期回调，多个 Fragment 可以在一个 Activity 中构建，一个 Fragment 可以被用在多个 Activity 中。当 Activity 运行时，可以在其中添加或者移除 Fragment。Fragment 的生命周期和它的宿主活动密切相关，这意味着 Activity 被暂停时，其所拥有的 Fragment 也被暂停。

2. Fragment 生命周期

Fragment 拥有自己的生命周期，这与 Activity 很相似。而 Fragment 必须嵌入 Acitivity 中使用，因此 Fragment 的生命周期和它所在的 Activity 是密切相关的。Fragment 生命周期如图 6-11 所示。

如果 Activity 处于暂停状态，那么该 Activity 中所有的 Fragment 都处于暂停状态；如果 Activity 处于停止状态，那么该 Activity 中所有的 Fragment 都不能被启动；如果 Activity 被销毁，那么它内部的所有 Fragment 都会被销毁。但是，当 Activity 处于运行状态时，它可以独立控制 Fragment 的状态，比如添加或者移除 Fragment。

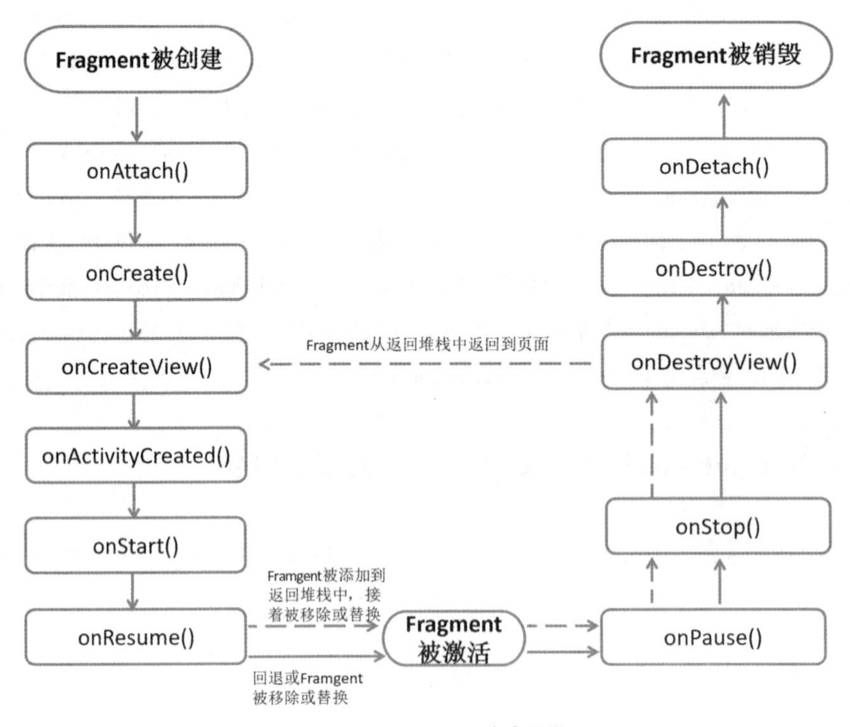

图 6-11　Fragment 生命周期

Fragment 生命周期提供如下可以重写的方法。

onAttach()：Fragment 实例被关联到 Activity 实例上，而 Fragment 和 Activity 还没有完全初始化。在该方法中通常会获取到 Activity 的引用，为将来 Fragment 的初始化工作做准备。

onCreate()：当创建 Fragment 时系统调用该方法。该方法需要初始化 Fragment 的必要组件。这些组件是当 Fragment 被暂停、停止时需要保留的，以便后期恢复。

onCreateView()：Fragment 首次绘制它的 UI 时系统调用该方法。为了绘制 Fragment 的 UI，需要从该方法中返回一个代表 Fragment 根布局的 View 组件。如果该 Fragment 不提供 UI，则直接返回 null。

onActivityCreated()：当宿主 Activity 被创建时，在调用 onCreateView()方法之后调用该方法。Activity 实例、Fragment 实例以及 Activity 的视图层级被创建，此时视图可以通过 findViewById()方法来实例化 View 组件。

onStart()：当 Fragment 可见时调用该方法。

onResume()：当 Fragment 可交互时调用该方法。

onPause()：当首次表明用户将要离开 Fragment 时调用该方法。

onStop()：当 Fragment 将要被停止时调用该方法。

onDestroyView()：调用该方法后，Fragment 将要被销毁。系统会将 onCreateView()创建的视图与这个 Fragment 分离。下次这个 Fragment 若要显示，将会创建新视图。

onDestroy()：该方法用来清理 Fragment 的状态。

onDetach()：当将 Fragment 从 Activity 中删除、替换时调用此方法。

3. 静态加载 Fragment

首先给 Fragment 创建布局文件，之后创建 Fragment 子类，在 onCreateView()方法中，实例化布局文件作为返回值。在主布局文件中通过 fragment 标签引用已创建的 Fragment 子类。静态加载 Fragment 如图 6-12 所示。

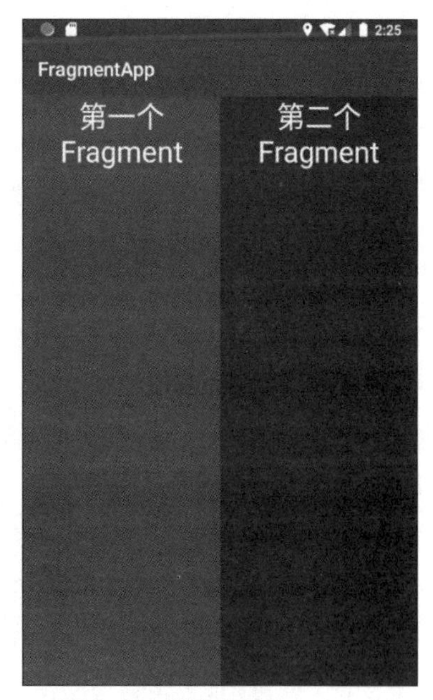

图 6-12　静态加载 Fragment

为两个 Fragment 创建对应的布局文件 fragment1_layout.xml 和 fragment2_layout.xml。布局比较简单，只放一个文本框，通过设置背景颜色区分两个 Fragment。

（1）fragment1_layout.xml 布局文件设计

fragment1_layout.xml 布局文件具体实现代码如下：

```
<LinearLayout
    xmlns:android="http://schemas.android.com/ apk/res/android"
    xmlns:tools="http://schemas.android.com/tools"
    android:layout_width="match_parent"
    android:layout_height="match_parent">
    <TextView
        android:layout_width="match_parent"
```

```
        android:layout_height="match_parent"
        android:background="#ff0000"
        android:gravity="center_horizontal"
        android:textSize="30sp"
        android:text="第一个 Fragment"
        android:textColor="#ffffff"
        />
</LinearLayout>
```

（2）fragment2_layout.xml 布局文件设计

fragment2_layout.xml 布局文件具体实现代码如下：

```
<LinearLayout xmlns:android="http://schemas.android.com/apk/res/android"
    xmlns:tools="http://schemas.android.com/tools"
    android:layout_width="match_parent"
    android:layout_height="match_parent">
    <TextView
        android:layout_width="match_parent"
        android:layout_height="match_parent"
        android:background="#0000ff"
        android:gravity="center_horizontal"
        android:textSize="30sp"
        android:text="第二个 Fragment"
        android:textColor="#ffffff"
        />
</LinearLayout>
```

（3）Fragment1 类设计

Fragment1 类和 Fragment2 类都继承 Fragment 类，在这两个类的 onCreateView()方法中分别加载对应的 fragment1_layout.xml 和 fragment2_layout.xml 文件，并利用 LayoutInflater 类提供的方法把布局文件实例化成一个 View 对象。具体实现代码如下：

```
public class Fragment1 extends Fragment {
    @Override
    public View onCreateView(LayoutInflater inflater, ViewGroup container,
                             Bundle savedInstanceState) {
  /*
    通过调用 LayoutInflater 对象的 inflate()方法把 fragment1_layout.xml 布局文件实例化成一
个 View 对象
    inflate()方法参数的含义：参数一表示布局文件的引用；参数二表示视图组；参数三表示布尔值
    inflate()方法的功能：把布局文件实例化成一个视图对象，同时决定是否把该视图对象添加到视图组中
*/
        View view = inflater.inflate(R.layout.fragment1_layout, container, false);
        return view;
    }
}
```

（4）Fragment2 类设计

Fragment2 类与 Fragment1 类格式相同，只是布局文件不同，具体实现代码如下：

```
public class Fragment2 extends Fragment {
    @Override
    public View onCreateView(LayoutInflater inflater, ViewGroup container,
                             Bundle savedInstanceState) {
```

```
        View view = inflater.inflate(R.layout.fragment2_layout, container, false);
        return view;
    }
}
```

（5）主页面布局文件设计

在主页面布局文件中，通过 fragment 标签加载 Fragment，通过 android:name 属性指定具体的 Fragment，同时一定要给 fragment 标签设置 id 或 tag 属性。具体实现代码如下：

```
<?xml version="1.0" encoding="utf-8"?>
<LinearLayout xmlns:android="http://schemas.android.com/apk/res/android"
    xmlns:app="http://schemas.android.com/apk/res-auto"
    xmlns:tools="http://schemas.android.com/tools"
    android:layout_width="match_parent"
    android:layout_height="match_parent"
    android:orientation="horizontal"
    tools:context=".MainActivity">
   <fragment
       android:id="@+id/fragment1"
       android:layout_width="match_parent"
       android:layout_height="match_parent"
       android:name="com.example.fragmentapp.Fragment1"
       android:layout_weight="1" />
    <fragment
        android:id="@+id/fragment2"
        android:layout_width="match_parent"
        android:layout_height="match_parent"
        android:name="com.example.fragmentapp.Fragment2"
        android:layout_weight="1"/>
</LinearLayout>
```

4. 动态加载 Fragment

动态加载 Fragment 涉及 FragmentManager 类和 FragmentTransaction 类。FragmentManager 用于管理 Activity 中的 Fragment，进行 Fragment 的出入栈管理，而这一系列的操作都会通过 FragmentTransaction 作为一个基本单元进行提交、生效。

通过以下 4 步操作实现动态加载 Fragment。

第一步：获得 FragmentManager 对象。通过 Activity 类提供的 getSupportFragmentManager()方法获得 FragmentManager 对象。

第二步：开启事务。调用 FragmentManager 类的 beginTransaction()方法开启事务，该方法返回 FragmentTransaction 对象。

第三步：向容器内添加或替换一个 Fragment。调用 FragmentTransaction 类的 add()或者 replace()方法，其方法参数需要传入容器的 id 和 Fragment 对象。

第四步：提交事务。调用 FragmentTransaction 类的 commit()方法实现事务提交。

FragmentTransaction 类主要提供开启事务、提交事务和对 Fragment 进行添加、隐藏、删除、替换、显示等操作方法。FragmentTransaction 类提供的常见方法如表 6-2 所示。

表 6-2　FragmentTransaction 类提供的常见方法

方　法	说　明
beginTransaction()	开启一个事务
commit()	提交事务
add(int containerViewId, Fragment fragment, String tag)	往 Activity 容器中添加一个 Fragment
hide(Fragment fragment)	隐藏 Fragment。Fragment 必须是添加过的，且只会隐藏当前的 Fragment
remove(Fragment fragment)	从 Activity 中移除一个 Fragment，如果被移除的 Fragment 没有添加到回退栈中，那么这个 Fragment 实例将会被销毁
replace(int containerViewId, Fragment fragment , String tag)	使用另一个 Fragment 替换当前的 Fragment，实际上是删除当前的 Fragment，然后再添加另一个 Fragment，该方法是 remove()和 add()方法的合体
show(Fragment fragment)	显示之前调用 hide()方法隐藏的 Fragment，Fragment 必须是添加到容器中的 Fragment

将前面的 Fragment 静态加载改成动态加载设计，效果如图 6-13 和图 6-14 所示。单击页面下方的按钮即可加载 Fragment。

图 6-13　动态加载 Fragment1

图 6-14　动态加载 Fragment2

Fragment1 和 Fragment2 前面已创建完成，这里不再阐述。动态加载 Fragment 主要涉及主布局文件和 MainActivity 的制作。

（1）主页面布局文件设计

主页面布局文件中要将容器预留给 Fragment1 和 Fragment2 使用，这里的 FrameLayout 就是预留的容器。主布局文件具体实现代码如下：

```
<LinearLayout xmlns:android="http://schemas.android.com/apk/res/android"
```

```
    xmlns:tools="http://schemas.android.com/tools"
    android:layout_width="match_parent"
    android:layout_height="match_parent"
    android:orientation="vertical">
<!--预留添加 Fragment 的容器-->
    <FrameLayout
        android:id="@+id/layout"
        android:layout_width="match_parent"
        android:layout_height="0dp"
        android:layout_weight="1"/>
    <LinearLayout
        android:layout_width="match_parent"
        android:layout_height="wrap_content"
        android:orientation="horizontal">
        <Button
            android:id="@+id/btn1"
            android:layout_width="match_parent"
            android:layout_height="wrap_content"
            android:layout_weight="1"
            android:text="添加 Fragment1"
            android:textAllCaps="false"/>
        <Button
            android:id="@+id/btn2"
            android:layout_width="match_parent"
            android:layout_height="wrap_content"
            android:layout_weight="1"
            android:text="添加 Fragment2"
            android:textAllCaps="false"/>
    </LinearLayout>
</LinearLayout>
```

（2）MainActivity 设计

在 MainActivity 中实现动态加载 Fragment，但是要考虑效率问题，即 Fragment 已创建过，再次添加时不能重新创建，而是让其显示即可，不显示时则将其隐藏。编写的 switchFragment()能够实现此功能。MainActivity 具体实现代码如下：

```
public class MainActivity extends AppCompatActivity {
    private Button btn1, btn2;
    Fragment fragment1 = null;
    Fragment fragment2 = null;
    protected void onCreate(Bundle savedInstanceState) {
        super.onCreate(savedInstanceState);
        setContentView(R.layout.activity_main);
        btn1 = (Button) this.findViewById(R.id.btn1);
        btn2 = (Button) this.findViewById(R.id.btn2);
        btn1.setOnClickListener(new View.OnClickListener() {
            @Override
            public void onClick(View view) {
                if (fragment1 == null) {
                    fragment1 = new Fragment1();
                }
                switchFragment(fragment1);
            }
```

```
        });
        btn2.setOnClickListener(new View.OnClickListener() {
            @Override
            public void onClick(View view) {
                if (fragment2 == null) {
                    fragment2 = new Fragment2();
                }
                switchFragment(fragment2);
            }
        });
    }
    //current Fragment 用于记录容器中显示的 Fragment
    Fragment currentFragment = new Fragment();
    //实现 Fragment 切换的方法
    private void switchFragment(Fragment targetFragment) {
        //获得 FragmentManager 对象
        FragmentManager fm = getSupportFragmentManager();
        //开启一个事务
        FragmentTransaction ft = fm.beginTransaction();
        //隐藏当前 Fragment
        ft.hide(currentFragment);
        //判断 target Fragment 是否已添加，若没有被添加，则添加到容器中，否则显示该 Fragment
        if (!targetFragment.isAdded()) {
            ft.add(R.id.layout, targetFragment);
        } else {
            ft.show(targetFragment);
        }
        //事务提交
        ft.commit();
        //记录当前显示的 Fragment
        currentFragment = targetFragment;
    }
}
```

6.5.2 FragmentPagerAdapter

在 Android 开发中，经常会使用 ViewPager+Fragment 组合来实现多页面的切换和滑动操作，此时使用的适配器是 FragmentPagerAdapter。

FragmentPagerAdapter 是 PagerAdapter 的一个子类，用来实现 Fragment 在 ViewPager 中进行滑动切换功能，它将每一个页面表示为一个 Fragment，并把每一个 Fragment 都保存到 FragmentManager 中。当用户不再回到页面的时候，FragmentManager 就会将这个 Fragment 销毁。

FragmentPagerAdapter 类在使用时，需要其子类继承，并重写 getItem(int position)和 getCount()两个抽象方法。第一个抽象方法用于获取 position 对应的 Fragment，第二个抽象方法用于返回集合中 Fragment 的个数。

6.5.3 TabLayout

TabLayout 组件一般用于实现导航。TabLayout 一般与 ViewPager+Fragment 结构组合使用以实现滑动的标签选择器。如图 6-15 所示，顶部导航中的“推荐”“IT · 互联网”等用 TabLayout 组件实现，可以实现导航效果，内容区域用 ViewPager 组件实现左右滑动，内容用 Fragment 呈现，Fragment 是嵌入 ViewPager 中的。

图 6-15 腾讯课堂 App 页面结构

1. TabLayout 组件结构

TabLayout 组件主要由 TabItem（标签项）和 Indicator（指示器）组成，标签项可以由文字和图片组成，图片可以放在文字的上、下、左、右位置。指示器是一个带颜色的水平线段，表示当前选中的标签项。TabLayout 结构如图 6-16 所示。

图 6-16 TabLayout 结构

2. TabLayout 组件属性

TabLayout 组件属性如下。

app:tabIndicatorColor 属性用来设置当标签项被选中时的指示器颜色。

app:tabIndicatorHeight 属性用来设置指示器的高度，如果不需要指示器，可以设置为 0dp。

app:tabIndicatorFullWidth="false|true"属性用来设置指示器是否充满标签项的宽度。

app:tabSelectedTextColor 属性用来设置当标签项被选中时的字体颜色。

app:tabTextColor 属性用来设置当标签项未被选中时的字体颜色。

app:tabBackground 属性用来设置整个 TabLayout 的颜色。

app:tabMode 属性有两个值，一个是 fixed，表示不管标签含有多少个字符，都自动平分当前 TabLayout 的宽度，一般最多占两行，若存在显示不下的部分，则用省略号代替；另一个是 scrollable，表示从左到右依次显示标签，显示不了的，可以滚动显示。

3. 静态加载 TabLayout

静态加载 TabLayout 是指在布局文件中，创建 TabLayout 标签，在其内部创建所有 TabItem 子标签。具体实现代码如下：

```
<?xml version="1.0" encoding="utf-8"?>
```

```
<LinearLayout xmlns:android="http://schemas.android.com/apk/res/android"
    xmlns:app="http://schemas.android.com/apk/res-auto"
    xmlns:tools="http://schemas.android.com/tools"
    android:layout_width="match_parent"
    android:layout_height="match_parent"
    tools:context=".MainActivity">
    <com.google.android.material.tabs.TabLayout
        android:id="@+id/tablayout"
        android:layout_width="match_parent"
        android:layout_height="wrap_content">
        <com.google.android.material.tabs.TabItem
            android:layout_width="wrap_content"
            android:layout_height="wrap_content"
            android:text="关注" />
        <com.google.android.material.tabs.TabItem
            android:layout_width="wrap_content"
            android:layout_height="wrap_content"
            android:text="推荐" />
        <com.google.android.material.tabs.TabItem
            android:layout_width="wrap_content"
            android:layout_height="wrap_content"
            android:text="科技" />
        <com.google.android.material.tabs.TabItem
            android:layout_width="wrap_content"
            android:layout_height="wrap_content"
            android:text="体育" />
    </com.google.android.material.tabs.TabLayout>
</LinearLayout>
```

代码运行效果如图 6-17 所示。注意：TabLayout 标签、TabItem 子标签被引用时其前面都要加上“com.google.android.material.tabs”。

4. 动态加载 TabLayout

动态加载 TabLayout 是指在布局文件中添加 TabLayout 组件，而其标签项则在 Activity 中根据实际需要进行动态初始化。通过 TabLayout 的 newTab()方法创建标签项，之后给标签项添加标题，最后通过 TabLayout 的 addTab()方法将标签项添加到 TabLayout 中。标签切换事件可以通过 addOnTabSelectedListener()实现。OnTabSelectedListener 接口有 3 个抽象方法，onTabSelected (TabLayout.Tab tab)表示标签项被选中时回调的方法，onTabUnselected(TabLayout.Tab tab)表示标签项未被选中时调用的方法，onTabReselected(TabLayout.Tab tab)表示标签项再次被选中时调用的方法。下面通过一个简单的案例演示如何动态加载 TabLayout 和绑定事件。TabLayout 应用效果如图 6-18 所示。

（1）主页面布局文件设计

在主页面布局文件中引入 TabLayout 组件，再添加一个 TextView 组件，用于实现单击标签项时要呈现的内容。具体实现代码如下：

```
<?xml version="1.0" encoding="utf-8"?>
<LinearLayout xmlns:android="http://schemas.android.com/apk/res/android"
    xmlns:app="http://schemas.android.com/apk/res-auto"
    xmlns:tools="http://schemas.android.com/tools"
    android:layout_width="match_parent"
```

图 6-17　TabLayout 静态加载

图 6-18　TabLayout 应用效果

```
    android:layout_height="match_parent"
    android:orientation="vertical"
    tools:context=".MainActivity">
    <com.google.android.material.tabs.TabLayout
        android:id="@+id/tablayout"
        android:layout_width="match_parent"
        android:layout_height="wrap_content">
    </com.google.android.material.tabs.TabLayout>
    <TextView
        android:id="@+id/t1"
        android:layout_width="match_parent"
        android:layout_height="match_parent"
        android:textSize="35sp"
        android:gravity="center"/>
</LinearLayout>
```

（2）MainActivity 设计

在 MainActivity 中创建标签项，给标签项设置标题，再把标签项加入 TabLayout，为 TabLayout 绑定事件，实现标签项切换效果。具体实现代码如下：

```
public class MainActivity extends AppCompatActivity {
    TabLayout tabLayout;
    TextView t1;
    @Override
    protected void onCreate(Bundle savedInstanceState) {
        super.onCreate(savedInstanceState);
        setContentView(R.layout.activity_main);
        tabLayout = (TabLayout) findViewById(R.id.tablayout);
        t1 = (TextView) findViewById(R.id.t1);
        //创建标签项
        TabLayout.Tab tabItem1 = tabLayout.newTab();
        //设置标签项的标题
```

```
        tabItem1.setText("关注");
        TabLayout.Tab tabItem2 = tabLayout.newTab();
        tabItem2.setText("推荐");
        TabLayout.Tab tabItem3 = tabLayout.newTab();
        tabItem3.setText("科技");
        TabLayout.Tab tabItem4 = tabLayout.newTab();
        tabItem4.setText("体育");
        //添加标签项
        tabLayout.addTab(tabItem1);
        tabLayout.addTab(tabItem2);
        tabLayout.addTab(tabItem3);
        tabLayout.addTab(tabItem4);
        //添加事件
        tabLayout.addOnTabSelectedListener(new TabLayout.OnTabSelectedListener() {
            //标签项被选中时调用的方法
            @Override
            public void onTabSelected(TabLayout.Tab tab) {
                t1.setText("选中了" + tab.getText().toString());
            }
            //标签项未被选中时调用的方法
            @Override
            public void onTabUnselected(TabLayout.Tab tab) {
            }
            //标签项再次被选中时调用的方法
            @Override
            public void onTabReselected(TabLayout.Tab tab) {
            }
        });
    }
}
```

6.5.4 ViewPager+Fragment+TabLayout 结构

6.5.4 ViewPager+Fragment+TabLayout 结构

ViewPager+Fragment+TabLayout 结构是很多 App（如今日头条、QQ 音乐等）采用的一种框架结构。该结构中 TabLayout 组件负责实现顶部导航，ViewPager 组件负责实现左右滑动页面，Fragment 负责呈现内容。通过选中 TabLayout 的标签项，ViewPager 显示对应的 Fragment 呈现的内容。在 ViewPager 实现左右滑动页面时，TabLayout 指示器也随之变化。下面通过一个简单的案例阐述 ViewPager+Fragment+TabLayout 组合的应用。其页面如图 6-19 和图 6-20 所示。

1. Fragment 布局文件的制作

案例比较简单，各 Fragment 的风格一样，对应的布局文件代码也一样，只是文件名不同而已。代码以 fragment1_layout.xml 为例，具体实现代码如下：

```
<LinearLayout xmlns:android="http://schemas.android.com/apk/res/android"
    android:layout_width="match_parent"
    android:layout_height="match_parent"
    android:layout_gravity="center">
```

```
        <TextView
            android:id="@+id/txt"
            android:layout_width="match_parent"
            android:layout_height="wrap_content"
            android:layout_gravity="center|center_horizontal"
            android:gravity="center"
            android:textSize="35sp" />
    </LinearLayout>
```

图 6-19　要闻新闻页面

图 6-20　体育新闻页面

2. 创建 Fragment

创建 3 个 Fragment，文件名分别是 Fragment1.java、Fragment2.java、Fragment3.java，分别配置 fragment1_layout.xml、fragment2_layout.xml、fragment3_layout.xml 布局文件。以 Fragment1 为例，具体实现代码如下：

```
    public class Fragment1 extends Fragment {
        @Nullable
        @Override
        public View onCreateView(@NonNull LayoutInflater inflater, @Nullable 
ViewGroup container, @Nullable Bundle savedInstanceState) {
            View view = inflater.inflate(R.layout.fragment1_layout, null);
            TextView txt = (TextView) view.findViewById(R.id.txt);
            txt.setText("要闻新闻页面");
            return view;
        }
    }
```

其中 TextView txt = (TextView) view.findViewById(R.id.txt)语句是在 view 中实例化文本框对象，而 view 是 fragment1_layout.xml 文件实例化的对象，如果此文件没有 id 值为 txt 的文本框，则报错。通过此语句可以把 Fragment 中的布局文件的组件实例化，并绑定相关事件，从而实现人机交互。

3. 创建 MyFragmentPagerAdapter

定义 MyFragmentPagerAdapter 类继承 FragmentPagerAdapter 类，并在该类中实现 getCount()、 getItem(int position)和 getPageTitle(int position)方法，其中 getPageTitle(int position)用于返回 TabLayout 标签项的标题，若不重写此方法，TabLayout 标签项的标题则不能显示。具体实现代码如下：

```
public class MyFragmentPagerAdapter extends FragmentPagerAdapter {
    private List<Fragment> list;
    private String[] titles = {"要闻", "科技", "体育"};
    //构造方法
    public MyFragmentPagerAdapter(@NonNull FragmentManager fm, List<Fragment>
list){
        super(fm);
        this.list=list;
    }
    //返回 TabLayout 标签项的标题
    @Nullable
    @Override
    public CharSequence getPageTitle(int position) {
        return titles[position];
    }
    //返回集合中 position 对应的 Fragment 对象
    @NonNull
    @Override
    public Fragment getItem(int position) {
        return list.get(position);
    }
    @Override
    //返回集合中数据项的个数
    public int getCount() {
        return list.size();
    }
}
```

4．主布局文件设计

在主布局文件中添加 TabLayout 组件和 ViewPager 组件。具体实现代码如下：

```
<?xml version="1.0" encoding="utf-8"?>
<LinearLayout xmlns:android="http://schemas.android.com/apk/res/android"
    xmlns:app="http://schemas.android.com/apk/res-auto"
    xmlns:tools="http://schemas.android.com/tools"
    android:layout_width="match_parent"
    android:layout_height="match_parent"
    android:orientation="vertical"
    tools:context=".MainActivity">
    <com.google.android.material.tabs.TabLayout
        android:id="@+id/tablayout"
        android:layout_width="match_parent"
        android:layout_height="wrap_content">
        <com.google.android.material.tabs.TabItem
            android:layout_width="wrap_content"
            android:layout_height="wrap_content"
            android:text="要闻" />
        <com.google.android.material.tabs.TabItem
            android:layout_width="wrap_content"
            android:layout_height="wrap_content"
```

```
            android:text="科技" />
        <com.google.android.material.tabs.TabItem
            android:layout_width="wrap_content"
            android:layout_height="wrap_content"
            android:text="体育" />
    </com.google.android.material.tabs.TabLayout>
    <androidx.viewpager.widget.ViewPager
        android:id="@+id/viewpager"
        android:layout_width="match_parent"
        android:layout_height="match_parent" />
</LinearLayout>
```

5. MainActivity 设计

在 MainActivity 中，创建 3 个 Fragment 放入 List 集合中，定义适配器，给 ViewPager 设置适配器，之后通过 TabLayout 的 setupWithViewPager()方法将 TabLayout 与 ViewPager 进行关联。具体实现代码如下：

```
public class MainActivity extends AppCompatActivity {
    private TabLayout tabLayout;
    private ViewPager viewPager;
    private MyFragmentPagerAdapter adapter;
    private List<Fragment> list = new ArrayList<Fragment>();
    Fragment fragment1 = new Fragment1();
    Fragment fragment2 = new Fragment2();
    Fragment fragment3 = new Fragment3();
    @Override
    protected void onCreate(Bundle savedInstanceState) {
        super.onCreate(savedInstanceState);
        setContentView(R.layout.activity_main);
        tabLayout = (TabLayout)this.findViewById(R.id.tablayout);
        viewPager = (ViewPager)this.findViewById(R.id.viewpager);
        //添加数据
        list.add(fragment1);
        list.add(fragment2);
        list.add(fragment3);
        //获得 FragmentManager 对象
        FragmentManager fm = this.getSupportFragmentManager();
        //定义适配器
        adapter = new MyFragmentPagerAdapter(fm, list);
        //给 ViewPager 设置适配器
        viewPager.setAdapter(adapter);
        //设置 TabLayout 与 ViewPager 关联
        tabLayout.setupWithViewPager(viewPager);
    }
}
```

【实训与练习】

一、理论练习

1. shape 标签可以绘制 4 种形状，分别是________、________、________、________。

2. ViewPager 可以使用的适配器有________、____________、____________。

3. 下面代码定义了动态加载 Fragment 的基本操作。

```
//获得 FragmentManager 对象
__________________fm=getSupportFragmentManager();
//开启一个事务
FragmentTransaction ft=________.beginTransaction();
Fragment1 __________ = new Fragment1();
//把 fragment1 添加到 FrameLayout 容器中
ft._______(R.id.fl,fragment1);
//事物提交
ft.___________();
```

4. TabLayout 组件在________________________________包下。

5. 设置 TabLayout 与 ViewPager 关联的方法是________________________。

二、实训练习

把本单元中的引导页面案例与最后一个案例进行关联。

要求：

1. 当引导页面滑到最后一页时，单击【立即体验】按钮，则跳到最后一个案例的页面，即图 6-19 所示的页面。

2. 把此 App 关闭后，再次运行时不显示引导页面，直接跳到图 6-19 所示的页面。

单元7 Android常用框架

07

【学习导读】

框架（Framework）是整个或部分系统的可重用设计，表现为一组抽象构件及构件实例间交互的方法。随着互联网行业的不断发展，产品项目中的模块越来越多，现在GitHub上流行的开源库极大地节省了开发人员的开发时间，很多企业和个人都在GitHub上开源自己的项目。这些开源库或框架可以通过GitHub快速查询并集成到正在开发的项目上，如此便捷的技术极大地节省了开发时间。本单元通过介绍Android常用框架，帮助读者了解如何下载框架、使用框架，从而提高开发效率。

【学习目标】

知识目标：

1. 了解ButterKnife、MPAndroidChart、SmartRefreshLayout等框架；
2. 掌握框架引入方式和框架的基本应用方式；
3. 熟悉框架提供的相关类。

技能目标：

1. 能够利用ButterKnife框架实现视图和事件绑定；
2. 能够利用MPAndroidChart框架绘制折线图、柱状图、动态折线图等；
3. 能够利用SmartRefreshLayout框架实现下拉数据刷新。

素养目标：

1. 科技是第一生产力，人才是第一资源，传递国家科教兴国；
2. 弘扬和平、发展、公平、正义、民主、自由的全人类共同价值，尊重世界文明多样性，传递科学技术无国界理念。

【思维导图】

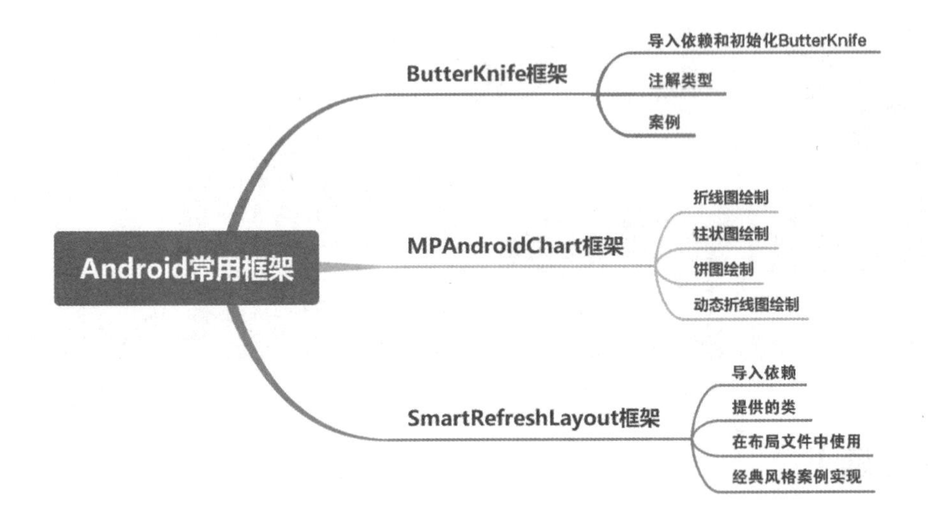

【相关知识】

7.1 ButterKnife 框架

ButterKnife 框架是杰克 · 沃顿（Jake Wharton）开发的一款快速注解框架，它通过注解的方式替代 Android 中视图的相关操作，可以减少大量 findViewById()以及 setOnClickListener()代码。使用 ButterKnife 框架的 App 性能基本没有损失，运行效率还比较高，因为该框架用到的注解并不是在程序运行时反射，而是在程序编译时生成新的类。此外该框架集成到项目中特别方便，使用起来也非常简单。目前该框架在 Android 移动应用开发领域中被广泛使用。

7.1.1 导入依赖和初始化 ButterKnife

要想使用 ButterKnife 框架，首先要把 ButterKnife 框架引入到工程中，然后初始化 ButterKnife 框架，才能使用 ButterKnife 框架提供的注解。

1. 导入依赖

在 build.gradle 文件中找到 dependencies 模块，在其中添加如下语句导入依赖。

```
implementation 'com.jakewharton:butterknife:10.1.0'
annotationProcessor 'com.jakewharton:butterknife-compiler:10.1.0'
```

2. 初始化 ButterKnife 框架

初始化 ButterKnife 框架可以通过调用 bind()方法来实现。在 Activity 和 Fragment 中初始化 ButterKnife 框架略有不同，Activity 在调用 bind()方法时只传递 Activity 对象，而 Fragment 在调用 bind()

方法时需要传递 Fragment 对象和根布局 View 对象。

Activity 使用 ButterKnife.bind(this)方法时必须将其置于 setContentView()方法之后。若 Activity 父类初始化了 ButterKnife，子类则不需要再初始化。初始化 ButterKnife 框架代码如下：

```
public class MainActivity extends AppCompatActivity {
    @Override
    protected void onCreate(Bundle savedInstanceState) {
        super.onCreate(savedInstanceState);
        setContentView(R.layout.activity_main);
        //初始化 ButterKnife 框架
        ButterKnife.bind(this);
    }
}
```

Fragment 使用 ButterKnife.bind(this,rootView)方法初始化 ButterKnife 框架，根布局 View 对象需要在 onDestroyView()中解绑 ButterKnife，释放资源。解绑 ButterKnife 代码如下：

```
public class Fragment1 extends Fragment {
    Unbinder unbinder;
    @Override
    public View onCreateView(LayoutInflater inflater, ViewGroup container,
                             Bundle savedInstanceState) {
        View view=inflater.inflate(R.layout.fragment_1, container, false);
        //初始化 ButterKnife 框架
        unbinder= ButterKnife.bind(this,view);
        return view;
    }
    @Override
    public void onDestroyView() {
        super.onDestroyView();
        //解绑 ButterKnife，释放资源
        unbinder.unbind();
    }
}
```

7.1.2 注解类型

ButterKnife 目前最新版为 10.2.3，该版本为开发者提供了 20 多个注解。通过注解可以实现绑定视图、资源和事件。注解分成三类，第一类是绑定视图注解，第二类是绑定资源注解，第三类是绑定事件注解，其绑定格式分别如表 7-1～表 7-3 所示。

表 7-1 绑定视图注解

注解名称	含义及语法格式
@BindView	绑定一个视图，其语法格式为： @BindView(R.id.txt) TextView txt;
@BindViews	绑定多个视图，其语法格式为： @BindViews({R.id.btn1, R.id.btn2}) List<Button> btn_list;

表 7-2　绑定资源注解

注解名称	含义及语法格式
@BindArray	绑定资源文件中的 array 类型数据，其语法格式为： @BindArray(R.array.students) String[ ] students;
@BindBitmap	绑定 drawable 文件夹下的图片，其语法格式为： @BindBitmap(R.drawable.a1) Bitmap bitmap;
@BindBool	绑定资源文件中的 bool 类型数据，其语法格式为： @BindBool(R.bool.flag) boolean flag;
@BindColor	绑定资源文件中的 color 类型数据，其语法格式为： @BindColor(R.color.red) int red;
@BindDimen	绑定资源文件中的 dimen 类型数据，其语法格式为： @BindDimen(R.dimen.spacer) float spacer;
@BindDrawable	绑定资源文件中的 drawable 类型数据，其语法格式为： @BindDrawable(R.drawable.graphic) Drawable graphic;
@BindInt	绑定资源文件中的 integer 类型数据，其语法格式为： @BindInt(R.integer.num) int num;
@BindString	绑定资源文件中的 string 类型数据，其语法格式为： @BindString(R.string.app_name) String app_name;
@BindAnim	绑定 anim 文件夹下的动画文件，其语法格式为： @BindAnim(R.anim.fade_in) Animation fade_in;

表 7-3　绑定事件注解

注解名称	含　义
@OnClick()	单击事件
@OnCheckedChanged()	选中单选按钮或复选框、选中被取消事件
@OnEditorAction()	软键盘的功能按键事件
@OnFocusChange()	焦点改变事件
@OnItemClick()	Item 被单击事件
@OnItemLongClick()	Item 被长按事件
@OnItemSelected()	Item 被选择事件
@OnLongClick()	长按事件
@OnPageChange()	页面变化事件
@OnTextChanged()	EditText 里面的文本内容变化事件
@OnTouch()	触摸事件

7.1.3　案例

本案例通过绑定按钮、图片框、文本框组件和数组资源、图片资源及其按钮事件，来实现 ButterKnife 框架的基本应用。

1. 创建数组资源

在 string.xml 中定义数组资源 students。具体实现代码如下：

```
<resources>
    <string name="app_name">ButterKnifeApp</string>
    <string name="hello_blank_fragment">Hello blank fragment</string>
    <array name="students">
        <item>java</item>
        <item>android</item>
        <item>python</item>
        <item>vue</item>
    </array>
</resources>
```

2. 主页面布局文件设计

在主页面布局文件中设计一个文本框、一个图片框和两个按钮，并且分别设置其 id。具体实现代码如下：

```
<?xml version="1.0" encoding="utf-8"?>
<LinearLayout xmlns:android="http://schemas.android.com/apk/res/android"
    xmlns:app="http://schemas.android.com/apk/res-auto"
    xmlns:tools="http://schemas.android.com/tools"
    android:layout_width="match_parent"
    android:layout_height="match_parent"
    android:orientation="vertical"
    tools:context=".MainActivity">
    <TextView
        android:id="@+id/txt"
        android:layout_width="wrap_content"
        android:layout_height="wrap_content"
        android:text="文本框" />
    <ImageView
        android:id="@+id/img"
        android:layout_width="wrap_content"
        android:layout_height="wrap_content"
        android:text="图片框" />
    <Button
        android:id="@+id/btn1"
        android:layout_width="wrap_content"
        android:layout_height="wrap_content"
        android:text="按钮 1" />
    <Button
        android:id="@+id/btn2"
        android:layout_width="wrap_content"
        android:layout_height="wrap_content"
        android:text="按钮 2" />
</LinearLayout>
```

3. MainActivity 设计

通过@BindViews({R.id.btn1, R.id.btn2}) List<Button> btn_list 语句绑定两个按钮，则生成两个按钮对象存于 btn_list 集合中，用 btn_list.get(0)和 btn_list.get(1)分别表示两个按钮对象。在绑定事件时@OnClick(R.id.txt)语句后紧跟执行方法。@OnClick({R.id.btn1，R.id.btn2})语句绑定的方法中要传递

view 参数，表示记录的单击事件源，通过此参数来区分被单击的按钮。具体实现代码如下：

```
public class MainActivity extends AppCompatActivity {
    //绑定文本框
    @BindView(R.id.txt) TextView txt;
    //绑定图片框
    @BindView(R.id.img) ImageView img;
    //绑定两个按钮
    @BindViews({R.id.btn1, R.id.btn2}) List<Button> btn_list;
    //绑定图片资源
    @BindBitmap(R.drawable.t1_1) Bitmap bmp;
    //绑定 string.xml 文件中的数组资源
    @BindArray(R.array.students) String[] students;
    @Override
    protected void onCreate(Bundle savedInstanceState) {
        super.onCreate(savedInstanceState);
        setContentView(R.layout.activity_main);
        //初始化 ButterKnife 框架
        ButterKnife.bind(this);
    }
    //给文本框绑定单击事件
    @OnClick(R.id.txt)
    public void click() {
        Toast.makeText(this, "单击文本框", Toast.LENGTH_LONG).show();
    }
    //给两个按钮分别绑定单击事件
    @OnClick({R.id.btn1, R.id.btn2})
    public void click(View view) {
        //把 View 对象强制转换成 Button 对象
        Button btn = (Button) view;
        if (btn == btn_list.get(0)) {
            //单击按钮 1 设置图片框显示的图片
            img.setImageBitmap(bmp);
        } else if (btn == btn_list.get(1)) {
            //单击按钮 2 随机显示 students 数组的内容
            Random r = new Random();
            int index = r.nextInt(students.length);
            Toast.makeText(this, students[index], Toast.LENGTH_LONG).show();
        }
    }
}
```

7.2 MPAndroidChart 框架

MPAndroidChart 框架是 Android 一个强大且支持拖动和缩放、容易使用的开源图表库。它支持折线图、柱状图、饼图、散点图、气泡图和蜘蛛网状图等图表，其中柱状图支持 3D 效果。此框架适用于 Android 2.2（API 8）及以上版本，可以在 Android 和 iOS 平台上使用。若想学习更多

MPAndroidChart 框架的相关知识，可以在 GitHub 网站中搜索 MPAndroidChart。

使用 MPAndroidChart 框架绘制折线图、柱状图、饼图之前需要引入该框架，在 Android Studio 工程的 build.gradle(Module)文件中添加依赖代码 implementation 'com.github.PhilJay:MPAndroidChart:v3.1.0'。同时在 settings.gradle 文件中添加 maven {url "https://jitpack.io"}语句。具体实现代码如下：

```
dependencyResolutionManagement {
    repositoriesMode.set(RepositoriesMode.FAIL_ON_PROJECT_REPOS)
    repositories {
        google()
        mavenCentral()
        jcenter()
        maven {url "https://jitpack.io"}
    }
}
rootProject.name = "MPAndroidChartApp"
include ':app'
```

7.2.1 折线图绘制

7.2.1 折线图绘制

LineChart 类用于绘制折线图，位于 com.github.mikephil.charting.charts 包下，绘制折线图的相关类也都在此包中。

1. 布局文件定义折线图

在布局文件中定义折线图代码格式如下：

```
<com.github.mikephil.charting.charts.LineChart
        android:id="@+id/lineChart"
        android:layout_width="match_parent"
        android:layout_height="300dp"/>
```

2. 绘制折线图相关类

绘制基本折线图涉及 Entry、LineDataSet、ILineDataSet、LineData、LineChart 等类。Entry 类是一个封装坐标点的实体类，可以理解为坐标系中一个点，其存储（x，y）点坐标的值，x 值一般是从 0 开始变化的，而 y 值是实际要绘图的数据值。LineDataSet 类可以理解为由多个 Entry 点连接成的一条线的集合，可以对点、线等信息进行设置。ILineDataSet 是一个接口，LineDataSet 是 ILineDataSet 接口的实现类。LineData 类用于封装 LineDataSet，可以理解为多条线的集合，也就是存放多个 LineDataSet 的集合。LineChart 类用于绘制折线图组件。这些类的使用顺序如图 7-1 所示。

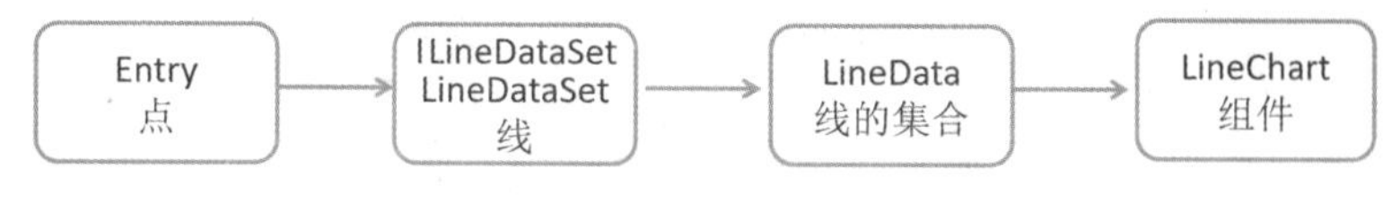

图 7-1 绘制折线图相关类的使用顺序

3. 绘制基本折线图

绘制 2021 年某地区一年 12 个月平均温度的折线图，如图 7-2 所示。

（1）主页面布局文件

在主页面布局文件中放置一个 LineChart 组件用于显示折线图，具体代码如下：

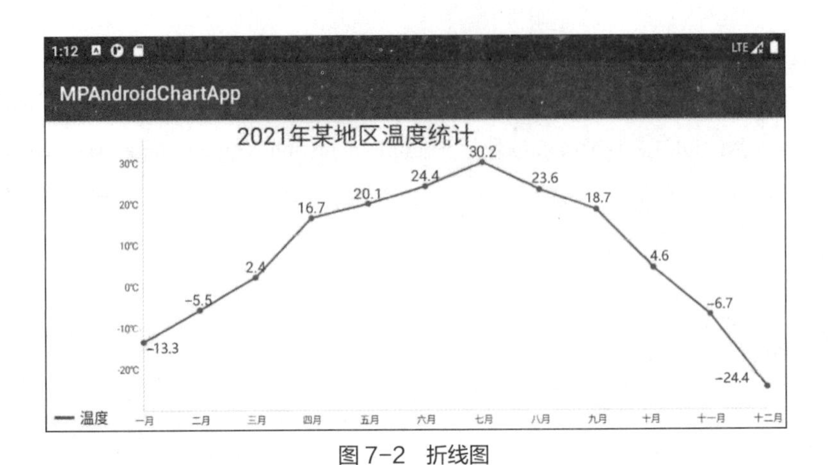

图 7-2　折线图

```
<?xml version="1.0" encoding="utf-8"?>
<LinearLayout xmlns:android="http://schemas.android.com/apk/res/android"
    xmlns:app="http://schemas.android.com/apk/res-auto"
    xmlns:tools="http://schemas.android.com/tools"
    android:layout_width="match_parent"
    android:layout_height="match_parent"
    tools:context=".MainActivity">
    <com.github.mikephil.charting.charts.LineChart
        android:id="@+id/lineChart"
        android:layout_width="match_parent"
        android:layout_height="300dp"
        />
</LinearLayout>
```

（2）创建 12 个 Entry 对象，并把它们放到集合中

创建 12 个 Entry 对象，把每个 Entry 对象放到集合中。其中 Entry entry1=new Entry(1, –13.3f)代码表示 entry1 存储（1，–13.3）坐标的值，–13.3f 表示是单精度类型的数据，1 表示一月，–13.3 表示温度。具体代码如下：

```
List<Entry> entries = new ArrayList<>();
Entry entry1 = new Entry(1, -13.3f); entries.add(entry1);
Entry entry2 = new Entry(2, -5.5f); entries.add(entry2);
Entry entry3 = new Entry(3, 2.4f); entries.add(entry3);
Entry entry4 = new Entry(4, 16.7f); entries.add(entry4);
Entry entry5 = new Entry(5, 20.1f); entries.add(entry5);
Entry entry6 = new Entry(6, 24.4f); entries.add(entry6);
Entry entry7 = new Entry(7, 30.2f); entries.add(entry7);
Entry entry8 = new Entry(8, 23.6f); entries.add(entry8);
Entry entry9 = new Entry(9, 18.7f); entries.add(entry9);
Entry entry10 = new Entry(10, 4.6f); entries.add(entry10);
Entry entry11 = new Entry(11, -6.7f); entries.add(entry11);
Entry entry12 = new Entry(12, -24.4f); entries.add(entry12);
```

（3）创建 LineDataSet 对象

创建一个 LineDataSet 对象就代表绘制一条折线。其构造方法包含两个参数，第一个参数是 List 集合，集合中存放的是 Entry 对象，第二个参数是图例的标题。创建 LineDataSet 对象的代码如下：

```
LineDataSet lineDataSet = new LineDataSet(entries, "温度");
```

（4）创建 LineData 对象，将数据放入图表控件中

把 LineDataSet 对象传入到创建的 LineData 对象，表示 LineData 对象中“装入”一条折线，实际是把绘制折线的数据传入到 LineData 对象。之后 LineChart 组件对象调用 setData()方法设置绘图数据为 LineData 对象。LineData 类相当于前面学过的适配器，其作用是一端连接数据，另一端连接组件。具体代码如下：

```
//获得 LineChart 对象
LineChart lineChart = (LineChart) this.findViewById(R.id.lineChart);
//创建 LineDataSet 对象
LineDataSet lineDataSet = new LineDataSet(entries, "温度");
//创建 LineData 对象
LineData data = new LineData(lineDataSet);
//设置 LineChart 的数据源
lineChart.setData(data);
```

（2）~（4）是在 Activity 中绘制基本折线图的核心代码，运行 Activity 效果如图 7-3 所示。

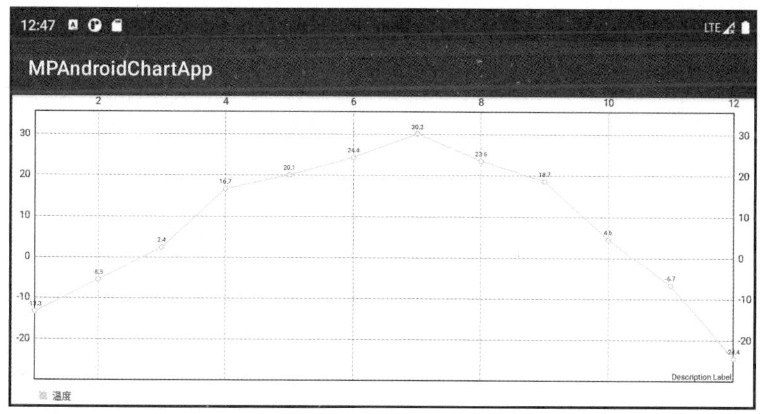

图 7-3　运行 Activity 效果

4. 修饰折线图

LineDataSet 对象表示的是一条折线，包括点、连接线及数值等信息。LineDataSet 类提供了相关的方法对折线、点及其文字进行美化设置。修饰折线图的代码如下：

```
//设置折线的颜色
lineDataSet.setColor(Color.RED);
//设置折线的宽度
lineDataSet.setLineWidth(2f);
//设置折线点的颜色
lineDataSet.setCircleColor(Color.RED);
//设置折线点圆的半径
lineDataSet.setCircleRadius(3f);
//设置折线点的圆是实心还是空心的，设置为 false 表示是实心圆
lineDataSet.setDrawCircleHole(false);
//设置折线点处文字的大小
lineDataSet.setValueTextSize(15f);
```

5. 设置图例

默认情况下，所有类型的图表都有图例，并在设置图表数据后自动生成和绘制图例。图例通常由多个条目组成，每个条目由一个标签、一个窗体/形状表示，如图 7-3 左下角温度标识所示。可以对图例的显示方式和位置等进行设置。在 MPAndroidChart 框架中用 Legend 类表示图例，该类提供了一些常用方法。可以通过绘图组件的 getLegend()方法获得图例对象，并对其进行设置。设置图例的代码如下：

```
//获得图例对象
Legend legend = lineChart.getLegend();
//设置图例是短线
legend.setForm(Legend.LegendForm.LINE);
//设置图例的文字大小
legend.setTextSize(15f);
//设置图例的显示方向为垂直
legend.setOrientation(Legend.LegendOrientation.VERTICAL);
```

6. 设置描述

在图 7-3 右下角有一串英文标识，这串英文标识是对图表的描述或图表的标题，用 Description 类来表示。该类提供了一些常用的方法来控制描述的位置、文字的大小和颜色等，可以通过绘图组件的 getDescription()方法获得描述对象。设置描述的代码如下：

```
//获得描述对象
Description description=lineChart.getDescription();
//设置描述的位置
description.setPosition(1200,80);
//设置描述的内容
description.setText("2021 年某地区温度统计");
//设置描述的文字大小
description.setTextSize(25f);
```

7. 设置 *x* 轴标识

在图 7-3 中可以看到 *x* 轴，此坐标轴默认设置在图表的上方。在 MPAndroidChart 框架中用 XAxis 类表示 *x* 轴，通过绘图组件的 getXAxis()获得 *x* 轴对象。XAxis 类提供了设置坐标轴的常用方法，如设置 *x* 轴的位置，坐标之间的最小间隔，坐标的最大值、最小值以及更改 *x* 轴坐标标识等。设置 *x* 轴坐标标识代码如下：

```
//获得 x 轴对象
XAxis xAxis = lineChart.getXAxis();
//设置 x 轴在折线图的底部
xAxis.setPosition(XAxis.XAxisPosition.BOTTOM);
//设置 x 轴坐标之间的最小间隔
xAxis.setGranularity(1);
//去掉 x 轴的延长线
xAxis.setDrawGridLines(false);
//设置 x 轴显示标签的数量
xAxis.setLabelCount(12);
final String[] months={"一月","二月","三月","四月","五月","六月","七月","八月","九月",
```

```
"十月","十一月","十二月"};
    //设置 x 轴值标签，显示 12 个月的月份
    xAxis.setValueFormatter(new IAxisValueFormatter() {
        @Override
        public String getFormattedValue(float value, AxisBase axis) {
            int index=(int)value;
            return months[index-1];
        }
    });
```

IAxisValueFormatter 接口用于格式化坐标标签值，通过重写 getFormattedValue()方法使其从原先的数字格式转换成符合要求的文本格式。事先把对应的标签值存入数组中，value 代表 x 轴坐标值，将 value 强制转换成整型，再从数组中提取坐标的标识作为返回值，则可实现匹配 x 轴坐标标识。

8. 设置 y 轴标识

在图 7-3 中可以看到 y 轴，y 轴分为左 y 轴和右 y 轴，用 YAxis 类表示 y 轴。通过绘图组件的 getAxisLeft()和 getAxisRight()方法可以分别获得左、右 y 轴。YAxis 类常用方法与 XAxis 类的相同。设置 y 轴坐标标识代码如下：

```
    //获得左 y 轴对象
    YAxis leftYAxis = lineChart.getAxisLeft();
    //获得右 y 轴对象
    YAxis rightYAxis = lineChart.getAxisRight();
    //设置右 y 轴不可见
    rightYAxis.setEnabled(false);
    //去掉左 y 轴延长线
    leftYAxis.setDrawGridLines(false);
    //设置左 y 轴显示标签的格式
    leftYAxis.setValueFormatter(new IAxisValueFormatter() {
        @Override
        public String getFormatted Value(float value, AxisBase axis) {
           String y_value=(int)value+"℃";
            return y_value;
        }
    });
```

以上代码配置完成后运行 MainAcitivity，效果如图 7-3 所示。

实现图 7-3 的效果，MainActivity 类中完整代码如下：

```
public class MainActivity extends AppCompatActivity {
    @Override
    protected void onCreate(Bundle savedInstanceState) {
        super.onCreate(savedInstanceState);
        setContentView(R.layout.activity_line_chart1);
        //设置数据
        List<Entry> entries = new ArrayList<>();
        Entry entry1 = new Entry(1, -13.3f);
        entries.add(entry1);
        Entry entry2 = new Entry(2, -5.5f);
        entries.add(entry2);
        Entry entry3 = new Entry(3, 2.4f);
```

```
entries.add(entry3);
Entry entry4 = new Entry(4, 16.7f);
entries.add(entry4);
Entry entry5 = new Entry(5, 20.1f);
entries.add(entry5);
Entry entry6 = new Entry(6, 24.4f);
entries.add(entry6);
Entry entry7 = new Entry(7, 30.2f);
entries.add(entry7);
Entry entry8 = new Entry(8, 23.6f);
entries.add(entry8);
Entry entry9 = new Entry(9, 18.7f);
entries.add(entry9);
Entry entry10 = new Entry(10, 4.6f);
entries.add(entry10);
Entry entry11 = new Entry(11, -6.7f);
entries.add(entry11);
Entry entry12 = new Entry(12, -24.4f);
entries.add(entry12);
//获得LineChart对象
LineChart lineChart = (LineChart) this.findViewById(R.id.lineChart);
//创建LineDataSet对象
LineDataSet lineDataSet = new LineDataSet(entries, "温度");
//创建LineData对象
LineData data = new LineData(lineDataSet);
//设置LineChart的数据源
lineChart.setData(data);
//设置折线的颜色
lineDataSet.setColor(Color.RED);
//设置折线的宽度
lineDataSet.setLineWidth(2f);
//设置折线点的颜色
lineDataSet.setCircleColor(Color.RED);
//设置折线点圆的半径
lineDataSet.setCircleRadius(3f);
//设置折线点的圆是实心或空心，设置false表示是实心圆
lineDataSet.setDrawCircleHole(false);
//设置折线点处文字的大小
lineDataSet.setValueTextSize(15f);
//设置图例
//获得图例对象
Legend legend = lineChart.getLegend();
//设置图例是短线
legend.setForm(Legend.LegendForm.LINE);
//设置图例的文字大小
legend.setTextSize(15f);
//设置图例的显示方向为垂直
legend.setOrientation(Legend.LegendOrientation.VERTICAL);
//设置描述
```

```
        //获得描述对象
        Description description = lineChart.getDescription();
        //设置描述的位置
        description.setPosition(1200, 80);
        //设置描述的内容
        description.setText("2021 年某地区温度统计");
        //设置描述的文字大小
        description.setTextSize(25f);
        //设置 x 轴
        //获得 x 轴对象
        XAxis xAxis = lineChart.getXAxis();
        //设置 x 轴在折线图的底部
        xAxis.setPosition(XAxis.XAxisPosition.BOTTOM);
        //设置 x 轴坐标之间的最小间隔
        xAxis.setGranularity(1);
        //去掉 x 轴的延长线
        xAxis.setDrawGridLines(false);
        //设置 x 轴显示标签的数量
        xAxis.setLabelCount(12);
        final String[] months = {"一月", "二月", "三月", "四月", "五月", "六月", "七
月", "八月", "九月", "十月", "十一月", "十二月"};
        //设置 x 轴显示标签的格式
        xAxis.setValueFormatter(new IAxisValueFormatter() {
            @Override
            public String getFormattedValue(float value, AxisBase axis) {
                int index = (int) value;
                return months[index-1];
            }
        });
        //设置 y 轴
        //获得左 y 轴对象
        YAxis leftYAxis = lineChart.getAxisLeft();
        //获得右 y 轴对象
        YAxis rightYAxis = lineChart.getAxisRight();
        //设置右 y 轴不可见
        rightYAxis.setEnabled(false);
        //去掉左 y 轴延长线
        leftYAxis.setDrawGridLines(false);
        //设置左 y 轴显示标签的格式
        leftYAxis.setValueFormatter(new IAxisValueFormatter() {
            @Override
            public String getFormattedValue(float value, AxisBase axis) {
                String y_value = (int) value + "℃";
                return y_value;
            }
        });
    }
}
```

7.2.2 柱状图绘制

柱状图在实际工作中经常被用到，用来直观反映数据情况。MPAndroidChart框架提供了绘制柱状图的 BarChart 类，也提供了 BarEntry、IBarDataSet、BarDataSet、BarData 等类。绘制柱状图的思路与绘制折线图的类似，修改图例、描述、坐标轴等的方法也是相同的。下面通过绘制双柱状图来说明 BarChart 等类的使用方法。柱状图如图 7-4 所示。

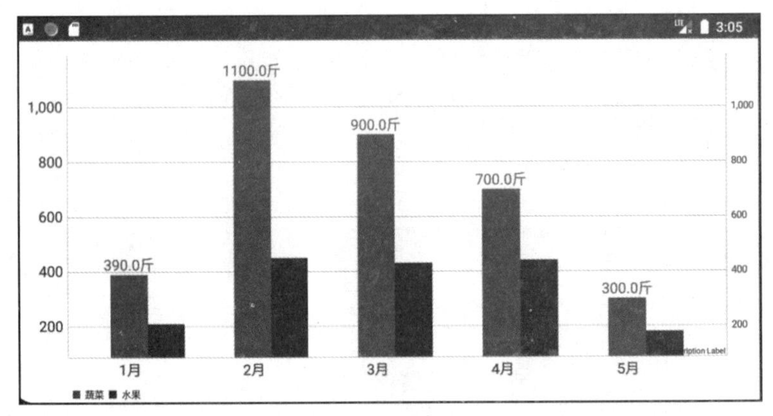

图 7-4 柱状图

（1）主页面布局文件设计

在主页面布局文件中放一个 BarChart 组件用于显示柱状图，具体代码如下：

```
<?xml version="1.0" encoding="utf-8"?>
<LinearLayout xmlns:android="http://schemas.android.com/apk/res/android"
    xmlns:app="http://schemas.android.com/apk/res-auto"
    xmlns:tools="http://schemas.android.com/tools"
    android:layout_width="match_parent"
    android:layout_height="match_parent"
    tools:context=".MainActivity">
    <com.github.mikephil.charting.charts.BarChart
        android:id="@+id/barChart"
        android:layout_width="match_parent"
        android:layout_height="300dp" />
</LinearLayout>
```

（2）MainActivity 设计

MainActivity 中的代码与绘制折线图的类似，需要注意的是，要把两个 BarDataSet 对象放到 List 集合中，集合的泛型必须是 IBarDataSet 类型，再把此集合放入 BarData 对象中。因此 BarData 对象中存放的是一个集合，且此集合中包含两个绘制柱状图的数据集合 BarDataSet 信息。这样就能绘制出两个柱状图。具体实现代码如下：

```
public class BarChartMainActivity extends AppCompatActivity {
    private BarChart barChart;
    @Override
    protected void onCreate(Bundle savedInstanceState) {
```

```
super.onCreate(savedInstanceState);
supportRequestWindowFeature(Window.FEATURE_NO_TITLE);
setContentView(R.layout.activity_bar_chart_main);
barChart=(BarChart)this.findViewById(R.id.barChart);
//设置第一条柱状图数据
List<BarEntry> barEntryList1=new ArrayList<BarEntry>();
barEntryList1.add(new BarEntry(0,390f));
barEntryList1.add(new BarEntry(1,1100f));
barEntryList1.add(new BarEntry(2,900f));
barEntryList1.add(new BarEntry(3,700f));
barEntryList1.add(new BarEntry(4,300f));
//把第一条柱状图数据放到 BarDataSet 对象中
BarDataSet barDataSet1=new BarDataSet(barEntryList1,"蔬菜");
//设置第一条柱状图
barDataSet1.setColor(Color.RED);
barDataSet1.setValueTextColor(Color.RED);
barDataSet1.setValueTextSize(15f);
//设置数据值，显示为数值+单位，如 390 斤
barDataSet1.setValueFormatter(new ValueFormatter() {
    @Override
    public String getBarLabel(BarEntry barEntry) {
        String value=(int)barEntry.getY()+"斤";
        return value;
    }
});
//设置第二条柱状图数据
List<BarEntry> barEntryList2=new ArrayList<BarEntry>();
barEntryList2.add(new BarEntry(0.3f,200f));
barEntryList2.add(new BarEntry(1.3f,400f));
barEntryList2.add(new BarEntry(2.3f,410f));
barEntryList2.add(new BarEntry(3.3f,420f));
barEntryList2.add(new BarEntry(4.3f,490f));
//把第二条柱状图数据放到 BarDataSet 对象中
BarDataSet barDataSet2=new BarDataSet(barEntryList2,"水果");
barDataSet2.setColor(Color.BLUE);
barDataSet2.setValueTextColor(Color.BLUE);
barDataSet2.setValueTextSize(15f);
//设置第二条柱状图不显示值
barDataSet2.setDrawValues(false);
//定义一个 List 集合，集合的泛型必须是 IbarDataSet 类型
List<IBarDataSet> list=new ArrayList<IBarDataSet>();
//把两个 BarDataSet 对象添加到 List 集合中
list.add(barDataSet1);
list.add(barDataSet2);
//把 List 对象放到 BarData 对象中
BarData barData=new BarData(list);
//设置柱状图的宽度
barData.setBarWidth(0.3f);
//设置 BarChart 组件的数据
barChart.setData(barData);
```

```
        XAxis xAxis=barChart.getXAxis();
        //设置 x 轴在柱状图的底部
        xAxis.setPosition(XAxis.XAxisPosition.BOTTOM);
        //设置 x 轴显示的标签数量
        xAxis.setLabelCount(5);
        final String[] labelName={"一月","二月","三月","四月","五月"};
        //设置 x 轴显示值的格式
xAxis.setValueFormatter(new IAxisValueFormatter() {
    @Override
    public String getFormattedValue(float value, AxisBase axis) {
            return labelName[(int) value];
    }
});
}
}
```

设置第一个柱状图的数据标签格式使用的是 setValueFormatter()方法，该方法中传递一个匿名类 ValueFormatter 对象；重写 getBarLabel(BarEntry barEntry)方法，并设置返回柱状图数据标签值的格式。

7.2.3 饼图绘制

7.2.3 饼图绘制

饼图绘制方式与折线图、柱状图两个图形绘制方式一致。MPAndroidChart 框架提供了绘制饼图的 PieChart 类，同时也提供了 PieEntry、IPieDataSet、PieDataSet、PieData 等类用于绘制饼图。下面通过绘制一个基本饼图（见图 7-5）来说明各个类的应用方法。

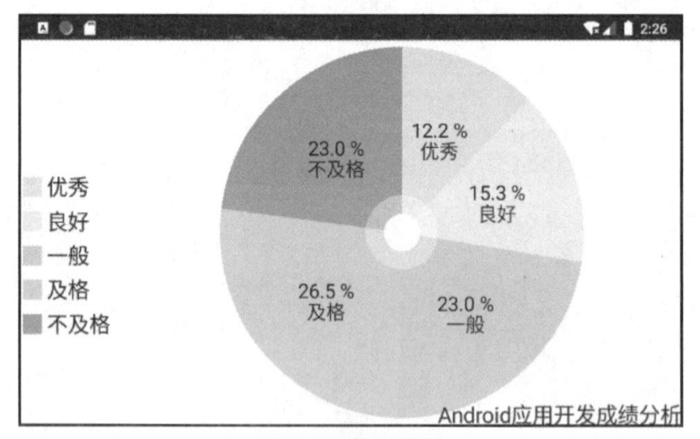

图 7-5　基本饼图

（1）主页面布局文件设计

在主页面布局文件中放一个 PieChart 组件，用于显示饼图，具体代码实现如下：

```
<?xml version="1.0" encoding="utf-8"?>
<LinearLayout xmlns:android="http://schemas.android.com/apk/res/android"
    xmlns:app="http://schemas.android.com/apk/res-auto"
    xmlns:tools="http://schemas.android.com/tools"
    android:layout_width="match_parent"
    android:layout_height="match_parent"
```

```
    tools:context=".MainActivity">
    <com.github.mikephil.charting.charts.PieChart
        android:id="@+id/pieChart"
        android:layout_width="match_parent"
        android:layout_height="match_parent" />
</LinearLayout>
```

（2）MainActivity 设计

在 MainActivity 中需要给每一个扇形设置颜色，这里采用颜色模板的方式进行设置。饼图文字标签的颜色和文字大小是通过 PieChart 组件的 setEntryLabelColor()和 setEntryLabelTextSize()方法分别设置的。具体实现代码如下：

```
public class PieMainActivity extends AppCompatActivity {
    private PieChart pieChart;
    @Override
    protected void onCreate(Bundle savedInstanceState) {
        super.onCreate(savedInstanceState);
        supportRequestWindowFeature(Window.FEATURE_NO_TITLE);
        setContentView(R.layout.activity_pie_main);
        pieChart=(PieChart)findViewById(R.id.pieChart);
        //设置饼图数据
        List<PieEntry> list=new ArrayList<PieEntry>();
        list.add(new PieEntry(24,"优秀"));
        list.add(new PieEntry(30,"良好"));
        list.add(new PieEntry(45,"一般"));
        list.add(new PieEntry(52,"及格"));
        list.add(new PieEntry(45,"不及格"));
        PieDataSet dataSet=new PieDataSet(list,"");
        //设置颜色
        ArrayList<Integer> colors = new ArrayList<Integer>();
        for (int c : ColorTemplate.VORDIPLOM_COLORS)
            colors.add(c);
        //给饼图设置颜色
        dataSet.setColors(colors);
        //设置数据集合
        PieData pieData=new PieData(dataSet);
        //设置数值字号大小
        pieData.setValueTextSize(20f);
        //设置数值不显示
        //pieData.setDrawValues(false);
        pieData.setValueTextColor(Color.BLACK);
        //设置数值带%
        pieData.setValueFormatter(new PercentFormatter(pieChart));
        //设置数值按照百分比显示
        pieChart.setUsePercentValues(true);
        pieChart.setData(pieData);
        //设置中心圆的半径
        pieChart.setHoleRadius(10f);
        //设置透明圆的半径
```

```
        pieChart.setTransparentCircleRadius(20f);
        //设置文字标签的颜色
        pieChart.setEntryLabelColor(Color.BLUE);
        //设置文字标签的文字大小
        pieChart.setEntryLabelTextSize(20f);
        //设置图例
        Legend legend=pieChart.getLegend();
        legend.setTextSize(22f);
        legend.setFormSize(20f);
        legend.setOrientation(Legend.LegendOrientation.VERTICAL);
        legend.setVerticalAlignment(Legend.LegendVerticalAlignment.CENTER);
        //设置图表描述
        Description description=pieChart.getDescription();
        description.setText("Android应用开发成绩分析");
        description.setTextSize(22f);
    }
}
```

通过 pieChart.setHoleRadius(10f)语句设置中心圆的半径，设置为 0f 时，则表示没有空心圆；通过 pieChart.setTransparentCircleRadius(20f)语句设置透明圆的半径，设置为 0f 时，则表示没有透明圆。通过 pieChart.setUsePercentValues(true)设置数值按照百分比显示；通过 pieData.setValueFormatter(new PercentFormatter(pieChart))语句在显示的数值后面拼接一个“%”符号。

7.2.4 动态折线图绘制

7.2.4 动态折线图绘制

在实际生活中经常用到动态折线图，如股票实时交易图、心电图等，其可以实时反映数据变化的状况。

1. 绘制动态折线图的思路

（1）从 LineChart 对象中获得 LineData 对象。

（2）从 LineData 对象中获得实时变化的 LineDataSet 对象。

（3）按照下一个坐标点生成 Entry(x,y)对象。

（4）把生成的 Entry 对象添加到 LineDataSet 对象中。

（5）通知 LineData 对象和 LineChart 对象数据集合已发生变化。

（6）刷新 LineChart 组件。

2. 案例实现

本案例是绘制动态折线图，添加数据前后分别如图 7-6 和图 7-7 所示。屏幕始终显示 10 条数据，通过在数据集合末尾添加数据，之后再将数据集合的首元素删除，即添加一条数据、删除一条数据，就可以实现始终保持 10 条数据的折线图。

（1）主页面布局文件设计

在主页面布局文件中放一个 LineChart 组件和一个命令按钮组件，布局文件代码如下：

```
<LinearLayout xmlns:android="http://schemas.android.com/apk/res/android"
    xmlns:app="http://schemas.android.com/apk/res-auto"
    xmlns:tools="http://schemas.android.com/tools"
```

```
    android:layout_width="match_parent"
    android:layout_height="match_parent"
    tools:context=".MainActivity"
    android:orientation="vertical"
    android:layout_margin="10dp">
    <com.github.mikephil.charting.charts.LineChart
        android:id="@+id/lineChart"
        android:layout_width="match_parent"
        android:layout_height="0dp"
        android:layout_weight="1"/>
    <Button
        android:id="@+id/btn"
        android:layout_width="wrap_content"
        android:layout_height="wrap_content"
        android:text="添加一条数据"
        android:layout_gravity="center_horizontal"/>
</LinearLayout>
```

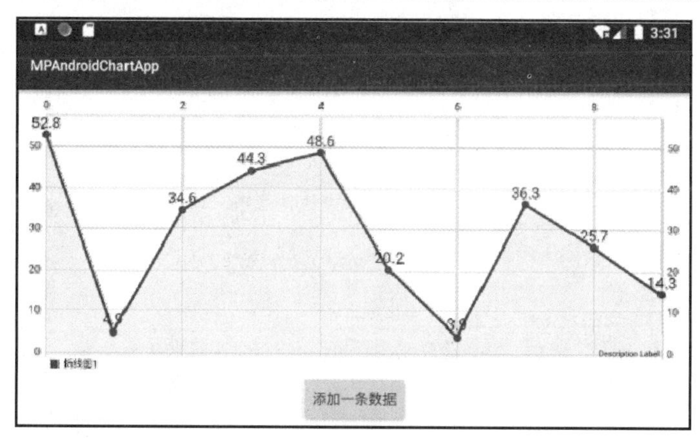

图 7-6　添加数据前

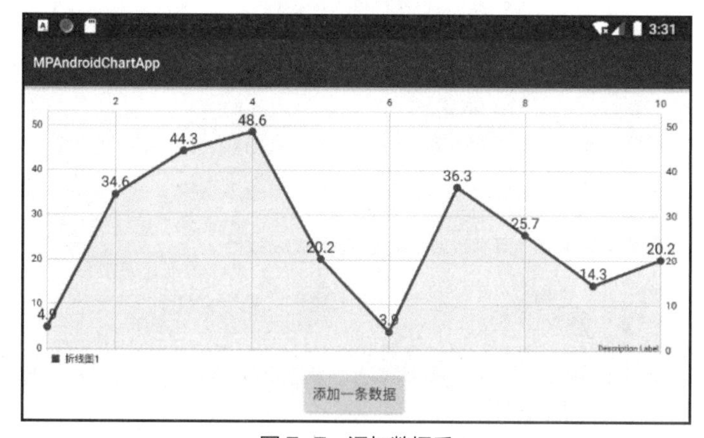

图 7-7　添加数据后

（2）MainActivity 设计

在 MainActivity 中主要获取 ILineDataSet 对象，通过 addEntry()、removeFirst()方法分别添加数据和移除第一个节点数据，之后更新数据集合，刷新 LineChart 组件，从而实现绘制动态折线图。具体实现代码如下：

```
public class DyLineChartMainActivity extends AppCompatActivity {
    private LineChart lineChart;
    private Button btn;
    private LineDataSet lineDataSet;
    private LineData lineData;
    private int x=9;//初始化后 x 轴的坐标值
    @Override
    protected void onCreate(Bundle savedInstanceState) {
        super.onCreate(savedInstanceState);
        setContentView(R.layout.activity_dy_line_chart_main);
        lineChart=(LineChart)this.findViewById(R.id.lineChart);
        btn=(Button)this.findViewById(R.id.btn);
        lineDataSet=new LineDataSet(getData(),"折线图 1");
        lineData=new LineData(lineDataSet);
        lineChart.setData(lineData);
        lineDataSet.setColor(Color.RED);
        lineDataSet.setCircleColor(Color.RED);
        lineDataSet.setLineWidth(3f);
        lineDataSet.setCircleRadius(4f);
        lineDataSet.setDrawCircleHole(false);
        lineDataSet.setValueTextSize(15f);
        lineDataSet.setValueTextColor(Color.BLUE);
        lineDataSet.setDrawFilled(true);
        btn.setOnClickListener(new View.OnClickListener() {
            @Override
            public void onClick(View v) {
                //获得 LineChart 组件所绑定的 LineData 对象
                LineData lineData=lineChart.getLineData();
                //通过索引从 lineData 中获得第一个 ILineDataSet 对象
                ILineDataSet lineDataSet= lineData.getDataSetByIndex(0);
                //生成(x,y)数据，x 坐标值是 x 值自增 1
                x++;
                //随机生成 y 坐标值
                float y=(float)Math.random()*60;
                Entry entry=new Entry(x,y);
                //添加数据
                lineDataSet.addEntry(entry);
                //移除第一个节点数据，始终保持 10 条数据
                lineDataSet.removeFirst();
                //更新数据集合
                lineData.notifyDataChanged();
                lineChart.notifyDataSetChanged();
                //重新绘制折线图
                lineChart.invalidate();
            }
        });
    }
    //生成 10 条数据
    public List<Entry> getData(){
```

```
            //设置数据，将数据放到 List<Entry>
            List<Entry> entrys=new ArrayList<Entry>() ;
            for( int x=0;x<10;x++){
                Entry entry=new Entry(x,(float)Math.random()*60);
                entrys.add(entry);
            }
            return  entrys;
        }
    }
```

7.3 SmartRefreshLayout 框架

SmartRefreshLayout 是一个第三方开发的强大、稳定、成熟的智能刷新布局框架，其集成了各种“炫酷”、实用、美观的 Header（头）和 Footer（脚）。该框架继承的是 ViewGroup，而不是 FrameLayout 或 LinearLayout，因而提高了性能。它吸取了现在流行的谷歌 SwipeRefreshLayout、第三方 Ultra-Pull-To-Refresh、TwinklingRefreshLayout 等各种刷新框架的优点，能够满足客户使用的需求。该框架功能强大，可支持多层嵌套的视图结构（如 LinearLayout、FrameLayout 等）；支持所有的视图（如 AbsListView、RecyclerView、WebView 等）；支持自定义 Header 和 Footer；支持列表视图的无缝同步滚动和协调器布局的嵌套滚动；支持自动刷新、自动上拉加载；支持自定义回弹动画的插值器，可以实现各种“炫酷”的动画效果；支持设置主题来适配任何场景的 App，不会出现“炫酷”但很尴尬的情况；支持设置多种滑动方式（如平移、拉伸、背后固定、顶层固定、全屏等）；支持所有可滚动视图的越界回弹。

若想学习使用 SmartRefreshLayout 框架的相关知识，可以在 GitHub 网站中搜索 SmartRefreshLayout。

7.3.1 导入依赖

若要使用 SmartRefreshLayout 框架，必须先导入依赖。

在 build.gradle 文件中找到 dependencies 模块，在其中添加如下语句导入依赖。

```
implementation 'com.scwang.smartrefresh:SmartRefreshLayout:1.1.0-andx-11'
implementation 'com.scwang.smartrefresh:SmartRefreshHeader:1.1.0-andx-11'
implementation 'androidx.legacy:legacy-support-v4:1.0.0'
```

7.3.2 提供的类

SmartRefreshLayout 框架提供 SmartRefreshLayout、ClassicsHeader、ClassicsFooter 这 3 个类用于刷新布局，而 ClassicsHeader、ClassicsFooter 类是控制头和脚经典风格刷新样式类。

SmartRefreshLayout 类主要负责智能刷新，包括下拉刷新（Refresh）和加载更多（LoadMore），若要实现下拉刷新、加载更多功能需要编写这两个事件。ClassicsHeader 类负责显示上方下拉刷新信息，如图 7-8 所示。ClassicsFooter 类负责在下方加载更多信息，如图 7-9 所示。若要进行简单美化则需要设置这两个类的相关属性。

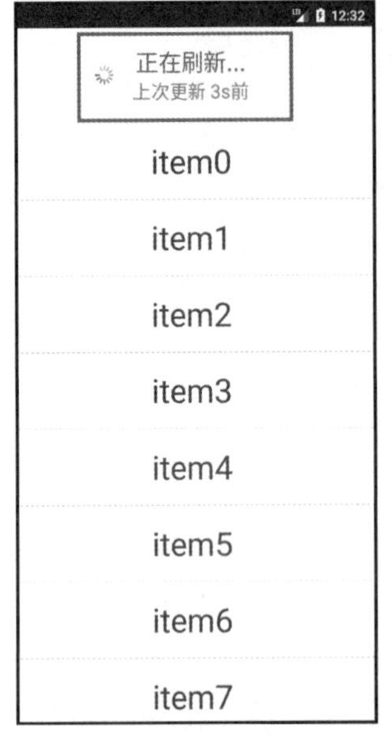

图 7-8　下拉刷新

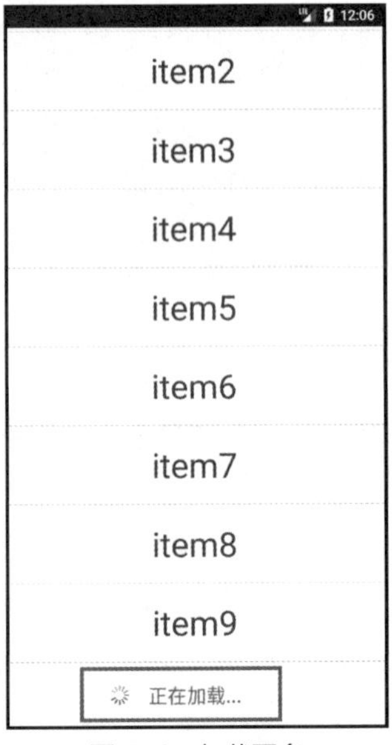

图 7-9　加载更多

7.3.3　在布局文件中使用

在布局文件中可以只使用 SmartRefreshLayout 组件，也可以 3 个组件一起使用。如果只使用 SmartRefreshLayout 组件，则使用默认的头和脚的样式。如果 3 个组件一起使用，则可以分别对头和脚的相关信息进行设置。

（1）只使用 SmartRefreshLayout 组件

只使用 SmartRefreshLayout 组件的代码格式如下：

```
<com.scwang.smartrefresh.layout.SmartRefreshLayout
        android:id="@+id/refreshLayout"
        android:layout_width="match_parent"
        android:layout_height="match_parent">
        <androidx.recyclerview.widget.RecyclerView
            android:id="@+id/recyclerView"
            android:layout_width="match_parent"
            android:layout_height="match_parent"
            android:background="@android:color/darker_gray"/>
</com.scwang.smartrefresh.layout.SmartRefreshLayout>
```

（2）3 个组件同时使用

3 个组件同时使用的代码格式如下：

```
<com.scwang.smartrefresh.layout.SmartRefreshLayout
        android:id="@+id/refreshLayout"
        android:layout_width="match_parent"
        android:layout_height="match_parent">
        <com.scwang.smartrefresh.layout.header.ClassicsHeader
            android:id="@+id/header"
            android:layout_width="match_parent"
            android:layout_height="wrap_content"/>
```

```
        <androidx.recyclerview.widget.RecyclerView
            android:id="@+id/recyclerView"
            android:layout_width="match_parent"
            android:layout_height="match_parent"
            android:background="@android:color/darker_gray"/>
        <com.scwang.smartrefresh.layout.footer.ClassicsFooter
            android:id="@+id/footer"
            android:layout_width="match_parent"
            android:layout_height="wrap_content"
            app:srlClassicsSpinnerStyle="Translate"/>
</com.scwang.smartrefresh.layout.SmartRefreshLayout>
```

在此代码中 RecyclerView 组件用于实现数据显示，它需要嵌入 SmartRefreshLayout 组件，置于 ClassicsHeader 组件下方，ClassicsFooter 组件的上方。即在 RecyclerView 组件上方加一个头组件，下方加一个脚组件。SmartRefreshLayout 组件用于控制 RecyclerView 组件滚动时产生的下拉刷新事件或加载更多事件，产生下拉刷新事件时 ClassicsHeader 组件显示，产生加载更多事件时 ClassicsFooter 组件显示。

7.3.4 经典风格案例实现

本案例利用 RecyclerView 组件显示数据，通过 SmartRefreshLayout 组件实现下拉刷新和加载更多。程序运行后，进入图 7-10 所示的主页面，手指按住屏幕往下滑，出现图 7-11 所示刷新头部信息提示，松开手指，在该页面停留瞬间，之后在 RecyclerView 上方添加新数据，如图 7-12 所示。

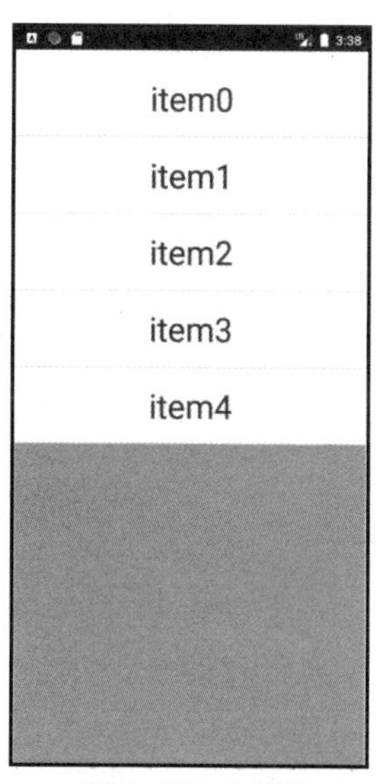

图 7-10 主界面

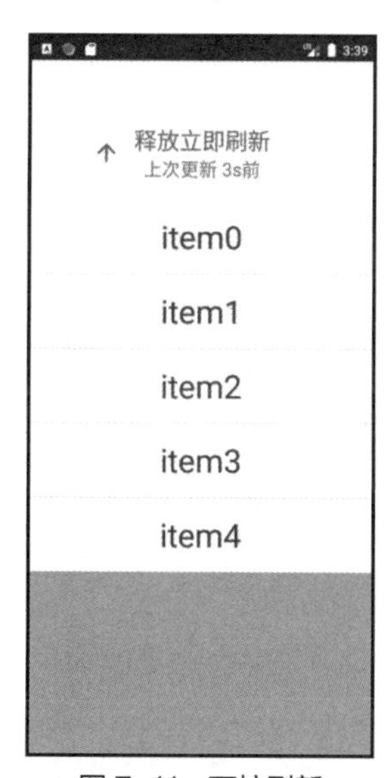

图 7-11 下拉刷新

图 7-12 下拉刷新后

在图 7-10 所示页面中，手指按住屏幕往上滑，出现图 7-13 所示的页面，松开手指，在该页面停留瞬间，之后在 RecyclerView 下方添加新数据，如图 7-14 所示。

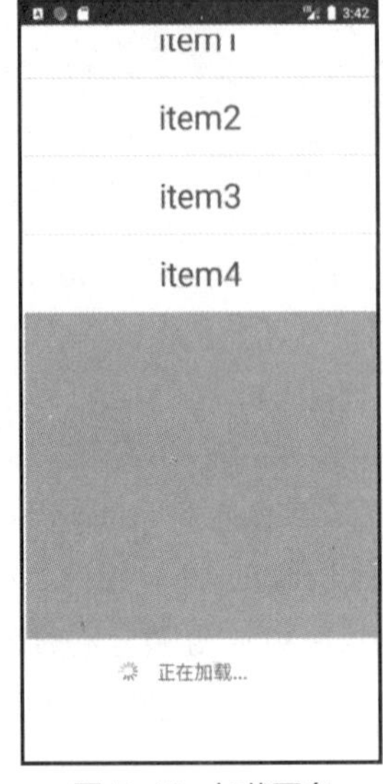

图 7-13　加载更多

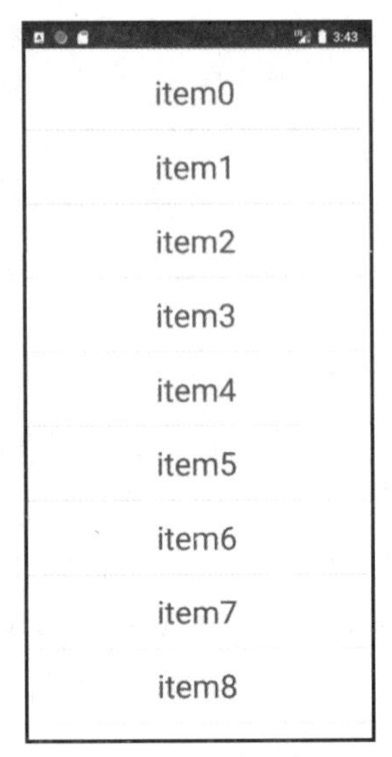

图 7-14　加载更多后

本案例的开发思路是给 RecyclerView 组件编写一个适配器，此技术在单元 3 讲过。适配器用于实现一个下拉刷新加载数据的方法和一个加载更多数据的方法。在 SmartRefreshLayout 组件的下拉刷新和加载更多事件中分别调用下拉刷新加载数据的方法和加载更多数据的方法，实现数据刷新。页面头和脚的信息与格式可以通过设置 ClassicsHeader 和 ClassicsFooter 的相关属性或方法实现。

1. RecyclerView 布局文件设计

item.xml 文件是控制 RecyclerView 的布局文件，该文件非常简单，其根元素是 TextView 组件。具体实现代码如下：

```
<?xml version="1.0" encoding="utf-8"?>
<TextView xmlns:android="http://schemas.android.com/apk/res/android"
    android:id="@+id/t1"
    android:layout_width="match_parent"
    android:layout_height="80dp"
    android:background="@android:color/white"
    android:gravity="center"
    android:text="Item1"
    android:textColor="#ff0000"
    android:textSize="35sp" />
```

2. 主页面布局文件设计

在主页面布局文件中，添加 SmartRefreshLayout、ClassicsHeader、RecyclerView、ClassicsFooter 组件，实现对 RecyclerView 的刷新。具体实现代码如下：

```
<LinearLayout xmlns:android="http://schemas.android.com/apk/res/android"
    xmlns:app="http://schemas.android.com/apk/res-auto"
    xmlns:tools="http://schemas.android.com/tools"
    android:layout_width="match_parent"
    android:layout_height="match_parent">
    <com.scwang.smartrefresh.layout.SmartRefreshLayout
        android:id="@+id/refreshLayout"
        android:layout_width="match_parent"
        android:layout_height="match_parent">
```

```
        <com.scwang.smartrefresh.layout.header.ClassicsHeader
            android:id="@+id/header"
            android:layout_width="match_parent"
            android:layout_height="wrap_content" />
        <androidx.recyclerview.widget.RecyclerView
            android:id="@+id/recyclerView"
            android:layout_width="match_parent"
            android:layout_height="match_parent"
            android:background="@android:color/darker_gray" />
        <com.scwang.smartrefresh.layout.footer.ClassicsFooter
            android:id="@+id/footer"
            android:layout_width="match_parent"
            android:layout_height="wrap_content"
            app:srlClassicsSpinnerStyle="Translate" />
    </com.scwang.smartrefresh.layout.SmartRefreshLayout>
</LinearLayout>
```

3. 自定义适配器设计

MyAdapter 类继承 RecyclerView.Adapter<MyAdapter.VH>类，重新编写 onCreateViewHolder()、onBindViewHolder()等抽象方法实现 RecyclerView 组件的数据显示功能。在 MyAdapter 中特别编写 setDatas(List<String> list)和 addMoreValue(List<String> list)两个方法，用于实现下拉刷新和加载更多事件发生时加载数据的功能。具体实现代码如下:

```
public class MyAdapter extends RecyclerView.Adapter<MyAdapter.VH> {
    private List<String> list;
    private Context cxt;
    public MyAdapter(Context cxt, List list) {
        this.list = list;
        this.cxt = cxt;
    }
    @NonNull
    @Override
    public VH onCreateViewHolder(@NonNull ViewGroup parent, int viewType) {
        //把 item.xml 文件实例化为 View 对象
        View view = LayoutInflater.from(cxt).inflate(R.layout.item, parent, false);
        //创建 VH 对象
        VH vh = new VH(view);
        return vh;
    }
    //把数据绑定到 item.xml 文件中的文本框上
    public void onBindViewHolder(@NonNull VH holder, int position) {
    //从集合 position 位置获得数据
        String item = (String) list.get(position);
        //把数据送到文本框中显示
        holder.txt1.setText(item);
    }
    //返回集合中数据项的个数
    @Override
    public int getItemCount() {
        return list.size();
    }
```

```
    //下拉刷新方法
    public void setDatas(List<String> list) {
        for (int i = 0; i < list.size(); i++) {
            //在 List 集合的头部添加数据
            this.list.add(0, list.get(i));
        }
        //通知适配器数据集合有变化，刷新组件
        notifyDataSetChanged();
    }
    //加载更多方法
    public void addMoreValue(List<String> list) {
        for (int i = 0; i < list.size(); i++) {
            this.list.add(list.get(i));
        }
        notifyDataSetChanged();
    }
    //ViewHolder 类把 txt1（文本框对象）用 item.xml 中的文本框实例化
    public class VH extends RecyclerView.ViewHolder {
        private TextView txt1;
        public VH(@NonNull View itemView) {
            super(itemView);
            txt1 = (TextView) itemView.findViewById(R.id.t1);
        }
    }
}
```

刷新数据的本质是把新集合的数据添加到原有集合中。setDatas()方法通过循环结构将传递过来的新 List 集合的每条数据添加到原集合的第一个位置，用 this.list.add(0,list.get(i))方法实现。addMoreValue()方法也是通过循环结构将传递过来的新 List 集合的每条数据添加到原集合的尾部，用 this.list.add(list.get(i))方法实现。最后调用 notifyDataSetChanged()方法通知适配器数据集合已更新，新生成的数据就会显示在 RecycleView 组件列表中，实现数据刷新。

4. MainActivity 设计

在 MainActivity 中，主要有 3 部分代码需要实现。第一部分实现 RecycleView 组件显示数据的代码，第二部分实现 SmartRefreshLayout 下拉刷新和加载更多事件的代码，第三部分是设置刷新头、脚信息的代码。

（1）RecycleView 组件数据显示

RecycleView 组件显示数据需要，首先生成 5 条数据用于初始化并将其存放到 List 集合中，然后定义适配器、布局管理器，最后设置 RecycleView 的布局管理器和适配器。具体实现代码如下：

```
//数据初始化：添加 5 条数据
List<String> list = new ArrayList<>();
for (index = 0; index < 5; index++) {
    list.add("item" + index);
}
recyclerView = (RecyclerView) findViewById(R.id.recyclerView);
//定义适配器
adapter = new MyAdapter(this, list);
```

```
//定义线性布局管理器
LinearLayoutManager manager = new LinearLayoutManager(this);
//设置布局管理器
recyclerView.setLayoutManager(manager);
//设置适配器
recyclerView.setAdapter(adapter);
```

（2）SmartRefreshLayout 下拉刷新和加载更多

SmartRefreshLayout 下拉刷新和加载更多需要设置下拉刷新和加载更多事件。而在这两个事件中添加数据后不能立刻刷新适配器、更新 RecycleView 组件的数据，需通过多线程机制进行数据处理。本案例采用 Handler 消息机制进行数据处理、更新数据。下拉刷新视图默认开启，而加载更多视图需要设置为开启。具体实现代码如下：

```
refreshLayout = findViewById(R.id.refreshLayout);
//开启加载更多视图
refreshLayout.setEnableAutoLoadMore(true);
//下拉刷新事件
 refreshLayout.setOnRefreshListener(new OnRefreshListener() {
     @Override
     public void onRefresh(@NonNull RefreshLayout refreshLayout) {
        //按照顺序生成 5 条数据
         List<String> data = new ArrayList<>();
         for (int i = 0; i < 5; i++) {
             data.add("item" + index);
             index++;
         }
         Message message = new Message();
         message.what = 1;
         message.obj = data;
         //延迟 2s 发送消息
         handler.sendMessageDelayed(message, 2000);
     }
 });
 //加载更多事件
 refreshLayout.setOnLoadMoreListener(new OnLoadMoreListener() {
     @Override
     public void onLoadMore(@NonNull RefreshLayout refreshLayout) {
         List<String> data = new ArrayList<>();
         for (int i = 0; i < 5; i++) {
             data .add("item" + index);
             index++;
         }
         Message message = new Message();
         message.what = 2;
         message.obj = data;
         handler.sendMessageDelayed(message, 2000);
     }
 });
```

通过 setEnableAutoLoadMore(true)方法设置开启加载更多视图。SmartRefreshLayout 对象分别绑定下拉刷新和加载更多事件，在相应的方法中生成要加载的 5 条数据，把集合对象绑定到 Message

对象的 obj 属性当中，设置 what 属性等于 1，表示该信息是下拉刷新的消息，what 属性等于 2 表示加载更多的消息，以此区分刷新的消息。最后通过 Handler 对象的 sendMessageDelayed(message, 2000)方法延迟 2s 发送消息。

创建一个 Handler 对象，重写 handleMessage()方法用于处理消息。通过消息的 what 属性值来判断是下拉刷新还是加载更多消息，之后再调用适配器的 sctDatas()或 addMoreValue()方法加载数据，实现数据加载、更新组件操作。具体实现代码如下：

```
//创建一个 Handler 对象，用于处理下拉刷新和加载更多消息
private Handler handler = new Handler(new Handler.Callback() {
    @Override
    public boolean handleMessage(Message msg) {
        switch (msg.what) {
            case 1:     //下拉刷新
                List<String> mList = (List<String>) msg.obj;
                //设置刷新完成
                refreshLayout.finishRefresh(true);
                //调用下拉刷新方法加载数据
                adapter.setDatas(mList);
                break;
            case 2:     //加载更多
                List<String> mLoadMoreDatas = (List<String>) msg.obj;
                //设置加载完成
                refreshLayout.finishLoadMore(true);
                //调用加载更多方法加载数据
                adapter.addMoreValue(mLoadMoreDatas);
                break;
        }
        return false;
    }
});
```

（3）设置刷新头和脚的提示信息

在经典风格中，通过设置 ClassicsHeader、ClassicsFooter 类提供的常量把英文提示信息修改成中文提示信息，而此代码需要设成全局变量，放到 static 语句块中才能生效。具体实现代码如下：

```
static{
    //设置头的提示信息
    ClassicsHeader.REFRESH_HEADER_REFRESHING = "正在刷新...";
    ClassicsHeader.REFRESH_HEADER_LOADING = "正在加载...";
    ClassicsHeader.REFRESH_HEADER_RELEASE = "释放立即刷新";
    ClassicsHeader.REFRESH_HEADER_FINISH = "刷新完成";
    ClassicsHeader.REFRESH_HEADER_FAILED = "刷新失败";
    ClassicsHeader.REFRESH_HEADER_SECONDARY = "释放进入";
    ClassicsHeader.REFRESH_HEADER_UPDATE = "'上次更新时间：' M-d HH:mm";
    //设置脚的提示信息
    ClassicsFooter.REFRESH_FOOTER_PULLING = "下拉加载更多";
    ClassicsFooter.REFRESH_FOOTER_RELEASE = "释放立即加载";
```

```
    ClassicsFooter.REFRESH_FOOTER_REFRESHING = "正在刷新...";
    ClassicsFooter.REFRESH_FOOTER_LOADING = "正在加载...";
    ClassicsFooter.REFRESH_FOOTER_FINISH = "加载完成";
    ClassicsFooter.REFRESH_FOOTER_FAILED = "加载失败";
    ClassicsFooter.REFRESH_FOOTER_NOTHING = "没有更多数据了";
}
```

ClassicsHeader.REFRESH_HEADER_UPDATE=" '上次更新时间: 'M-d HH:mm"语句用于记录上次更新时间。

上面代码通过类提供的常量进行设置,还可通过获取布局文件中的 ClassicsHeader、ClassicsFooter 组件对象设置文字的大小、颜色、停留时间等，具体方法和使用规则可参考 GitHub 网站上的技术文档。具体实现代码如下:

```
//设置头
ClassicsHeader header = (ClassicsHeader) findViewById(R.id.header);
//设置标题文字大小(单位为 sp)
header.setTextSizeTitle(25);
//设置时间文字大小(单位为 sp)
header.setTextSizeTime(20);
//手动更新时间文字设置(将不会自动更新时间)
header.setLastUpdateText("上次更新 3s 前");
//设置脚
ClassicsFooter footer = (ClassicsFooter) findViewById(R.id.footer);
//设置标题文字大小(单位为 sp)
footer.setTextSizeTitle(20);
//设置刷新完成显示的时间
footer.setFinishDuration(500);
```

实现图 7-10～图 7-14 的功能，在 MainActivity 类中完整代码如下:

```
import androidx.annotation.NonNull;
import androidx.appcompat.app.AppCompatActivity;
import androidx.recyclerview.widget.LinearLayoutManager;
import androidx.recyclerview.widget.RecyclerView;
import android.graphics.Rect;
import android.os.Bundle;
import android.os.Handler;
import android.os.Message;
import android.view.View;
import android.view.Window;
import com.scwang.smartrefresh.header.WaveSwipeHeader;
import com.scwang.smartrefresh.layout.api.RefreshLayout;
import com.scwang.smartrefresh.layout.footer.ClassicsFooter;
import com.scwang.smartrefresh.layout.header.ClassicsHeader;
import com.scwang.smartrefresh.layout.listener.OnLoadMoreListener;
import com.scwang.smartrefresh.layout.listener.OnRefreshListener;
import java.util.ArrayList;
import java.util.List;

public class MainActivity extends AppCompatActivity {
    //声明 RecyclerView
```

```
    private RecyclerView recyclerView;
    //声明 RefreshLayout
    private RefreshLayout refreshLayout;
    //声明 MyAdapter
    private MyAdapter adapter;
    //定义 index 变量
    private int index = 0;

    //创建一个 Handler 对象，用于处理下拉刷新和加载更多消息
    private Handler handler = new Handler(new Handler.Callback() {
        @Override
        public boolean handleMessage(Message msg) {
            switch (msg.what) {
                case 1: //下拉刷新
                    List<String> mList = (List<String>) msg.obj;
                    //设置刷新完成
                    refreshLayout.finishRefresh(true);
                    //调用下拉刷新方法加载数据
                    adapter.setDatas(mList);
                    break;
                case 2:  //加载更多
                    List<String> mLoadMoreDatas = (List<String>) msg.obj;
                    //设置加载完成
                    refreshLayout.finishLoadMore(true);
                    //调用加载更多方法加载数据
                    adapter.addMoreValue(mLoadMoreDatas);
                    break;
            }
            return false;
        }
    });
    static {
        //设置头的提示信息
        ClassicsHeader.REFRESH_HEADER_REFRESHING = "正在刷新...";
        ClassicsHeader.REFRESH_HEADER_LOADING = "正在加载...";
        ClassicsHeader.REFRESH_HEADER_RELEASE = "释放立即刷新";
        ClassicsHeader.REFRESH_HEADER_FINISH = "刷新完成";
        ClassicsHeader.REFRESH_HEADER_FAILED = "刷新失败";
        ClassicsHeader.REFRESH_HEADER_SECONDARY = "释放进入";
        ClassicsHeader.REFRESH_HEADER_UPDATE = "'上次更新时间：' M-d HH:mm";
        //设置脚的提示信息
        ClassicsFooter.REFRESH_FOOTER_PULLING = "下拉加载更多";
        ClassicsFooter.REFRESH_FOOTER_RELEASE = "释放立即加载";
        ClassicsFooter.REFRESH_FOOTER_REFRESHING = "正在刷新...";
        ClassicsFooter.REFRESH_FOOTER_LOADING = "正在加载...";
        ClassicsFooter.REFRESH_FOOTER_FINISH = "加载完成";
        ClassicsFooter.REFRESH_FOOTER_FAILED = "加载失败";
```

```
        ClassicsFooter.REFRESH_FOOTER_NOTHING = "没有更多数据了";
    }

    @Override
    protected void onCreate(Bundle savedInstanceState) {
        super.onCreate(savedInstanceState);
        supportRequestWindowFeature(Window.FEATURE_NO_TITLE);
        setContentView(R.layout.activity_main);

        //数据初始化：添加 5 条数据
        List<String> list = new ArrayList<>();
        for (index = 0; index < 5; index++) {
            list.add("item" + index);
        }

        recyclerView = (RecyclerView) findViewById(R.id.recyclerView);
        //创建适配器对象
        adapter = new MyAdapter(this, list);
        //创建线性布局管理器对象
        LinearLayoutManager manager = new LinearLayoutManager(this);
        //recyclerView 对象设置布局管理器
        recyclerView.setLayoutManager(manager);
        //recyclerView 对象设置适配器
        recyclerView.setAdapter(adapter);
        //recyclerView 对象设置列表视图的分割线
        recyclerView.addItemDecoration(new RecyclerView.ItemDecoration() {
            public void getItemOffsets(Rect outRect, View view, RecyclerView
parent, RecyclerView.State state) {
                //设定底部边距为 1px
                outRect.set(0, 0, 0, 1);
            }

        });
        //创建 refreshLayout 对象
        refreshLayout = findViewById(R.id.refreshLayout);
        //refreshLayout 对象设置头部风格为水滴样式
        //refreshLayout.setRefreshHeader(new WaveSwipeHeader(this));
        //下拉刷新事件
        refreshLayout.setOnRefreshListener(new OnRefreshListener() {
            @Override
            public void onRefresh(@NonNull RefreshLayout refreshLayout) {
                List<String> data = new ArrayList<>();
                //按照顺序生成 5 条数据
                for (int i = 0; i < 5; i++) {
                    data.add("item" + index);
                    index++;
                }
                Message message = new Message();
                message.what = 1;
                message.obj = data;
```

```
                //延迟 2s 发送消息
                handler.sendMessageDelayed(message, 2000);
            }
        });
        //加载更多事件
        refreshLayout.setOnLoadMoreListener(new OnLoadMoreListener() {
            @Override
            public void onLoadMore(@NonNull RefreshLayout refreshLayout) {
                List<String> data = new ArrayList<>();
                for (int i = 0; i < 10; i++) {
                    data.add("item" + index);
                    index++;
                }
                Message message = new Message();
                message.what = 2;
                message.obj = data;
                handler.sendMessageDelayed(message, 2000);
            }
        });
        //创建 ClassicsHeader 对象
        ClassicsHeader header = (ClassicsHeader) findViewById(R.id.header);
        //设置标题文字大小
        header.setTextSizeTitle(25);
        //设置时间文字大小
        header.setTextSizeTime(20);
        //手动更新时间文字设置（将不会自动更新时间）
        header.setLastUpdateText("上次更新 3s 前");
        //设置尾
        ClassicsFooter footer = (ClassicsFooter) findViewById(R.id.footer);
        //设置标题文字大小
        footer.setTextSizeTitle(20);
        //设置“刷新完成”显示的时间
        footer.setFinishDuration(500);
    }
}
```

（4）其他头样式

SmartRefreshLayout 核心包自带 ClassicsHeader（经典）、BazierCircleHeader（弹出圆圈）、BezierRadarHeader（贝塞尔雷达）、WaveSwipeHeader（水滴）等 4 个头样式。在其他包中还提供金色校园、冲上云霄等头样式。部分样式如图 7-15～图 7-17 所示。

在上面的案例中把设置头样式的信息删除，选择下边样式直接设置头样式风格，实现头样式风格更换，而此设置将覆盖在 XML 布局文件中设置的头。具体实现代码如下：

```
refreshLayout = findViewById(R.id.refreshLayout);
//弹出圆圈样式
refreshLayout.setRefreshHeader(new BezierCircleHeader(this));
//贝塞尔雷达样式
refreshLayout.setRefreshHeader(new BezierRadarHeader(this));
//弹出水滴样式，水滴占据一半屏幕高度
```

```
refreshLayout.setRefreshHeader(new WaveSwipeHeader(this));
//坦克游戏样式
refreshLayout.setRefreshHeader(new FunGameBattleCityHeader(this));
//打砖块游戏样式
refreshLayout.setRefreshHeader(new FunGameHitBlockHeader(this));
//金色校园样式
refreshLayout.setRefreshHeader(new PhoenixHeader(this));
//冲上云霄样式
refreshLayout.setRefreshHeader(new TaurusHeader(this));
```

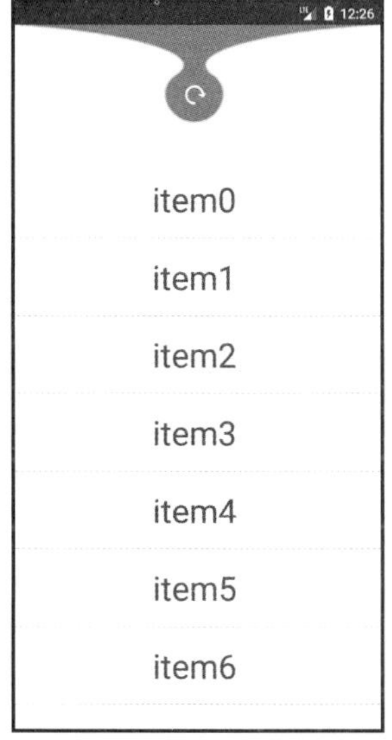

图 7-15　水滴样式

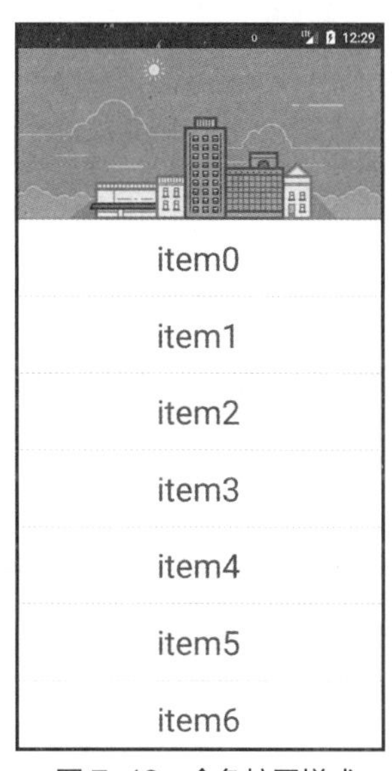

图 7-16　金色校园样式

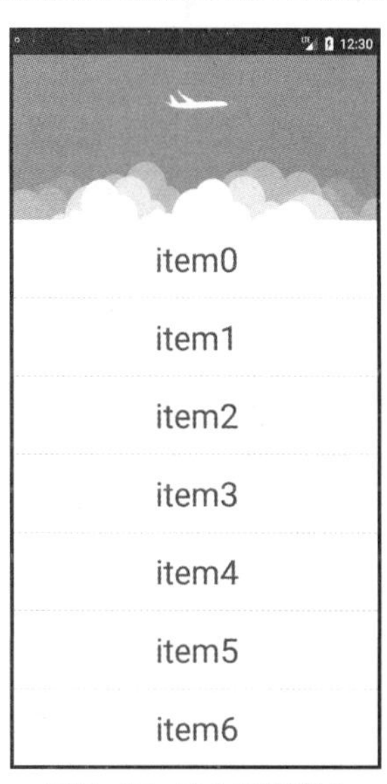

图 7-17　冲上云霄样式

【实训与练习】

一、理论练习

1. ButterKnife 框架允许以注解的方式替代 Android 中对________的相关操作，可以减少大量________以及________代码。

2. 使用 ButterKnife 绑定文本框的语句为@________(R.id.txt) TextView txt;。

3. 下面的代码实现绘制一个简单的柱状图。

```
barChart=(____________)view.findViewById(R.id.barChart);
List<BarEntry> barEntryList=new ______________<BarEntry>();
barEntryList.add(new BarEntry(0,121));
barEntryList.add(new BarEntry(1,67));
barEntryList.add(new BarEntry(2,89));
barEntryList.add(new BarEntry(3,101));
barEntryList.add(new BarEntry(4,31));
BarDataSet _________=new BarDataSet(___________,"");
BarData ____________=new BarData(barDataSet);
barChart.___________(barData);
```

4. 在 MPAndroidChart 框架中绘制折线图的组件是____________________。

5．在 SmartRefreshLayout 框架中使用________和________事件实现下拉刷新和加载更多功能。

二、实训练习

本案例绘制折线图、柱状图、饼图 3 个图形，分别如图 7-18～图 7-20 所示。

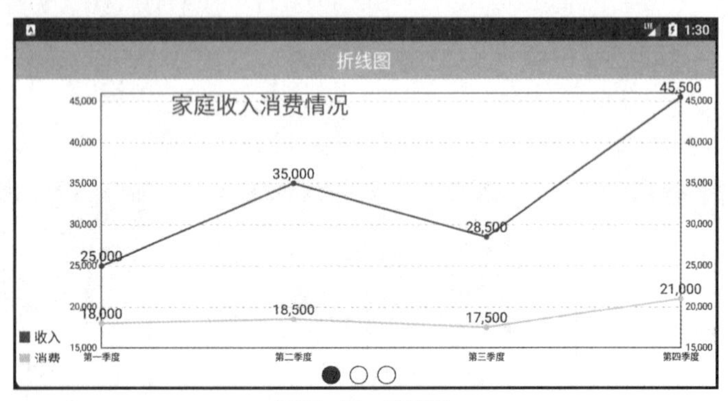

图 7-18　折线图

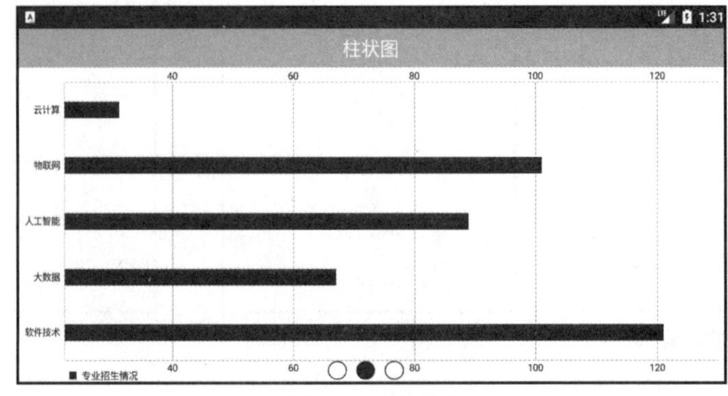

图 7-19　柱状图

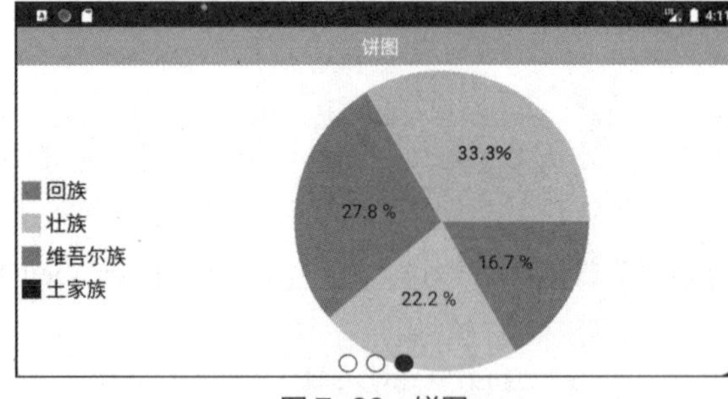

图 7-20　饼图

要求如下。

1．利用 ViewPager 和 Fragment 实现左右滑动页面，显示不同的图形。

2．带有指引标识，标识第几个页面。

3．绘制双折线图。

4．利用 HorizontalBarChart 组件绘制横向柱状图，仍然使用 BarChart 即可。

5．利用 ButterKnife 框架实现组件绑定等功能。